高等学校公共基础课系列教材

U0159673

大学物理实验

主　编　班丽瑛　张爱君

副主编　田玉仙　郭亚丽　苏　敏

西安电子科技大学出版社

内 容 简 介

本书是按照教育部高等学校非物理类专业物理基础课程教学指导分委员会于2010年制定的《非物理类理工学科大学物理实验课程教学基本要求》，结合人才培养的新要求和新的教学形势，总结多年来大学物理实验课的教学改革与实践经验编写而成的。全书分为七章，共有实验28个，内容涵盖力学、热学、电磁学、光学、近代物理以及设计性实验。书末附录给出了物理常数表、中华人民共和国法定计量单位（摘录）。

本书可作为各类高等院校工科各专业和理科非物理类专业的本科或专科物理实验教材，也可作为实验技术人员、相关课程教师及其他科技工作者的参考书。

图书在版编目(CIP)数据

大学物理实验/班丽瑛，张爱君主编. —西安：西安电子科技大学出版社，2022.3
(2025.1 重印)
ISBN 978-7-5606-6374-6

Ⅰ. ①大…　Ⅱ. ①班…　②张…　Ⅲ. ①物理学—实验—高等学校—教材
Ⅳ. ①O4-33

中国版本图书馆 CIP 数据核字(2022)第 025845 号

策　　划　刘小莉
责任编辑　于文平　张　玮
出版发行　西安电子科技大学出版社(西安市太白南路 2 号)
电　　话　(029)88202421　88201467　　邮　　编　710071
网　　址　www.xduph.com　　电子邮箱　xdupfxb001@163.com
经　　销　新华书店
印刷单位　西安日报社印务中心
版　　次　2022 年 3 月第 1 版　2025 年 1 月第 2 次印刷
开　　本　787 毫米×1092 毫米　1/16　印张　14.5
字　　数　339千字
定　　价　35.00 元
ISBN 978-7-5606-6374-6
XDUP 6676001-2

前　言

本书按照教育部高等学校非物理类专业大学物理实验教学大纲，并参照教育部高等学校非物理类专业物理基础课程教学指导分委员会于2010年制定的《非物理类理工学科大学物理实验课程教学基本要求》，吸取国内同类教材的优点，在编者长期教学经验的基础上，结合物理实验教学的实际情况和一般工科院校专业的特点编写而成。

本书具有如下特点：

(1) 在选材内容的处理上，注意起点低、终点高，并注重对学生实验技能的培养和实验方法的训练。

(2) 按照国家计量技术规范 JJF1059—2012 的要求，全面介绍了用测量不确定度表示和评定实验测量结果，以及依据测量内容部分替代原测量结果中的测量误差表示。

(3) 合理地安排了基础物理实验、综合物理实验、设计性物理实验和创新物理实验。

(4) 部分实验介绍了几种不同的实验方法，或选用不同的仪器对同一物理量进行测量。

(5) 结合具体实验，适当介绍了相关的物理实验史料和物理实验在现代科学技术中的应用，以开拓学生的视野，提高学生的学习兴趣。

(6) 每个实验均备有思考题，以启迪学生的思维，巩固并加深对物理原理的理解与掌握。

在物理实验的教学过程中，从实验室的建设、教材的编写到实验内容的改进、改革，都凝聚着众多老师的心血。在本书的编写过程中，西安科技大学物理实验教学中心的全体人员均参与其中。本书由班丽瑛主编，其中班丽瑛编写绪论，第1章，第2章，第5章，第6章的6.1节和参考文献；张爱君编写第6章的6.3、6.4节和附录；田玉仙编写第3章的3.1、3.2、3.4、3.5、3.6节，第4章的4.1、4.2、4.3、4.5节；郭亚丽编写第7章；苏敏编写第3章的3.3节，第4章的4.4节，第6章的6.2节。班丽瑛负责全书的统稿工作，解忧教授对全稿进行了仔细的审阅。

物理实验教材的编写离不开物理实验室的建设，物理实验教学也是一项集体事业。本书结合学生的实际学习情况，总结了多年来物理实验课的教学改革与实践经验，凝聚了众多教师的劳动成果。本书是在解忧、炎正馨、郭长立、王瑞平以及廖少俊等老师物理实验教学经验的指导下编写而成的，在此向他们表示衷心的感谢。

由于时间有限，书中难免有不足之处，敬请读者批评指正。

编　者

2022年1月

目　　录

绪　论

物理学是自然科学的基础，是研究物质运动一般规律及物质基本结构的科学。物理学的发展推动了整个自然科学的发展，在人类追求真理、探索未知世界的过程中，物理学展现的一系列科学的世界观和方法论，深刻影响着人类对物质世界的基本认识、人类的思维方式和社会生活，是人类文明的基石，物理学在人才的科学素质培养中具有重要的地位。物理学是当代科学技术发展最主要的源泉，其理论与实验的发展哺育着近代高新技术的创新和发展，其思想、方法、技术、手段、仪器设备已经被普遍地应用在各个自然科学领域和技术部门，常常成为自然科学研究和工程技术创新发展的生长点。

物理学是自然科学中最重要、最活跃的实验科学之一，其理论与实验相辅相成，既紧密联系，又相互独立。物理实验在物理学的发展过程中起着极其重要和直接的作用。物理学的研究必须以客观事实的观察和实验为基础，通过实验可以发现新事实，实验结果可以为物理规律的建立提供依据。无论物理概念的建立还是物理规律的发现，都必须以严格的科学实验为基础，必须通过科学实验来证实。规律、公式是否正确必须经过实践检验，只有经受住实践的检验，由实验所证实，才会得到公认。

在物理学的发展过程中，物理理论及学说的提出无一不以实验观测为基础，进而又被实验所验证。例如，X 射线、放射性和电子的发现等为原子物理学、核物理学等的发展奠定了基础；欧内斯特·卢瑟福从大角度 α 粒子散射实验结果提出了原子核基本模型。又如，开普勒行星运动三定律的提出、牛顿万有引力定律的提出和经典力学体系的建立、能量守恒与转换定律的提出以及麦克斯韦电磁场理论的建立都是对实验、观测规律的总结。而 1846 年海王星和 1930 年冥王星的发现则是牛顿万有引力定律正确性的有力佐证；1887 年赫兹关于电磁波的实验则从实验上证明了麦克斯韦的电磁场假设，使之成为举世公认的理论；1887 年的迈克尔逊莫雷实验和 19 世纪末的黑体辐射实验更促进了 20 世纪伟大的“相对论”和“量子论”的诞生。这一切都说明了物理学本质上是一门实验科学，实验是物理学的基础，物理理论离不开实验，物理理论与物理实验是相辅相成的，离开了物理实验，物理理论就成了无源之水、无本之木。

物理实验的重要作用，可简单归结为以下几个方面：

(1) 物理实验是提出物理理论及学说的基础，如开普勒行星运动三定律的提出。

(2) 物理实验是判断物理理论正确与否的依据，如关于光的本质研究的“杨氏双缝干涉实验”对光的波动理论的证明以及后期的光电效应和康普顿效应对光的量子理论的证明。

(3) 物理实验能够推广应用物理理论，开拓应用新领域。如电磁场理论建立之后，由各类电磁学实验产生的发明创造，如发电机、电报等推动了电气工业和通信工业的发展。

(4) 物理实验是科学实验的先驱，体现了大多数科学实验的共性，在实验思想、实验方法以及实验手段等方面是各学科科学实验的基础。

综上所述，我们应该重视物理实验课程，做好物理实验，掌握最基本的实验知识和技能，掌握基本的实验分析方法和数据处理方法，为以后从事自然科学和工程技术的研究打下良好的基础。

一、物理实验课的地位、作用和任务

物理实验课是高等理工科院校对学生进行科学实验基本训练的必修课程，是大学生进入大学后接受系统实验方法和实验技能训练的开端。物理实验课覆盖了广泛的学科领域，具有多样化的实验思想、实验方法、实验手段以及综合性很强的基本实验技能训练，在培养学生创新意识和创新能力，引导学生确立正确的科学思想和科学方法，提高学生的科学素养以及培养学生严谨的治学态度、活跃的创新意识、理论联系实际和适应科技发展的综合应用能力等方面具有其他实践类课程不可替代的作用。

物理实验课的任务如下：

(1) 培养与提高学生科学实验的基本素质，确立正确的科学思想和科学方法。

通过物理实验课的教学，使学生掌握测量误差及测量不确定度分析、实验数据处理的基本理论和方法，学会常用仪器的调试和使用，了解常用的实验方法，能够对常用物理量进行一般测量，具有初步的实验设计能力，同时能有效提高学生的科学实验能力，其中包括：

独立实验的能力——能够通过阅读实验教材和查询有关资料，掌握实验原理及方法，做好实验前的准备工作；正确使用仪器及辅助设备(如计算机等)，独立完成实验内容，撰写合格的实验报告，逐步培养独立实验的能力。

分析与研究问题的能力——能够融合实验原理、设计思想、实验方法及相关的理论知识对实验结果进行判断、分析与归纳，通过实验掌握物理现象和物理规律研究的基本方法，培养分析与研究问题的能力。

理论联系实际的能力——能够在实验中发现问题、分析问题和解决问题；能够根据物理理论与实验的要求建立合理模型并完成简单的设计性实验，培养综合运用所学知识和技能解决实际问题的能力。

(2) 培养与提高学生的创新思维、创新意识和创新能力。

通过物理实验引导学生深入观察实验现象，建立合理的模型，定量研究物理规律；使学生能够运用物理学理论对实验现象进行初步的分析和判断，逐步学会提出问题、分析问题和解决问题的方法；激发学生的创造性思维，使其能够完成符合规范要求的设计性实验，进行简单的具有研究性或创意性内容的实验。

(3) 培养与提高学生的科学素养。

要求学生具有理论联系实际和实事求是的科学作风、严肃认真的工作态度、主动研究的探索精神以及遵守纪律、团结协作和爱护公共财产的优良品德。

二、物理实验课的主要教学要求

1. 预习

预习是保证实验顺利进行的重要步骤，实验前学生应认真仔细阅读实验教材并查阅相关资料，了解相关仪器的构造和使用方法，对实验步骤，实验原理，实验方法以及要测量的相关物理量做到心中有数，明确实验任务，并写出预习报告。预习报告应包括以下几项内容：

（1）实验名称；

（2）实验目的；

（3）实验原理（包括相关的实验方法或仪器测量原理、文字叙述及公式）；

（4）实验步骤；

（5）画好原始实验数据的记录表格；

（6）画出与实验相关的原理图、电路图或光路图等。

2. 实验

学生必须携带预习报告和实验教材进入实验室做实验。实验时应根据实验步骤和要求，认真调试仪器，使仪器处于正常工作状态，仔细观察实验现象并测量相关的物理量，正确读取和记录数据，独立完成实验。

测量结束后要尽快整理并分析数据，以便及时发现问题，做出必要的补充测量。

实验完毕后，将数据送交教师审阅，待教师签字认可后，再拆除实验装置并将仪器及实验台整理好。

3. 撰写实验报告

实验报告是实验工作的总结，撰写实验报告是实验课的重要任务之一。合格的实验报告就是一篇模拟的科学论文，是以后进行科学实验并撰写科学论文的基础。学生应学会撰写简明扼要、整洁清晰、数据准确可靠并对实验结果进行简单分析的实验报告。实验报告应包括以下内容：

（1）实验名称、实验日期、实验条件（如温度、湿度等）、实验教室；

（2）实验目的；

（3）实验仪器（包括规格及编号）；

（4）实验原理（包括实验所依据的物理定律、物理公式、电路图、光路图等）；

（5）数据和图表（包括测量的原始数据及表格、计算结果、测量误差计算及结果表达式和用图表对数据的综合表述等）；

（6）分析讨论（包括实验的心得体会、对实验中出现的问题或者误差因素的分析、对实验装置和实验方法的改进意见）。

三、实验室规则

（1）学生进入实验室前，必须写好预习报告并画好原始实验数据表格，经教师检查同意后方可进行实验。

（2）使用电源时，需经教师检查后方可接通电源。

（3）爱护实验设备，不能擅自搬弄仪器，实验中严格按仪器说明书操作，损坏仪器要赔偿。

（4）遵守纪律，保持实验室安静。

（5）实验结束后，学生应将仪器整理复原，并打扫实验室卫生。

（6）独立完成实验及实验报告，不得伪造或抄袭数据，在实验完成后一周内将实验报告送交任课教师批阅。

第 1 章　测量误差、测量不确定度和实验数据处理

物理实验是一个理论联系实际的过程，一切物理量都是通过测量得到的，测量必须给出测量结果评定，传统上对测量结果的评定是以“误差”概念为基础的。误差定义为“测量结果减去被测量的真值”，而严格意义上的真值是无法得到的，因而严格意义上的误差也无法得到。另外，由于误差来源的随机误差和系统误差很难严格区分，在数学上也无法找到随机误差和系统误差统一的处理方法，因此，各国之间以及同一国家内部的不同测量领域、不同测量人员采用的误差处理方法不一致，导致测量结果缺乏可比性。在 20 世纪 60 年代，世界各国采用测量不确定度的概念来统一评价测量结果，才使得不同领域、不同国家间的测量有了可比性，便于国际科技交流。

考虑到传统误差理论使用已久，且误差理论是测定不确定度的基础，而测量不确定度是误差理论的发展，它的评定要用到误差理论中的基础知识，同时平均(绝对)误差的概念比测量不确定度的概念更容易让学生接受，因此本章由浅入深地介绍了误差理论和测量不确定度，讲解了有效数字位数、数据处理方法和随机变量常用分布等知识。为培养学生对实验数据的处理能力，本书在实验结果的评定上针对不同的测量方法分别采用平均绝对误差、标准误差、测量不确定度的表示方法。

1.1　测量误差基本知识

1.1.1　测量

1. 定义

测量是物理实验的基本内容之一，其实质是将待测物体的某物理量与相应的标准做定量比较，其目的是要把所研究的量与一个数值联系起来，即测量是以确定量值为目的的一组操作，测量的结果应包括数值(度量的倍数)、单位(所选定的特定量)以及结果可信赖的程度(用不确定度表示)。上述三项称为测量结果表达式中的三要素。按照《中华人民共和国计量法》的规定，我国采用国际单位制(SI 制)为国家法定计量单位，即以米、千克、秒、安培、开尔文、摩尔、坎德拉作为基本单位，其他量都由以上 7 个基本单位导出，称为国际单位制的导出单位。《中华人民共和国法定计量单位》(摘录)见本书附录 B。

2. 直接测量和间接测量

按测量方法的不同，测量可分为直接测量和间接测量两类。直接测量就是将待测量和标准量直接进行比较，或者从已用标准量校准的仪器上直接读出测量值的方法，其特点是待测量的值和量纲可直接得到。例如，用米尺、游标卡尺测长度，用秒表测时间，用天平称

质量，用电流表测电流等均为直接测量，相应的测量结果(长度、时间、质量、电流等)称为直接测量量。

间接测量就是通过测量与被测量有函数关系的其他量，计算出被测量值的一种测量方法。例如，用单摆测量重力加速度时，由 $T=2\pi\sqrt{\frac{L}{g}}$，可以先用米尺直接测出摆线长度 L，用秒表测出振动周期 T，再根据公式 $g=\frac{4\pi^2}{T^2}L$ 求出重力加速度 g，g 为间接测量量。

3. 等精度测量和不等精度测量

根据多次测量过程中的测量条件变化与否，测量可分为等精度测量和不等精度测量。

等精度测量是指在相同实验条件下对同一物理量所做的重复测量。由于各次测量的实验条件相同，各次测量结果的可靠性也是相同的，没有理由认为哪一次测量更精确或更可靠，所以各次测量是等精度的。

若在重复测量过程中，实验条件如测量人、仪器、实验方法或环境因素等发生改变，则这样的测量是不等精度测量。

在实际测量过程中，没有绝对不变的人和事物，运动是绝对的，实验条件总是处于变化之中，但只要其变化对实验的影响很小乃至可以忽略，就可以认为是等精度测量。若实验条件部分或全部发生明显变化，显著影响实验结果，则为不等精度测量。本书中若不强调说明，所指测量均为等精度测量。

1.1.2　误差

1. 真值

测量的最终目的是要获得待测物理量的真值，而真值是“与给定的特定量的定义一致的值”。真值是一个理想的概念，其本值是不确定的，但可以通过改进特定量的定义、测量方法和条件等，使获得的量值足够地逼近真值，满足实际使用中的需要。在实际测量中使用约定真值来代替真值，约定真值可以是定值、最佳估计值、约定值、参考值或理论值。实验中常用某量的多次测量结果来确定约定真值，如算术平均值就是最佳估计值。

2. 误差

由于实验方法和测量条件的局限，测量值并非真值，测量值与真值之间必然存在或多或少的差值，这种差值称为测量误差，简称误差，误差＝测量值－真值。

当有必要将误差与相对误差相区别时，误差又称为绝对误差，绝对误差可正可负。注意不要将绝对误差与误差的绝对值相混淆。绝对误差反映了测量值偏离真值的大小和方向。

3. 误差分类

由于测量值必然有误差，因此我们需要对测量值的准确程度做出估计，这就需要研究误差的来源、性质以及处理方法，从而完善测量的方法，减少误差。

按照误差的特征，测量误差可分为系统误差、随机误差和粗大误差三类。

1) 系统误差

系统误差是指在重复性条件下，对同一被测量进行无限多次测量所得结果的平均值与被测量的真值之差，即

$$\delta = \lim_{n\to\infty} \frac{1}{n} \sum_{i=1}^{n} (x_i - x_0)$$

系统误差及其原因不能完全获知，但其来源主要有以下三种。

(1) 方法误差：由于实验原理不完善，公式有近似性以及实验方法过于简化等原因产生的误差。例如，用单摆测重力加速度时，忽略了空气对摆动的阻力；用伏安法测电阻时，忽略了电表内阻的影响等。

(2) 仪器误差：由于仪器本身的缺陷或使用不当而产生的误差。例如，米尺的刻度不均匀，天平的两臂不等长，应水平放置的仪器没有水平放置等。

(3) 个人误差：由于实验者本人的生理特点或不良习惯产生的误差。例如，用秒表测时间时，有的人习惯早按，有的人习惯迟按；观察仪表指针时，有的人习惯将头偏向一边等。

通过校准仪器、完善实验理论、改善实验条件和测量方法，可以将系统误差减小到允许的程度，但增加测量次数并不能减小系统误差。

2) *随机误差*

随机误差是指测量结果 x_i 与在重复性条件下对同一被测量进行无限多次测量所得结果的平均值之差，即

$$\delta_i = x_i - \lim_{n\to\infty} \frac{1}{n} \sum_{i=1}^{n} x_i$$

随机误差来源于影响量的变化，这种变化在时间上和空间上是不可预知的或随机的，它会引起被测量重复观测值的变化。就单个随机误差而言，它没有确定的规律，但就整体而言，随机误差服从一定的统计规律，故可用统计方法估计其界限或它对测量结果的影响。增加测量次数，可减小随机误差。

服从正态分布的随机误差具有以下四大特征：

(1) 单峰性：绝对值小的误差比绝对值大的误差出现的概率大。

(2) 对称性：绝对值相等的正负误差出现的概率相等。

(3) 有界性：误差的绝对值不会超过一定的界限，即不会出现绝对值很大的误差。

(4) 抵偿性：随机误差的算术平均值随着测量次数的增加而越来越趋向于零，即

$$\lim_{n\to\infty} \frac{1}{n} \sum_{i=1}^{n} x_i = 0$$

随机误差主要有以下三种来源：

(1) 判断性误差：实验者在对准目标(刻线等)、确定平衡(如天平)、估计读数时产生的误差。

(2) 实验条件的起伏：如电源电压的波动，环境温度、湿度的变化等产生的误差。

(3) 微小干扰：如振动、空气流动、外界电磁场干扰的影响等产生的误差。

由于测量次数有限，因此实验中可确定的系统误差和随机误差分别是系统误差的估计值和随机误差的估计值。

3) *粗大误差*

粗大误差是指明显地与事实不符的误差。它是由于测量者粗心大意，或者实验条件突变、仪器在非正常状态下工作、无意识的不正确操作等因素造成的。含有粗大误差的测量值称为可疑值。在没有充分依据的前提下，可疑值绝不能随意去除，应按照一定的统计准则予以剔除。

4. 测量的精密度、正确度和精确度

通常系统误差和随机误差是混在一起出现的，有时也难以区分。在科学实验中，常用“精密度”表示随机误差的大小，反映测量结果的分散性，即测量值 x_i 偏离均值 $\bar{x}$ 的程度；用“正确度”表示系统误差的大小，反映 $\bar{x}$ 接近真值 x_0 的程度；用“精确度”综合反映随机误差和系统误差的大小。如图 1.1.1 所示的三张打靶图，圆心为目标，黑点为弹着点，图(a)表示射击的精密度高，即分散性小，但弹着点均值偏离目标较大，即随机误差小，而系统误差大；图(b)比图(a)表示的系统误差小，但随机误差大，即精密度低，而正确度高；图(c)中，弹着点比较集中且又聚集在靶心，表示精确度高，即精密度高，正确度也高。

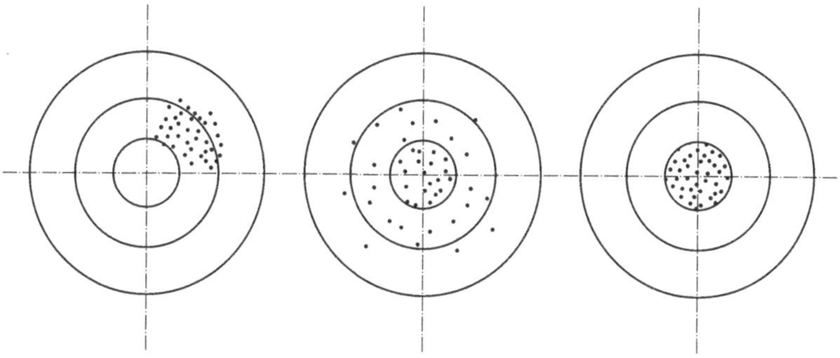

图 1.1.1　三种测量结果分布示意图

5. 测量误差的表示

实验中，常用绝对误差、相对误差、百分误差表示测量结果的优劣。由于真值无法得到，因此常用多次测量的算术平均值替代真值。测量值与算术平均值之差称为残差，即

$$v_i = x_i - \bar{x}$$

(1) 绝对误差：测量值减去被测量的真值，即

$$\text{绝对误差 } \Delta x = |\text{测量值 } x - \text{真值 } x_0|$$

(2) 相对误差：测量误差与被测量真值之比，即

$$\text{相对误差 } E = \frac{\text{测量误差}}{\text{真值}} \times 100\%$$

(3) 百分误差：有时将测量值与理论值或公认值进行比较，用百分误差 E_r，即

$$E_r = \frac{|\text{测量值} - \text{理论值}|}{\text{理论值}} \times 100\%$$

当两个被测量的值大小相近时，通常用绝对误差比较测量结果的优劣；当两个被测量的值相差较大时，用相对误差才能进行有效比较。例如，测量标称值分别为 9.8 mm 和 99.8 mm的甲、乙两物体的长度，实测值分别为 10.0 mm 和 100.0 mm，两者的绝对误差都为+0.2 mm，无法用绝对误差比较两者的测量水平，而用相对误差表示时，甲为 2%，乙为 0.2%，所以乙的测量结果比甲的准确，乙比甲的测量水平高一个数量级。

1.1.3 随机误差的估算

1. 多次等精度直接测量误差及测量结果表示

1) 算术平均值

设对物理量 x 进行了 n 次测量，各次测量值分别为 x_1，x_2，…，x_n，则算术平均值 $\bar{x}=\frac{1}{n}\sum_{i=1}^{n}x_i$。可以证明，算术平均值即是该物理量的最佳估计值。

2) 平均误差(或平均绝对误差)

各次测量值的残差 $\upsilon_i=x_i-\bar{x}$，$i=1, 2, \cdots, n$，各残差绝对值的算术平均值称为平均(绝对)误差，表示为

$$\overline{\Delta x}=\frac{1}{n}\sum_{i=1}^{n}|\upsilon_i|=\frac{1}{n}\sum_{i=1}^{n}|x_i-\bar{x}|$$

当测量次数少，测量仪表准确度不高或数据离散性不大时，可用平均(绝对)误差估算随机误差。

用平均(绝对)误差表示的测量结果为

$$\begin{cases}x=\bar{x}\pm\overline{\Delta x}\\ E=\dfrac{\overline{\Delta x}}{\bar{x}}\times 100\%\end{cases}$$

根据高斯误差理论，上式表示物理量 x 的真值落在 $(x-\overline{\Delta x}, x+\overline{\Delta x})$ 内的概率是 57.5%。

例 1.1.1 用米尺测量一铜棒的长度，共测量 5 次，各次的测量值为 $L_1=23.2$ mm，$L_2=23.2$ mm，$L_3=23.3$ mm，$L_4=23.1$ mm，$L_5=23.1$ mm。试写出测量结果的表达式。

解 算术平均值：

$$\bar{L}=\frac{1}{5}\sum_{i=1}^{5}L_i=23.2\ (\text{mm})$$

平均绝对误差：

$$\overline{\Delta L}=\frac{1}{5}\sum_{i=1}^{5}|L_i-\bar{L}|=0.06\ (\text{mm})\approx 0.1\ (\text{mm})$$

米尺的最小分度值为 1 mm，所以我们只能估读出 0.1 mm。当平均绝对误差小于仪器的估读数时，平均绝对误差一般取仪器的估读数。

相对误差：

$$E=\frac{\overline{\Delta L}}{\bar{L}}\times 100\%=\frac{0.1}{23.2}\times 100\%=0.4\%$$

测量结果：

$$\begin{cases}L=(23.2\pm 0.1)\ \text{mm}\\ E=0.4\%\end{cases}$$

它表示铜棒长度的真值落在 23.1～23.3 mm 范围内的可能性是 57.4%。

3) 标准误差

在物理实验和科技论文中，更常用的是用标准误差来计算测量列随机误差的大小，因

为标准误差更符合随机误差的正态分布理论。显然，标准误差的计算比绝对误差的计算复杂。标准误差的数学表达式为

$$\sigma=\sqrt{\frac{1}{n}\sum_{i=1}^{n}(x_i-x_0)^2},\ n\to\infty$$

式中，x_0 为真值。

而实际的测量次数都是有限的，实际计算时，用 $\bar{x}$ 代替真值 x_0，则标准误差 σ 的估计值为

$$S=\sqrt{\frac{1}{n-1}\sum_{i=1}^{n}(x_i-\bar{x})^2}$$

该值称为标准偏差，此式称为贝塞尔公式。

用数学知识可以证明算术平均值 $\bar{x}$ 的标准偏差 $S_{\bar{x}}$ 是测量列标准偏差 S 的 $1/\sqrt{n}$ 倍，即

$$S_{\bar{x}}=\frac{S}{\sqrt{n}}=\sqrt{\frac{\sum_{i=1}^{n}(x_i-\bar{x})^2}{n(n-1)}}$$

表明多次测量可以减小随机误差，测量次数一般为 6～10 次。

用标准偏差表示的结果为

$$\begin{cases}x=\bar{x}\pm S_{\bar{x}}\\ E=\dfrac{S_{\bar{x}}}{\bar{x}}\times 100\%\end{cases}$$

按照随机误差的统计理论，上式表示测量列中任一测量值的误差落在区间 $(-S_{\bar{x}},+S_{\bar{x}})$ 内的概率是 68.3%，物理量的真值落在 $(\bar{x}-S_{\bar{x}},\bar{x}+S_{\bar{x}})$ 内的概率也是 68.3%。

若误差取标准误差的 3 倍(3σ)，则测量列中任一测量值的误差落在区间 $(-3\sigma,+3\sigma)$ 内的概率是 99.7%，落在此区间外的概率只有 0.3%，所以误差实际上不会超过此区间，因此称 3σ 为极限误差，用 Δ 表示，即 $\Delta=3\sigma$。误差大于 3σ 的测量值可以认为是错误的，一般可以舍去，称为 3σ 准则。但 3σ 准则是以测量次数充分大为前提的，在测量次数较少时，不宜用此准则，只有当测量次数 $n>50$ 时才适用。

例 1.1.2　测量某物体的长度，共测 9 次，各次测量值分别为 23.2 mm，23.4 mm，23.6 mm，23.0 mm，23.7 mm，23.2 mm，23.6 mm，23.0 mm，23.7 mm。试用标准误差表示测量结果。

解　测量值及计算结果(见表 1.1.1)如下：

算术平均值：

$$\bar{L}=\frac{1}{9}\sum_{i=1}^{9}L_i=23.4\ (\text{mm})$$

测量列的标准偏差：

$$S=\sqrt{\frac{1}{n-1}\sum_{i=1}^{n}(L_i-\bar{L})^2}=\sqrt{\frac{0.66}{9-1}}=0.29\ (\text{mm})$$

算术平均值的标准偏差：

$$S_{\bar{L}}=\frac{1}{\sqrt{n}}S=\frac{0.29}{\sqrt{9}}=0.1\ (\text{mm})$$

相对误差：

$$E=\frac{S_{\bar{L}}}{\bar{L}}\times 100\%=\frac{0.1}{23.4}\times 100\%=0.4\%$$

测量结果：

$$\begin{cases}L=(23.4\pm 0.1)\ \text{mm}\\ E=0.4\%\end{cases}$$

表 1.1.1　测量值及计算结果

测量次序	L_i/mm	$(L_i-\bar{L})$/mm	$(L_i-\bar{L})^2/\text{mm}^2$
1	23.2	−0.2	0.04
2	23.4	0.0	0.00
3	23.6	0.2	0.04
4	23.0	−0.4	0.16
5	23.7	0.3	0.09
6	23.2	−0.2	0.04
7	23.6	0.2	0.04
8	23.0	−0.4	0.16
9	23.7	0.3	0.09

2. 单次测量误差估算及测量结果表示

在实验中，有些物理量需动态测量，而且只能测量一次；或在间接测量过程中，某一物理量的误差对最后的结果影响较小等，则可以对被测量只测量一次。只能测量一次的测量过程称为单次测量。单次测量的误差，采用平均误差表示时，一般取仪器最小分度 Δ 的一半，或用仪器的误差限 $\Delta_{仪}$ 表示，即 $\Delta x=\frac{\Delta}{2}$，或 $\Delta x=\Delta_{仪}$。

若采用标准误差表示，则单次测量的标准误差 $\sigma=\frac{\Delta}{k}$，k 是与仪器误差分布(见表 1.1.2)有关的常数。Δ 为仪器的极限误差，没有标出极限误差的仪器，其极限误差为其最小分度。

表 1.1.2　k 因子与仪器误差分布关系

仪器	米尺	游标卡尺	千分尺	秒表	物理天平	电表、电阻箱
误差分布	正态	矩形	正态	正态	正态	近似均匀
k	3	$\sqrt{3}$	3	3	3	$\sqrt{3}$

例如，米尺的最小分度 $\Delta=1$ mm，用米尺测物体长度；

单次测量的平均误差 $\Delta x=\frac{1}{2}$ mm$=0.5$ mm；

单次测量的标准误差 $\sigma=\frac{1}{3}$ mm$=0.4$ mm。

例如，用 0～25 mm 的一级千分尺测长度，千分尺仪器误差限 $\Delta_{仪}=0.004$ mm，单次测量平均误差 $\Delta x=\Delta_{仪}=0.004$ mm，单次测量的标准误差 $\sigma=\frac{0.004}{3}$ mm$=0.002$ mm。

单次测量的测量结果应表示为

$$\begin{cases} x = x \pm \Delta x(\text{单位}) \\ E = \dfrac{\Delta x}{x} \times 100\% \end{cases} \quad \text{或} \quad \begin{cases} x = x \pm \sigma(\text{单位}) \\ E = \dfrac{\sigma}{x} \times 100\% \end{cases}$$

1.1.4 间接测量的误差

间接测量量是通过一定的函数关系由各直接测量量计算得到的，而各直接测量量都有误差，所以计算出的间接测量量也必有误差，称为误差的传递。由直接测量量误差计算间接测量量误差的公式称为误差传递公式。

设间接测量量为 N，各直接测量值为 $x_1, x_2, \cdots, x_m$，函数关系为 $N=f(x_1, x_2, \cdots, x_m)$，以下分别讨论采用平均误差和标准偏差情况下的间接测量量的误差传递公式。

1. 误差传递的基本公式

已知各直接测量量：

$$x_i = \bar{x}_i \pm \overline{\Delta x_i},\ i = 1, 2, \cdots, m$$

则间接测量量 N 的算术平均值 $\overline{N}$ 为

$$\overline{N} = f(\bar{x}_1, \bar{x}_2, \cdots, \bar{x}_m)$$

对函数 $N=f(x_1, x_2, \cdots, x_m)$ 求全微分，得

$$\mathrm{d}N = \frac{\partial f}{\partial x_1}\mathrm{d}x_1 + \frac{\partial f}{\partial x_2}\mathrm{d}x_2 + \cdots + \frac{\partial f}{\partial x_m}\mathrm{d}x_m$$

误差均为微小量，类似于数学中的微小增量，可以用误差符号 $\Delta x_1, \Delta x_2, \cdots, \Delta x_m$ 替代微分符号 $\mathrm{d}x_1, \mathrm{d}x_2, \cdots, \mathrm{d}x_m$，则间接测量的误差为

$$\Delta N = \frac{\partial f}{\partial x_1}\Delta x_1 + \frac{\partial f}{\partial x_2}\Delta x_2 + \cdots + \frac{\partial f}{\partial x_m}\Delta x_m$$

由于各个偏导数的值可正可负，因此为避免正负抵消，导致对间接测量误差的估计不足，各误差分量均取绝对值，则最大误差传递公式为

$$\Delta N = \left|\frac{\partial f}{\partial x_1}\Delta x_1\right| + \left|\frac{\partial f}{\partial x_2}\Delta x_2\right| + \cdots + \left|\frac{\partial f}{\partial x_m}\Delta x_m\right|$$

平均误差为

$$\overline{\Delta N} = \left|\frac{\partial f}{\partial x_1}\overline{\Delta x_1}\right| + \left|\frac{\partial f}{\partial x_2}\overline{\Delta x_2}\right| + \cdots + \left|\frac{\partial f}{\partial x_m}\overline{\Delta x_m}\right|$$

对函数 $N=f(x_1, x_2, \cdots, x_m)$ 取自然对数，再取全微分，得

$$\ln N = \ln f(x_1, x_2, \cdots, x_m)$$

$$\frac{\mathrm{d}N}{N} = \frac{\partial \ln f}{\partial x_1}\mathrm{d}x_1 + \frac{\partial \ln f}{\partial x_2}\mathrm{d}x_2 + \cdots + \frac{\partial \ln f}{\partial x_m}\mathrm{d}x_m$$

同理得相对误差：

$$\begin{aligned} E = \frac{\overline{\Delta N}}{N} &= \left|\frac{\partial \ln f}{\partial x_1}\overline{\Delta x_1}\right| + \left|\frac{\partial \ln f}{\partial x_2}\overline{\Delta x_2}\right| + \cdots + \left|\frac{\partial \ln f}{\partial x_m}\overline{\Delta x_m}\right| \\ &= \left|\frac{\partial f}{\partial x_1}\frac{\overline{\Delta x_1}}{\overline{N}}\right| + \left|\frac{\partial f}{\partial x_2}\frac{\overline{\Delta x_2}}{\overline{N}}\right| + \cdots + \left|\frac{\partial f}{\partial x_m}\frac{\overline{\Delta x_m}}{\overline{N}}\right| \end{aligned}$$

结果表示为

$$\begin{cases} N = \overline{N} \pm \overline{\Delta N}(\text{单位}) \\ E = \dfrac{\overline{\Delta N}}{\overline{N}} \times 100\% \end{cases}$$

例 1.1.3 测得一空心圆柱的内径 $D_1 = (1.01 \pm 0.01)$ cm，外径 $D_2 = (2.02 \pm 0.02)$ cm，高 $H = (3.03 \pm 0.03)$ cm。计算圆柱体的体积和平均绝对误差，并写出测量结果。

解 由题意知：$\overline{D_1} = 1.01$ cm，$\overline{\Delta D_1} = 0.01$ cm，$\overline{D_2} = 2.02$ cm，$\overline{\Delta D_2} = 0.02$ cm，$\overline{H} = 3.03$ cm，$\overline{\Delta H} = 0.03$ cm。

空心圆柱体的体积为

$$V = \frac{\pi}{4}(D_2^2 - D_1^2)H = \frac{\pi}{4}D_2^2 H - \frac{\pi}{4}D_1^2 H = f(D_1, D_2, H)$$

$$\overline{V} = \frac{\pi}{4}\overline{D}_2^2\overline{H} - \frac{\pi}{4}\overline{D}_1^2\overline{H} = 7.28\ \text{cm}^3$$

$$E = \frac{\overline{\Delta V}}{\overline{V}} = \left|\frac{\partial f}{\partial D_2} \cdot \frac{\overline{\Delta D_2}}{\overline{V}}\right| + \left|\frac{\partial f}{\partial D_1} \cdot \frac{\overline{\Delta D_1}}{\overline{V}}\right| + \left|\frac{\partial f}{\partial H} \cdot \frac{\overline{\Delta H}}{\overline{V}}\right|$$

$$= \frac{2\overline{D}_2 \cdot \overline{\Delta D_2}}{\overline{D}_2^2 - \overline{D}_1^2} + \frac{2\overline{D}_1 \cdot \overline{\Delta D_1}}{\overline{D}_2^2 - \overline{D}_1^2} + \frac{\overline{\Delta H}}{\overline{H}} = 5\%$$

$$\overline{\Delta V} = \overline{V} \cdot E = 7.28 \times 5\% = 0.364\ \text{cm}^3 \approx 0.37\ \text{cm}^3$$

测量结果表示为

$$\begin{cases} V = (7.28 \pm 0.37)\ \text{cm}^3 \\ E = 5\% \end{cases}$$

2. 标准偏差的传递公式

若 $N = f(x_1, x_2, \cdots, x_m)$ 中各直接测量量 $x_1, x_2, \cdots, x_m$ 相互独立，各量的误差服从高斯分布，用标准偏差估计各直接测量量误差，则间接测量量的标准偏差按“方和根”合成法传递：

$$x_i = \bar{x}_i \pm S_{\bar{x}_i}, \quad i = 1, 2, \cdots, m$$

$$S_{\overline{N}} = \sqrt{\left(\frac{\partial f}{\partial x_1}\right)^2 \cdot S_{\bar{x}_1}^2 + \left(\frac{\partial f}{\partial x_2}\right)^2 \cdot S_{\bar{x}_2}^2 + \cdots + \left(\frac{\partial f}{\partial x_m}\right)^2 \cdot S_{\bar{x}_m}^2}$$

$$E = \frac{S_{\overline{N}}}{\overline{N}} = \sqrt{\sum_{i=1}^{m}\left(\frac{\partial \ln f}{\partial x_i}\right)^2 \cdot S_{\bar{x}_i}^2}$$

例 1.1.4 用千分尺测一圆柱体的直径，用 50 分度游标卡尺测高，用物理天平测质量，直径、高和质量表达式用标准差表示，结果如下：$d = (0.5645 \pm 0.0003)$ cm，$H = (6.715 \pm 0.005)$ cm，$m = (14.06 \pm 0.01)$ g，求其密度。

解 由题意知：$\bar{d} = 0.5645$ cm，$S_{\bar{d}} = 0.0003$ cm，$\overline{H} = 6.715$ cm，$S_{\overline{H}} = 0.005$ cm，$\bar{m} = 14.06$ g，$S_{\bar{m}} = 0.01$ g。

圆柱体的密度公式为

$$\rho = \frac{4m}{\pi d^2 H} = f(m, d, H)$$

则

$$\bar{\rho} = \frac{4\bar{m}}{\pi \bar{d}^2 \bar{H}} = 8.366\ \text{g/cm}^3$$

$$\ln f = \ln \rho = \ln 4 + \ln m - \ln \pi - \ln d^2 - \ln H$$

$$E = \frac{S_{\bar{\rho}}}{\bar{\rho}} = \sqrt{\left(\frac{\partial \ln f}{\partial m}\right)^2 \cdot S_{\bar{m}}^2 + \left(\frac{\partial \ln f}{\partial d}\right)^2 \cdot S_{\bar{d}}^2 + \left(\frac{\partial \ln f}{\partial H}\right)^2 \cdot S_{\bar{H}}^2}$$

$$= \sqrt{\left(\frac{S_{\bar{m}}}{\bar{m}}\right)^2 + \left(\frac{2S_{\bar{d}}}{\bar{d}}\right)^2 + \left(\frac{S_{\bar{H}}}{\bar{H}}\right)^2} = 0.15\%$$

$$S_{\bar{\rho}} = \bar{\rho} \cdot E = 8.366 \times 0.15\% = 0.013\ \text{g/cm}^3$$

圆柱体的密度为

$$\begin{cases} \rho = (8.366 \pm 0.013)\ \text{g/cm}^3 \\ E = 0.15\% \end{cases}$$

1.2　测量不确定度评定与表示

测量的目的是得到被测量的真值，但由于客观实际的局限性，真值不是准确可知的，测量结果只是一个真值的近似估计值和一个用于表示近似程度的误差范围，导致测量结果不能定量给出，具有不确定性。为了确切表征实验测量结果，我们引入了不确定度的概念。

测量不确定度(Measurement Uncertainty)是建立在误差理论基础上的新概念，其应用具有广泛性和实用性。正如国际单位制(SI 制)一样，目前，测量不确定度评定已被世界各国、各领域采用。1993 年，国家标准化组织(ISO)、国际理论物理与应用物理联合会等 7 个国际组织联合发布了《测量不确定度表示指南》(Guide to the Expression of Uncertainty in Measurement，GUM)。我国于 2012 年全面施行了《测量不确定度评定与表示》(JJF1059—2012)，以替代原技术规范中的测量误差部分。

测量不确定度评定与表示的统一，使不同国家、不同地区、不同学科、不同领域在表示测量结果及评定时具有一致的含义。

1.2.1　测量不确定度的基本概念

1. 测量不确定度

测量不确定度是与测量结果相联系的参数，是误差的量化指标，表征合理地赋予被测量之值的分散性。测量不确定度可以是标准差或其倍数，或说明了置信水准的区间的半宽度。测量不确定度由多个分量组成，其中一些分量可用测量列结果的统计分布估算，并用实验标准差表征；另一些分量则可用基于经验或其他信息的假定概率分布估算，也可用标准差表征。本书中若不另外强调，测量不确定度一律用合成标准不确定度表示。

测量不确定度是指对测量结果正确性的可疑程度，不确定度恒为正值；而测量结果是被测量的最佳估计，实验中用算术平均值 $\bar{x}$ 表示。

2. 标准不确定度

标准不确定度是指以标准差表示的测量不确定度，如用贝塞尔函数表示的实验标准差：

$$S(x_i)=\sqrt{\frac{\sum_{i=1}^{n}(x_i-\bar{x})^2}{n-1}}$$

或用仪器误差限等转换成的标准不确定度。

算术平均值 $\bar{x}$ 的实验标准差为

$$S(\bar{x})=\frac{S(x_i)}{\sqrt{n}}=\sqrt{\frac{\sum_{i=1}^{n}(x_i-\bar{x})^2}{n(n-1)}}$$

则算术平均值 $\bar{x}$ 的标准不确定度为

$$u(\bar{x})=S(\bar{x})$$

测量结果 $x=\bar{x}\pm u(\bar{x})$ 表示 x 落在 $(\bar{x}-u(\bar{x}), \bar{x}+u(\bar{x}))$ 内的概率是 68.3%。

3. 合成标准不确定度

当测量结果是由若干个其他量的值求得的时，按其他各量的方差和协方差算得的标准不确定度，可以按不确定度分量的 A、B 两类评定方法分别合成。本书中一般只考虑各分量相互独立的情况。合成标准不确定度用 u_c 表示。

若 $y=f(x_1, x_2, \cdots, x_N)$，$x_1, x_2, \cdots, x_N$ 相互独立，则

$$u_c(y)=\sqrt{\sum_{i=1}^{n}\left(\frac{\partial f}{\partial x_i}\right)^2 u^2(x_i)}$$

4. 自由度

自由度的定义：在方差的计算中，和的项数减去对和的限制数。例如，在重复性条件下，对被测量做 n 次独立测量时所得的样本方差为 $(\upsilon_1^2+\upsilon_2^2+\cdots+\upsilon_n^2)/(n-1)$，其中残差为

$$\upsilon_1=x_1-\bar{x},\ \upsilon_2=x_2-\bar{x},\ \cdots,\ \upsilon_n=x_n-\bar{x}$$

和的项数即为残差的个数 n（也是测量次数），而约束条件为 $\sum\upsilon_i=0$，即限制数为 1，则自由度 $\gamma=n-1$。

对于最小二乘法，自由度 $\gamma=n-t$（n 为数据个数，t 为未知数个数）。

合成标准不确定度 $u_c(y)$ 的自由度称为有效自由度 γ_{eff}。若

$$u_c(y)=\sqrt{\sum_{i=1}^{n}\left(\frac{\partial f}{\partial x_i}\right)^2 u^2(x_i)}$$

则有效自由度 γ_{eff} 可由韦尔奇-萨特思韦特公式计算：

$$\gamma_{\text{eff}}=\frac{u_c^4(y)}{\sum_{i=1}^{n}\frac{u_i^4(y)}{\upsilon_i}}$$

或由乘除函数计算：

$$\gamma_{\text{eff}}=\frac{[u_c(y)/y]^4}{\sum_{i=1}^{n}\frac{\left[\frac{\partial f}{\partial x_i}\cdot u(x_i)/x_i\right]^4}{\upsilon_i}}=\frac{[u_{\text{crel}}(y)]^4}{\sum_{i=1}^{n}\frac{\left[\frac{\partial f}{\partial x_i}\cdot u_{\text{crel}}(x_i)\right]^4}{\upsilon_i}}$$

t 分布中要用到自由度 γ。

5. 扩展不确定度

扩展不确定度是将合成标准不确定度扩展 k 倍得到的，扩展不确定度有 U 和 U_p 两种。$U=ku_c$ 为标准差的倍数，$k=1$，2，3 分别表示物理量 x 落在 $(\bar{x}-U, \bar{x}+U)$ 内的概率为 $p=68.3\%$，95.4%和 99.7%。

$U_p=k_p u_c$ 为具有置信概率 p 的置信区间的半宽，表示物理量 x 落在 $(\bar{x}-U_p, \bar{x}+U_p)$ 内的概率为 p，k_p 由统计分布及置信概率 p 查表求得。例如，在正态分布下，置信概率 $p=95\%$，对应的 $k_p=1.96$，对应的扩展不确定度记为 $U_{95}=1.96u_c$。

k 与 k_p 称为包含因子。

常用仪器、仪表的误差限可理解为 $p=100\%$ 的扩展不确定度，即 $U_{100}=\Delta_{仪}$。在 B 类评定中，由 $\Delta_{仪}=ku_c$ 可求出 $u_c=\Delta_{仪}/k$，k 由分布决定，正态分布 $k=3$，均匀分布 $k=\sqrt{3}$，三角分布 $k=\sqrt{6}$，t 分布表可查相关手册。

6. 测量不确定度的 A 类评定

用对观测列进行统计分析的方法来评定标准不确定度时，相应的标准不确定度用 u_A 表示。物理实验教学中我们采用平均值的实验标准偏差表示 u_A，即

$$u_A=S(\bar{x})=\frac{S(x_i)}{\sqrt{n}}=\sqrt{\frac{\sum_{i=1}^{n}(x_i-\bar{x})^2}{n(n-1)}}$$

在实验中，一般只能进行有限次的测量，这时测量残差不一定会服从正态分布规律，而是服从 t 分布。此时，A 类不确定度等于实验标准偏差乘以 t 分布因子 $\frac{t_p(n-1)}{\sqrt{n}}$，即

$$U_p=\frac{t_p(n-1)}{\sqrt{n}}S(x)=t_p(n-1)S(\bar{x})$$

其中，$t_p(n-1)$ 是与测量次数 n 及置信概率 p 有关的量。

$t_p(n-1)$ 可查概率分布表得到，表 1.2.1 是部分数据($p=0.95$)。

表 1.2.1　$t_p(n-1)$ 与测量次数 n 的关系

测量次数 n	2	3	4	5	6	7	8	9	10
$\frac{t_p(n-1)}{\sqrt{n}}$	8.98	2.48	1.59	1.24	1.05	0.93	0.84	0.77	0.72

从表 1.2.1 中可见，当 $5\leqslant n\leqslant 10$ 时，因子 $\frac{t_p(n-1)}{\sqrt{n}}$ 近似取 1，这时可简化为 $U_p=S_{\bar{x}}$。在基础物理实验中，测量次数 n 一般不大于 10，作 $U_p=S_{\bar{x}}$ 近似，置信概率接近或大于 95%。当测量次数不在上述范围且测量要求较高时，要从有关数据表中查出相应的 $t_p(n-1)$ 因子。

测量次数 n 充分多，才能使 A 类不确定度评定可靠，一般认为 n 应大于 5，但也要看实际情况而定：当该 A 类不确定度分量对合成标准不确定度的贡献较大时，n 不宜太小；反之，当该 A 类不确定度分量对合成标准不确定度的贡献较小时，n 小一些也影响不大。

7. 测量不确定度的 B 类评定

用不同于对观测列进行统计分析的方法来评定标准不确定度时，相应的标准不确定度

用 u_B 表示。获得 B 类标准不确定度的信息来源一般有以下几种：

（1）以前的观测数据。

（2）对有关技术材料和观测仪器特性的了解和经验。

（3）生产部门提供的技术说明文件。

（4）校准证书、检定评书或其他文件提供的数据、准确度的等级或级别，包括目前仍在使用的极限误差等。

（5）手册或某些材料给出的参考数据及其不确定度。

（6）规定实验方法的图像标准或类似技术文件中给出的重复性限 r 或复现性限 R。

本书中主要考虑仪器误差限 $\Delta_{仪}$，它是指计量器具的示值误差，或是按仪表准确度等级算得的最大基本误差。本书中约定采用测量仪器的误差限折合成 B 类标准不确定度 u_B，即

$$u_B = \frac{\Delta_{仪}}{k}$$

其中，k 大于 1，是与误差分布特性有关的系数。

目前，很多仪器在最大允差范围内的分布性质还不清楚，这种情况下，一般采取保守性估计，k 取较小值。对于误差分布未知的情况，本书均简化为均匀分布处理，即取 $k=\sqrt{3}$，仪器误差限由实验室提供。常用仪器和量具的主要技术指标及误差分布见表 1.2.2。

表 1.2.2　常用仪器和量具的主要技术指标及误差分布

仪器量具	量程	最小分度值	误差限	误差分布	包含因子 k
钢板尺	150 mm 500 mm 1000 mm	1 mm 1 mm 1 mm	±0.10 mm ±0.15 mm ±0.20 mm	正态	3
钢卷尺	1 m 2 m	1 mm 1 mm	±0.8 mm ±1.2 mm	—	$\sqrt{3}$
游标卡尺	125 mm 300 mm	0.02 mm 0.05 mm	±0.02 mm ±0.05 mm	均匀	$\sqrt{3}$
千分尺	0～25 mm	0.01 mm	±0.004 mm	正态	3
物理天平	500 g	0.05 g	0.08 g(近满量程) 0.06 g(近 1/2 量程) 0.04 g(近 1/3 量程)	正态	3
普通温度计	0～100 ℃	1 ℃	±1 ℃	—	$\sqrt{3}$
指针式电表			$A \cdot K\%$	均匀	$\sqrt{3}$
直流电阻箱			$(a \cdot R + b \cdot m)\%$	均匀	$\sqrt{3}$
秒表		0.1 s	0.1 s	正态	3

注：A—电表量程；K—电表准确度等级；a—电阻箱准确度等级；R—电阻箱示值；b—与等级有关的系数(电阻箱结构常数)，见电阻箱介绍；m—电阻箱示值中除“0”外所用的旋钮个数。

对于数字显示式测量仪器，若分辨力为 δx，则由此带来的标准不确定度为 $u_B = \dfrac{\delta x}{2\sqrt{3}}$。

因此，合成标准不确定度 u_c 为

$$u_c = \sqrt{u_A^2 + u_B^2}$$

8. 相对合成不确定度

u_{crel} 表示合成不确定度的相对大小，即

$$u_{crel}(\bar{y}) = \frac{u_c(\bar{y})}{\bar{y}}$$

1.2.2　测量不确定度的评定与表示

在将可修正的系统误差修正后，测量不确定度可按照获取方法分别采用 A 类和 B 类不确定度评定。

1. 单次测量的不确定度

作为单次测量，不存在采用统计方法得到的不确定度的 A 类分量，因此，单次测量的合成标准不确定度就等于不确定度的 B 类分量 u_B。

例如，用米尺单次测量长度 $L=25.5$ mm，则

$$u_B = \frac{\Delta_{仪}}{\sqrt{3}} = \frac{0.5}{\sqrt{3}} = 0.3\ (\text{mm})$$

测量结果为

$$\begin{cases} L = (25.5 \pm 0.3)\ \text{mm} \\ u_{crel} = 1.2\% \end{cases}$$

2. 多次等精度直接测量的不确定度

首先用贝塞尔公式计算标准不确定度的 A 类分量 u_A，再计算仪器误差限对应的标准不确定度的 B 类分量 u_B，由 u_A 和 u_B 采用“方和根”的方法求得合成标准不确定度 $u_c=\sqrt{u_A^2+u_B^2}$。

具体步骤如下：

(1) 求测量列 x_1，x_2，…，x_n 的算术平均值：

$$\bar{x} = \frac{1}{n}\sum_{i=1}^{n} x_i$$

(2) 求残差：

$$v_i = x_i - \bar{x},\ i = 1,\ 2,\ \cdots,\ n$$

(3) 求算术平均值的实验标准偏差 $S(\bar{x})$：

$$S(\bar{x}) = \sqrt{\frac{\sum_{i=1}^{n} v_i^2}{n(n-1)}}$$

则 $u_A = S(\bar{x})$。

(4) 由仪器误差限 $\Delta_{仪}$ 求标准不确定度的 B 类分量 u_B：

$$u_B = \frac{\Delta_{仪}}{k}$$

(5) 求合成标准不确定度 u_c：

$$u_c = \sqrt{u_A^2 + u_B^2}$$

(6) 测量结果为

$$\begin{cases} x = \bar{x} \pm u_c(\text{单位}) \\ u_{crel} = \dfrac{u_c}{\bar{x}} \times 100\% \end{cases}$$

请同学们尝试使用计算机编程实现。

例 1.2.1　用螺旋测微计测钢球直径 5 次，测量值为 3.498 mm、3.499 mm、3.500 mm、3.499 mm、3.498 mm，给出测量结果。

解　(1) $u_A = S(\bar{d}) = 0.000\,38$ mm，$\bar{d} = 3.4988$ mm。

(2) $u_B = \dfrac{\Delta_{仪}}{\sqrt{3}} = 0.0013$ mm。

(3) $u_c = \sqrt{u_A^2 + u_B^2} = 0.002$ mm。

(4) $u_{crel} = \dfrac{u_c}{\bar{d}} \times 100\% = 0.09\%$。

(5) 测量结果为

$$\begin{cases} d = (3.499 \pm 0.003)\ \text{mm} \\ u_{crel} = 0.09\% \end{cases}$$

3. 间接测量结果的不确定度

间接测量不确定度与 1.1 节所讲的实验标准偏差的传递公式相似，可参阅相关内容。

间接测量量 $y = f(x_1, x_2, \cdots, x_n)$，其中 $x_1, x_2, \cdots, x_n$ 为直接测量量，且相互独立，$u_c(x_i)$ 为各直接测量量的合成标准不确定度，且

$$x_i = \bar{x}_i \pm u_c(\bar{x}_i),\ i = 1, 2, \cdots, n$$

则 $\bar{y} = f(\bar{x}_1, \bar{x}_2, \cdots, \bar{x}_n)$ 为间接测量量的最佳估计值。

合成标准不确定度：

$$u_c(\bar{y}) = \sqrt{\sum_{i=1}^{n} \left(\frac{\partial f}{\partial x_i}\right)^2 u_c^2(\bar{x}_i)}$$

相对合成标准不确定度：

$$u_{crel}(\bar{y}) = \frac{u_c(\bar{y})}{\bar{y}} = \sqrt{\sum_{i=1}^{n} \left(\frac{\partial \ln f}{\partial x_i}\right)^2 \cdot u_c^2(\bar{x}_i)}$$

$$= \sqrt{\sum_{i=1}^{n} \left(\frac{\partial f}{\partial x_i}\right)^2 \cdot \frac{u_c^2(\bar{x}_i)}{\bar{f}^2}}$$

测量结果为

$$\begin{cases} y = \bar{y} \pm u_c(\bar{y})(\text{单位}) \\ u_{crel} = \dfrac{u_c(\bar{y})}{\bar{y}} \times 100\% \end{cases}$$

从常用函数不确定度传递公式(见表 1.2.3)中可看出，对于和差函数，先计算合成不确定度 u_c，再由公式 $u_{crel}=u_c/\overline{N}$ 计算相对不确定度比较方便；对于乘除、乘方等函数，应先计算相对不确定度 u_{crel}，再由公式 $u_c=\overline{N}\cdot u_{crel}$ 求合成不确定度比较方便。

表 1.2.3　常用函数不确定度传递公式

函数	不确定度	相对不确定度
$N=x\pm y$	$u_c=\sqrt{u_{\bar{x}}^2+u_{\bar{y}}^2}$	$u_{crel}=\dfrac{u_c}{\overline{N}}$
$N=kx\pm my\pm nz$	$u_c=\sqrt{k^2u_{\bar{x}}^2+m^2u_{\bar{y}}^2+n^2u_{\bar{z}}^2}$	$u_{crel}=\dfrac{u_c}{\overline{N}}$
$N=x\cdot y$	$u_c=\overline{N}\cdot u_{crel}$	$u_{crel}=\sqrt{\left(\dfrac{u_{\bar{x}}}{\bar{x}}\right)^2+\left(\dfrac{u_{\bar{y}}}{\bar{y}}\right)^2}=\sqrt{u_{crel}^2(\bar{x})+u_{crel}^2(\bar{y})}$
$N=\dfrac{x}{y}$	$u_c=\overline{N}\cdot u_{crel}$	$u_{crel}=\sqrt{\left(\dfrac{u_{\bar{x}}}{\bar{x}}\right)^2+\left(\dfrac{u_{\bar{y}}}{\bar{y}}\right)^2}=\sqrt{u_{crel}^2(\bar{x})+u_{crel}^2(\bar{y})}$
$N=kx$	$u_c=ku_{\bar{x}}$	$u_{crel}=u_{crel}(\bar{x})$
$N=\dfrac{x^k\cdot y^m}{z^n}$	$u_c=\overline{N}\cdot u_{crel}$	$u_{crel}=\sqrt{k^2\left(\dfrac{u_{\bar{x}}}{\bar{x}}\right)^2+m^2\left(\dfrac{u_{\bar{y}}}{\bar{y}}\right)^2+n^2\left(\dfrac{u_{\bar{z}}}{\bar{z}}\right)^2}$ $=\sqrt{k^2u_{crel}^2(\bar{x})+m^2u_{crel}^2(\bar{y})+n^2u_{crel}^2(\bar{z})}$
$N=k\sqrt{x}$	$u_c=\overline{N}\cdot u_{crel}$	$u_{crel}=\dfrac{1}{2}\cdot\dfrac{u_{\bar{x}}}{\bar{x}}=\dfrac{1}{2}\cdot u_{crel}(\bar{x})$
$N=k\cdot\sqrt[m]{x}$	$u_c=\overline{N}\cdot u_{crel}$	$u_{crel}=\dfrac{1}{m}\cdot\dfrac{u_{\bar{x}}}{\bar{x}}=\dfrac{1}{m}\cdot u_{crel}(\bar{x})$
$N=\sin x$	$u_c=\lvert\cos\bar{x}\rvert\cdot u_{\bar{x}}$	$u_{crel}=\dfrac{u_c}{\overline{N}}$
$N=\ln x$	$u_c=\dfrac{u_{\bar{x}}}{\bar{x}}$	$u_{crel}=\dfrac{u_c}{\overline{N}}=\dfrac{u_{crel}(\bar{x})}{\ln\bar{x}}$

例 1.2.2　已知 $y=x_1+x_2$，$x_1=\bar{x}_1\pm u_c(\bar{x}_1)$，$x_2=\bar{x}_2\pm u_c(\bar{x}_2)$，计算 $u_c(\bar{y})$及 $u_{crel}(\bar{y})$。

解

$$u_c(\bar{y})=\sqrt{u_c^2(\bar{x}_1)+u_c^2(\bar{x}_2)}$$

$$u_{crel}(\bar{y})=\frac{u_c(\bar{y})}{\bar{y}}=\frac{\sqrt{u_c^2(\bar{x}_1)+u_c^2(\bar{x}_2)}}{\bar{x}_1+\bar{x}_2}$$

例 1.2.3　已知 $y=x_1\cdot x_2$，$x_1=\bar{x}_1\pm u_c(\bar{x}_1)$，$x_2=\bar{x}_2\pm u_c(\bar{x}_2)$，计算 $u_c(\bar{y})$及 $u_{crel}(\bar{y})$。

解　方法(一)：先计算 $u_c(\bar{y})$，后计算 $u_{crel}(\bar{y})$。

$$u_c(\bar{y})=\sqrt{\left(\frac{\partial f}{\partial x_1}\right)^2\cdot u_c^2(\bar{x}_1)+\left(\frac{\partial f}{\partial x_2}\right)^2\cdot u_c^2(\bar{x}_2)}=\sqrt{\bar{x}_2^2\cdot u_c^2(\bar{x}_1)+\bar{x}_1^2\cdot u_c^2(\bar{x}_2)}$$

$$u_{crel}(\bar{y})=\frac{u_c(\bar{y})}{\bar{y}}=\frac{\sqrt{\bar{x}_2^2\cdot u_c^2(\bar{x}_1)+\bar{x}_1^2\cdot u_c^2(\bar{x}_2)}}{\bar{x}_1\cdot\bar{x}_2}$$

可见，先计算 $u_c(\bar{y})$，后计算 $u_{crel}(\bar{y})$不方便。

方法(二)：先计算 $u_{crel}(\bar{y})$，后计算 $u_c(\bar{y})$。

$$u_{crel}(\bar{y})=\sqrt{\sum_{i=1}^{n}\left(\frac{\partial f}{\partial x_i}\right)^2\cdot\frac{u_c^2(\bar{x}_i)}{\bar{f}^2}}=\sqrt{\frac{u_c^2(\bar{x}_1)}{\bar{x}_1^2}+\frac{u_c^2(\bar{x}_2)}{\bar{x}_2^2}}$$

$$=\sqrt{u_{crel}^2(\bar{x}_1)+u_{crel}^2(\bar{x}_2)}$$

$$u_c(\bar{y})=\bar{y}\cdot u_{crel}(\bar{y})$$

可见方法(二)比较简便。

1.2.3 不确定度分析的意义及不确定度均分原理

不确定度反映测量结果的可靠程度。由不确定度的合成可以看到，影响测量不确定度的因素很多，分析不同因素对测量不确定度的影响及影响的大小，对于前期的实验设计以及事后的实验分析都具有重要意义。在实验前，要根据对测量不确定度的要求设计实验方案，选择仪器和实验环境，使得实验既能满足设计要求又能尽可能地降低实验成本；在实验中和实验后，通过对测量不确定度的大小及其成因分析，可以找到影响实验精确度的原因并加以校正。人类历史上的许多重大发现都来自科学家对实验误差和测量不确定度的研究。例如，开普勒在研究火星轨道的过程中，发现理论数据与第谷的观测数据有 8′的误差，这 8′的误差相当于秒针 0.02 s 间转过的角度。开普勒坚信第谷的实验数据是可信的，通过坚持不懈地努力终于提出了行星三定律，正是这个不容忽略的 8′误差使开普勒走上了天文学改革的道路。又如，科学家们通过对氢原子实验值不确定度的研究，认定有未知系统误差的存在，最终发现了氢的同位素氘和氚，并发明了质谱仪。

不确定度均分原理的提出是基于在间接测量中各直接测量量都会对最终的测量结果的不确定度有贡献。若已知各测量量之间的函数关系，可写出不确定度传递公式，并按均分原理将测量结果的合成不确定度均分到各个分量中，由此经济合理地设计实验方案，确定各物理量的测量方法和使用的仪器。对测量结果影响较大的物理量，应采用精度较高的仪器；而对结果影响不大的物理量，则没必要采用精度过高的仪器，以免造成实验成本的提高。

当然，按不确定度均分原理设计实验也可能出现有的物理量的不确定度需求很容易实现，有的物理量的不确定度需求却很难实现的情况。在这种情况下，可根据具体情况调整不确定度分配，对难以实现的物理量的不确定度可适当扩大，对较容易实现的物理量的不确定度尽可能缩小，对其余的物理量的不确定度不做调整。

例如，$u_c(\bar{y})=\sqrt{\sum\limits_{i=1}^{n}\left(\frac{\partial f}{\partial x_i}\right)^2u_c^2(\bar{x}_i)}$，则

$$\left(\frac{\partial f}{\partial x_1}\right)^2\cdot u_c^2(\bar{x}_1)=\left(\frac{\partial f}{\partial x_2}\right)^2\cdot u_c^2(\bar{x}_2)=\cdots=\left(\frac{\partial f}{\partial x_N}\right)^2\cdot u_c^2(\bar{x}_n)=\frac{1}{n}u_c^2(\bar{y})$$

即为不确定度均分原理，可由 $u(\bar{x}_i)\geqslant\Delta_{仪}$ 选择满足相应物理量不确定度的测量仪器。

1.2.4 不确定度计算实例

以下用不确定度分析方法计算 1.1 节的例 1.1.2 和例 1.1.4，并给出一个包含扩展不确定度及自由度计算的不确定度评定实例，以及运用不确定度均分原理选择测量仪器的例子。

例 1.2.4 用误差限 $\Delta_{仪}=0.1$ mm 的钢板尺测量某物体的长度，共测量 9 次，各次测量值分别为 23.2 mm，23.4 mm，23.6 mm，23.0 mm，23.7 mm，23.2 mm，23.6 mm，

23.0 mm，23.7 mm，给出测量结果。

解　(1) A 类标准不确定度 u_A(中间计算过程表参见 1.1 节例 1.1.2)。

算术平均值：

$$\bar{L} = \frac{1}{9}\sum_{i=1}^{9} L_i = 23.4\ (\text{mm})$$

测量列的标准偏差：

$$S = \sqrt{\frac{1}{n-1}\sum_{i=1}^{n}(L_i - \bar{L})^2} = \sqrt{\frac{0.66}{9-1}} = 0.29\ (\text{mm})$$

算术平均值的标准偏差：

$$S_{\bar{L}} = \frac{S}{\sqrt{n}} = \frac{0.29}{\sqrt{9}} = 0.097\ (\text{mm})$$

A 类标准不确定度 u_A：

$$u_A = S_{\bar{L}} = 0.097\ (\text{mm})$$

(2) B 类标准不确定度 u_B。钢板尺误差分布为正态分布，有

$$u_B = \frac{\Delta_{仪}}{k} = \frac{0.1}{3}\ \text{mm} = 0.034\ (\text{mm})$$

(3) 合成标准不确定度 u_c：

$$u_c = \sqrt{u_A^2 + u_B^2} = 0.11\ (\text{mm})$$

(4) 相对合成标准不确定度 u_{crel}：

$$u_{crel} = \frac{u_c}{\bar{L}} \times 100\% = 0.47\%$$

(5) 测量结果为

$$\begin{cases} L = (23.40 \pm 0.11)\ \text{mm} \\ u_{crel} = 0.47\% \end{cases}$$

例 1.2.5　用千分尺测一圆柱体的直径，用 50 分度游标卡尺测高，用物理天平测质量，直径、高和质量的表达式用标准差表示，以便和 1.1 节例 1.1.4 比较。结果如下：$d=(0.5645\pm0.0003)$ cm，$H=(6.715\pm0.005)$ cm，$m=(14.06\pm0.01)$ g。求其密度。

解　(1) 圆柱体密度。

由题意知：

$$\bar{d} = 0.5645\ \text{cm},\quad S_{\bar{d}} = 0.0003\ \text{cm}$$

$$\bar{H} = 6.715\ \text{cm},\quad S_{\bar{H}} = 0.005\ \text{cm}$$

$$\bar{m} = 14.06\ \text{g},\quad S_{\bar{m}} = 0.01\ \text{g}$$

圆柱体的密度公式为

$$\rho = \frac{4m}{\pi d^2 H} = f(m, d, H)$$

则

$$\bar{\rho} = \frac{4\bar{m}}{\pi \bar{d}^2 \bar{H}} = 8.366\ \text{g/cm}^3$$

(2) 圆柱体直径 d 的不确定度。

A 类标准不确定度 u_A：

$$u_A = S_{\bar{d}} = 0.0003 \text{ cm}$$

千分尺误差分布为正态分布，B 类标准不确定度 u_B：

$$u_B = \frac{\Delta_{仪}}{3} = \frac{0.004}{3} \text{ mm} = 0.0014 \text{ mm} = 0.000\,14 \text{ cm}$$

合成标准不确定度：

$$u_c(\bar{d}) = \sqrt{u_A^2 + u_B^2} = 0.000\,34 \text{ cm}$$

(3) 圆柱体高 H 的不确定度。

A 类标准不确定度 u_A：

$$u_A = S_{\bar{H}} = 0.005 \text{ cm}$$

游标卡尺误差分布为均匀分布，B 类标准不确定度 u_B：

$$u_B = \frac{\Delta_{仪}}{\sqrt{3}} = \frac{0.02}{\sqrt{3}} \text{ mm} = 0.012 \text{ mm} = 0.0012 \text{ cm}$$

合成标准不确定度：

$$u_c(\bar{H}) = \sqrt{u_A^2 + u_B^2} = 0.052 \text{ mm} = 0.0052 \text{ cm}$$

(4) 圆柱体质量 m 的不确定度。

A 类标准不确定度 u_A：

$$u_A = S_{\bar{m}} = 0.01 \text{ g}$$

物理天平误差分布为正态分布，B 类标准不确定度 u_B：

$$u_B = \frac{\Delta_{仪}}{3} = \frac{0.04}{3} \text{ g} = 0.014 \text{ g}$$

合成标准不确定度：

$$u_c(\bar{m}) = \sqrt{u_A^2 + u_B^2} = 0.018 \text{ g}$$

(5) 圆柱体密度的不确定度。

密度函数是乘除函数，先计算相对不确定度 $u_{crel}(\bar{\rho})$，再计算合成不确定度 $u_c(\bar{\rho}) = \bar{\rho} \cdot u_{crel}(\bar{\rho})$ 较方便。

相对合成标准不确定度：

$$u_{crel}(\bar{\rho}) = \frac{u_c(\bar{\rho})}{\bar{\rho}} = \sqrt{\left[\frac{2u_c(\bar{d})}{\bar{d}}\right]^2 + \left[\frac{u_c(\bar{h})}{\bar{h}}\right]^2 + \left[\frac{u_c(\bar{m})}{\bar{m}}\right]^2} = 0.19\%$$

合成标准不确定度：

$$u_c(\bar{\rho}) = \bar{\rho} \cdot u_{crel}(\bar{\rho}) = 8.366 \times 0.19\% = 0.016 \text{ g/cm}^3$$

(6) 圆柱体密度的表达式：

$$\begin{cases} \rho = (8.366 \pm 0.016) \text{ g/cm}^3 = (8.366 \pm 0.016) \times 10^3 \text{ kg/m}^3 \\ u_{crel}(\bar{\rho}) = 0.19\% \end{cases}$$

例 1.2.6 用最大允差±0.05 mm 的游标卡尺测量一圆柱体的体积，直径和高的测量数据见表 1.2.4，体积公式为 $V = \frac{\pi}{4} d^2 h$，用标准不确定度和扩展不确定度评定测量结果。

表 1.2.4　圆柱体直径和高的测量数据

测量次序	d_i/mm	h_i/mm
1	10.05	5.00
2	10.00	5.05
3	10.00	5.00
4	9.95	5.00
5	10.05	5.05
6	9.95	5.05

解　(1) 算术平均值：

$$\bar{d} = 10.00\ \text{mm},\ \bar{h} = 5.025\ \text{mm},\ \bar{V} = \frac{\pi}{4}\bar{d}^2\bar{h} = 394.6626\ \text{mm}^3$$

(2) 直径 d 的不确定度。

A 类标准不确定度 u_A：

$$u_A(\bar{d}) = 0.018\ 26\ \text{mm}$$

$u_A(\bar{d})$的自由度：

$$\gamma = n - 1 = 5$$

B 类标准不确定度 u_B：

$$u_B = \frac{\Delta_{仪}}{\sqrt{3}} = \frac{0.05}{\sqrt{3}}\ \text{mm} = 0.028\ 87\ \text{mm}$$

$u_B(\bar{d})$的自由度：无穷大(仪器给定的误差限，自由度认为是无穷大)。

合成标准不确定度：

$$u_c(\bar{d}) = \sqrt{u_A^2 + u_B^2} = 0.034\ 16\ \text{mm}$$

$u_c(\bar{d})$的自由度

$$\gamma_{\text{eff}} = \frac{u_c^4(\bar{d})}{\dfrac{u_A^4(\bar{d})}{5} + \dfrac{u_B^4(\bar{d})}{\infty}} = 61$$

(3) 高 h 的不确定度。

A 类标准不确定度 u_A：

$$u_A(\bar{h}) = 0.011\ 18\ \text{mm}$$

$u_A(\bar{h})$的自由度：

$$\gamma = n - 1 = 5$$

B 类标准不确定度 u_B：

$$u_B = \frac{\Delta_{仪}}{\sqrt{3}} = \frac{0.05}{\sqrt{3}}\ \text{mm} = 0.028\ 87\ \text{mm}$$

$u_B(\bar{h})$的自由度：无穷大。

合成标准不确定度：

$$u_c(\bar{h}) = \sqrt{u_A^2 + u_B^2} = 0.030\ 96\ \text{mm}$$

$u_c(\bar{h})$的自由度：

$$\gamma_{\mathrm{eff}}=\frac{u_c^4(\bar{h})}{\frac{u_A^4(\bar{h})}{5}+\frac{u_B^4(\bar{h})}{\infty}}=294$$

(4) 体积 V 的不确定度。

先计算相对合成标准不确定度：

$$u_{\mathrm{crel}}(\bar{V})=\sqrt{\left[\frac{2u_c(\bar{d})}{\bar{d}}\right]^2+\left[\frac{u_c(\bar{h})}{\bar{h}}\right)^2}=0.92\%$$

再计算合成标准不确定度：

$$u_c(\bar{V})=\bar{V}\cdot u_{\mathrm{crel}}(\bar{V})=3.7\ \mathrm{mm}^3$$

$u_c(\bar{V})$的自由度：

$$\gamma_{\mathrm{eff}}=\frac{[u_c(\bar{V})/\bar{V}]^4}{\frac{[2\cdot u_c(\bar{d})/\bar{d}]^4}{61}+\frac{[u_c(\bar{h})/\bar{h}]^4}{294}}=190$$

γ_{eff}较大，可认为是正态分布，所以 $k_{68.3}=1$，$k_{95.4}=2$，$k_{99.7}=3$。

合成标准不确定度：

$$u_c(\bar{V})=3.7\ \mathrm{mm}^3$$

取置信概率 $p=95.4\%$，扩展不确定度 $U_{95.4}=k_{95.4}\cdot u_c(\bar{V})=2\times3.7\ \mathrm{mm}^3=7.4\ \mathrm{mm}^3$；

取置信概率 $p=99.7\%$，扩展不确定度 $U_{99.7}=k_{99.7}\cdot u_c(\bar{V})=3\times3.7\ \mathrm{mm}^3=12\ \mathrm{mm}^3$。

(5) 结果表达式。

体积表示为

$$V=(394.7\pm3.7)\ \mathrm{mm}^3,\ p=68.3\%$$

或

$$V=(394.7\pm7.4)\ \mathrm{mm}^3,\ p=95.4\%$$

或

$$V=(395\pm12)\ \mathrm{mm}^3,\ p=99.7\%$$

结果表达式中，测量不确定度取两位有效位数，测量结果的末位与测量不确定度的末位对齐。

例 1.2.7　圆柱体直径约为 8 mm，高约为 32 mm，要求$\frac{u_c(V)}{V}\leqslant1\%$，应怎样选择仪器？

解

$$V=\frac{\pi}{4}d^2h$$

$$\left[\frac{u(V)}{V}\right]^2=\left[2\cdot\frac{u(d)}{d}\right]^2+\left[\frac{u(h)}{h}\right]^2=0.0001$$

令

$$\left[2\cdot\frac{u(d)}{d}\right]^2=\left[\frac{u(h)}{h}\right]^2=\frac{1}{2}\times0.0001$$

则

$$\Delta_{仪1} \leqslant u(d) = \frac{1}{2}d \cdot \sqrt{\frac{1}{2} \times 0.0001} = 0.028 \text{ mm}$$

测量圆柱体的直径，选择 50 分度游标卡尺即可。

$$\Delta_{仪2} \leqslant u(h) = h \cdot \sqrt{\frac{1}{2} \times 0.0001} = 0.23 \text{ mm}$$

测量圆柱体的高，选择 150 mm 或者 500 mm 钢板尺即可。为方便实验，只选一种仪器即可，即选择 50 分度游标卡尺测圆柱体的直径和高。

1.3　实验数据修约

测量应给出测量结果，测量结果应能反映出测量的精度。除直接从仪器仪表上读出的数据外，一般的间接测量量都需要经过多次运算获得。使用计算器或计算机运算可轻易获得 8～16 位的计算结果。计算结果应该保留几位数字呢？这就涉及数据修约和有效位数的问题。并不是保留的数据位数越多越好：若保留的数据位数过少，则会降低测量精度；若保留的数据位数过多，则会造成虚假的测量精度。

1.3.1　有效位数的概念

关于测量结果的数据位数，一般教材中常用的概念是有效数字，而国家标准中没有有效数字的概念和定义，不同教材中的有效数字的定义不一致甚至相互矛盾。对于有效数字比较常见的定义有以下几种：

(1) 几个可靠数字加上一个可疑数字统称为测量值的有效数字。

(2) 几个可靠数字加上 1～2 位安全数字统称为测量值的有效数字。

(3) 如果计算结果的极限误差不大于某一位上的半个单位，则该位为有效数字末位，该位到左起第一位非零数字之间的数字个数即是有效数字的个数。

另外还有其他几种有效数字的定义。有效数字定义的不一致容易引起测量结果表示中的混乱和教学中的矛盾。例如，用同一精度为 0.01 mm 的千分尺测量同一物体的长度得到的同一组数据，由于有效数字的定义不一致，因此三种教材中可能出现以下三种结果：$L_1=10.02$ mm，$L_2=10.020$ mm，$L_3=10.0200$ mm。每种教材都认为自己的表示是正确的，因而无法比较测量结果。

为避免这一问题，本书采用国家标准中关于数据“有效位数”的定义，并采用《GUM》和《JJF1059—2012》的规则修约测量不确定度和测量结果。

有效位数的定义：对没有小数且以若干个零结尾的数字，从非零数字最左一位向右得到的位数减去无效零(仅为定位用的零)的个数，就是有效位数；对于其他十进制位数，从非零数字最左一位向右数得到的位数，就是有效位数。

在判断有效位数时，应注意以下几点：

(1) 测量数字前面的“0”不是有效位数。例如，物体的长度 $L=3.24$ cm，可以写成 0.0324 m，数字前面的“0”只表示小数点的位置，不是有效位数，所以 3.24 cm 和 0.0324 m 均为 3 位有效位数，即有效位数与十进制单位的变换无关。

（2）测量数字中间的“0”是有效位数。例如，用米尺测得一物体的长度 $L=1.0201$ m，是5位有效位数。

（3）末尾的“0”要区分以下三种情况：

① 测量数字有小数位，末尾的“0”是有效位数。例如，用米尺测得一物体的长度 $L=1.0230$ m，是5位有效位数，末尾的“0”表示物体的末端与米尺上的刻线“3 mm”正好对齐，后面毫米以下的估读数为“0”，这个“0”不能随意丢掉。又如，图1.3.1所示的电压表的读数是20.0 mV，而不是20 mV。

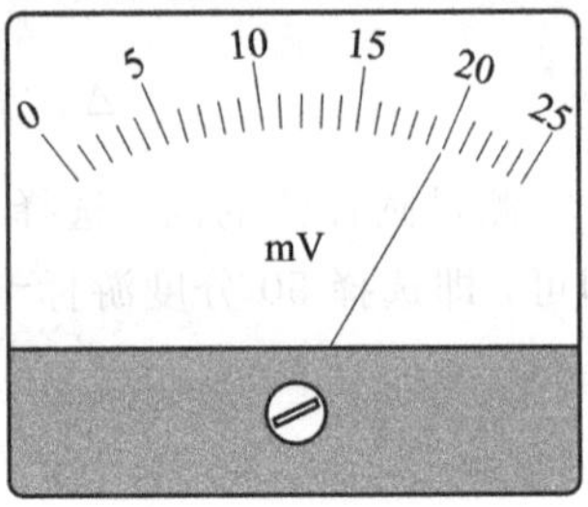

图1.3.1　电压表测电压（$U=20.0$ mV）

② 测量数字没有小数位，末尾的“0”是无效零（仅为定位用的零），末尾的“0”不是有效位数。例如，地球与月球的平均距离是 38×10^4 km，其末尾的4个“0”仅用于定位，是无效零，其有效位数为2位。

③ 测量数字没有小数位，末尾的“0”是有效零（不是定位用的零），末尾的“0”是有效位数。例如，用千分尺测得一物体的长度 $L=1.020$ mm，用微米单位表示为 $L=1020$ μm，末尾的“0”是有效零，有效位数为4位。

（4）表示很大或很小的数，应采用科学计数法。例如，将3.24 cm写成以微米为单位时，绝对不能写成32 400 μm，因为32 400 μm变成5位有效位数了。此时宜采用科学计数法，写成 3.24×10^4 μm。又如，0.000 012 3应写成 1.23×10^{-5}。一般规定小数点在第一位非零数字的后面。

1.3.2　测量不确定度的有效位数和修约规则

按照《GUM》和《JJF1059—2012》的规定，合成标准不确定度 u_c 和扩展不确定度 U 的数值都不应该给出过多的位数。通常最多为2位有效位数。虽然在连续计算过程中为避免修约误差而必须保留多余的位数，但相对不确定度的有效位数最多也为2位。

由于测量不确定度本身也有不确定度，仅保留一位有效位数往往会导致很大的修约误差，尤其是有效位数的第1位数字较小时。例如，不确定度的部分数据为0.001 001，若只保留1位有效位数，则当采用“只进不舍”的修约规则时，不确定度为0.002，不确定度本身的相对不确定度为999/1001，对结果的影响太大。因而有的国家建议：当测量不确定度的第1位数字是1或2时，保留2位；而第1位数字是3以上时，可只保留1位。但是这一建议未被《GUM》采纳，《JJF1059—2012》也未采用。

本书物理实验中规定测量不确定度的修约规则是“只进不舍”，如0.001 001＝0.0011；测量不确定度的有效位数取1～2位。无论第1位数字的大小，保留2位总是允许的。误差和相对误差也采用同样的规则。

1.3.3　测量结果的有效位数和修约规则

《JJF1059—2012》规定，当采用同一单位表示测量结果和测量不确定度时，测量结果应和测量不确定度的末位对齐，即“末位对齐”原则，如千分尺测得的长度 $L=(1.020\pm0.012)$ mm。

当出现测量结果的实际计算位数不够而无法和测量不确定度对齐时，一般的操作方法是将测量结果补零对齐，如千分尺测得的长度 $L=1.020$ mm，$u_c=0.0012$ mm，则 $L=(1.0200\pm0.0012)$ mm。

当出现测量结果的实际计算位数较多时，采用以下数据修约规则修约测量结果：

（1）拟舍弃数字的最左一位数字小于 5，舍去，如 $X=6.42\approx6.4$。

（2）拟舍弃数字的最左一位数字大于 5，进 1，如 $X=6.46\approx6.5$。

（3）拟舍弃数字的最左一位数字等于 5，且其后有非零数字，进 1。如 $X=6.4501\approx6.5$。

（4）拟舍弃数字的最左一位数字等于 5，且其后数字全为零，则看 5 前面的数字：为奇数，进 1；为偶数或零，舍去。例如，$X=6.6500\approx6.6$，$X=6.5500\approx6.6$。

以上规则简称“四舍六入五凑偶”。

若测量结果是直接从仪器仪表读出的原始数据，所使用的仪器仪表不同，则读法也不同。

（1）机械式仪表（游标卡尺除外）。机械式仪表应估读到仪器最小分度的 1/10 或 1/5，即可靠数字加上一位可疑数字。

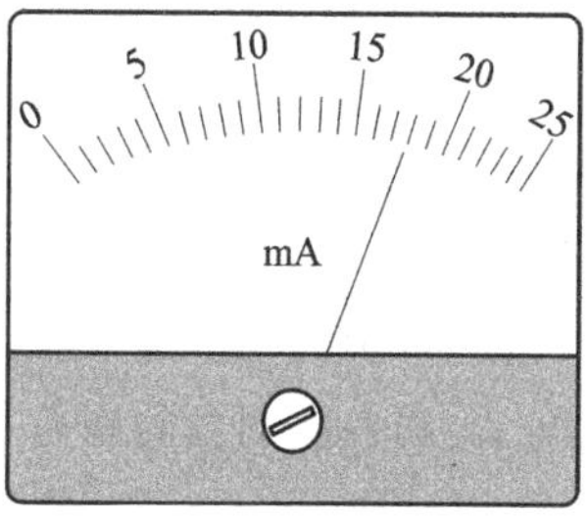

图 1.3.2　电流表测电流
（$I=18.0$ mA）

仪器的精确度就是仪器的最小分度，也就是仪器可以准确测出的最小物理量。例如，米尺的最小分度是 1 mm，“1 mm”是米尺可以准确测出的最小长度，所以米尺的精确读数是 1 mm。又如，图 1.3.2 电流表的最小分度是 1 mA，“1 mA”是该电流表可以读出的最小电流，所以该电流表的精确度是 1 mA，测量时，一般应估读出最小分度的 1/10 或 1/5。图 1.3.2 中，电流表的读数是 18.0 mA。

（2）数字式仪表。若仪表的全部读数稳定，则测量结果为全部稳定读数；若仪表有跳变读数，则测量结果为全部稳定读数加上第一位跳变读数。

1.3.4　实验数据有效位数的运算规则

实验数据的处理与运算是实验的一个中间环节。在计算工具落后的年代，为节省计算时间，传统教材中都以误差理论为依据制定了有效数字的运算规则。在计算机和计算器普及的今天，这一规则已无必要，以下仅作简单介绍。本书物理实验中参与运算的数据和中间运算结果都不必修约，可多保留几位，但要保证原始数据记录、最终测量结果以及测量不确定度的有效位数的正确，而且常数的有效位数可以认为是无限的。

传统有效数字的运算规则如下：

（1）加减法：几个数进行加减运算后，运算结果的最后一位数，只保留到各数都有的那一位。例如，$N=1.111+1.11=2.22$。

（2）乘除法：几个数进行乘除运算后，运算结果的有效数字一般与各数中有效数字最少的相同。例如，$N=2.11\times3.2=6.8$。

（3）在乘方、开方运算中，一般变量有几位有效数字，结果也取几位有效数字。例如，$5.1^2=26$，$\sqrt{25}=5.0$。

（4）三角函数的有效数字一般取 5 位。例如，$\sin20°6'=0.34366$。

（5）常数的有效数字位数可以认为是无限的。例如，钢球的体积 $V=\frac{4}{3}\pi R^3$ 中，$\frac{4}{3}$ 和 π

均为常数，在计算时可根据需要多取。

(6) 中间计算过程多保留一位，运算到最后再舍入。

1.4 实验数据处理方法

实验中测得的大量数据，需要进行进一步整理、分析和计算，才能得到实验的结果和寻找到实验的规律，这个过程称为实验数据处理。数据处理的方法很多，这里仅介绍常用的几种。

1.4.1 列表法

列表法就是将实验中直接测量、间接测量和计算过程中得到的数据，列成一个适当的表格。表格中应有物理量及单位，并留出计算平均值、残差和测量不确定度等的位置。列表法的优点是简单明了，便于后期的计算处理。列表法是其他实验数据处理方法的基础。

例如，用单摆测重力加速度时，单摆振动 100 个周期的时间是 $100T_i$，振动一个周期的时间 T_i 和各次测量的残差 υ_i 可列表如下(见表 1.4.1)。

表 1.4.1　单摆测重力加速度数据表

实验次数	1	2	3	4	5	平均值
$100T_i$/s	194.6	194.3	194.8	194.3	194.5	194.5
T_i/s	1.946	1.943	1.948	1.943	1.945	1.945
υ_i/s	0.001	−0.002	0.003	−0.002	0.000	—

1.4.2 作图法

作图法有图示法和图解法两种。

图示法就是将实验测得的两组相互关联的物理量数据，在坐标纸上绘成折线、直线或曲线，以便直观和形象地表示出两个物理量之间的关系。

图解法就是利用图示法描绘出的两个物理量间的关系曲线，求出其他物理量。如由图解法求解普朗克常数、杨氏模量和刚体的转动惯量等。

1. 图示法

下面以电阻的伏安特性曲线为例，说明图示法的具体步骤。

1) *列表记录数据*

列表记录数据见表 1.4.2。

表 1.4.2　电阻的伏安特性实验数据

实验次数	1	2	3	4	5	6	7	8	9	10
I/A	0.080	0.100	0.120	0.140	0.160	0.180	0.200	0.220	0.240	0.260
U/V	0.80	1.00	1.21	1.43	1.65	1.88	2.05	2.25	2.45	2.68

2）选用大小合适的坐标纸

坐标纸根据需要可选用直角坐标纸、对数坐标纸、半对数坐标纸和极坐标纸等，坐标纸的大小应根据实验数据的大小和有效位数来确定。在物理实验中一般选用的是直角坐标纸，规格是 25 cm×17 cm。

3）画坐标轴

以横坐标代表自变量——电流 I，并标明单位 A(安培)，以纵坐标表示因变量——电压 U(V)。在坐标轴上标明标度值，标度值一般不必有有效位数表示。如电压 U 只要标明 1、2、3，而不必写成 1.00、2.00、3.00。标度值的估读数应与测量值的估读数相对应。标度值不要取得使作出的图线偏向横轴或纵轴，致使图纸上出现大片空白。标度值不一定从“0”开始。

4）标出实验点

在坐标纸上用符号“⊙”标出每组电流和电压的位置，并使小圆圈中的点正好落在数据的坐标上。如果同一张坐标纸上要画几条曲线，则每条曲线上的实验点要用不同的符号“×”“⊙”“+”等标出，以便区别。注意不要用小“·”表示，以免画曲线时把“·”掩盖掉。

5）描绘曲线

用铅笔和透明直尺(或曲板尺)将实验点用直线(或曲线)描绘出来。直线不一定通过所有的实验点，但应尽量使实验点均匀地分布在直线两侧。

6）标明图线名称

在横坐标下面写上图线名称——电阻的伏安特性曲线。这样做出的图线如图 1.4.1 所示。

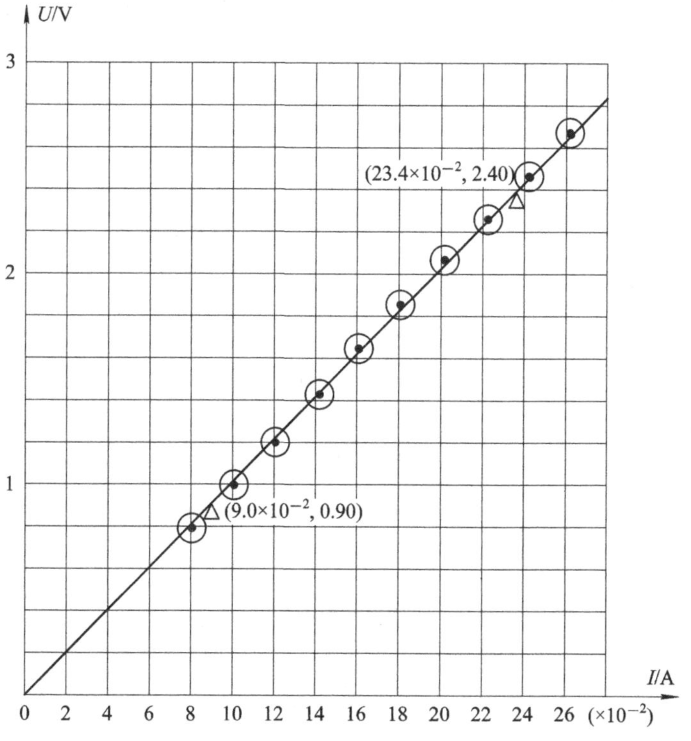

图 1.4.1　电阻的伏安特性曲线

2. 图解法

下面以电阻的伏安特性曲线为例，来说明图解法求电阻的具体步骤。

由伏安特性曲线可知，$U-I$ 关系曲线是一条直线，验证了欧姆定理($U=IR$)。用图解法求出的直线的斜率即是电阻值。

1) 选点

在直线上任取两点，用符号△将这两点标出，并标出它们的坐标。这两点应尽量相距远一点，但不能超出实验值的范围，并且不要选取实验点(见图 1.4.1)。

2) 求斜率 k

$$R = k = \frac{\Delta U}{\Delta I} = \frac{2.40-0.90}{(23.4-9.0)\times 10^{-2}} = 10.4\ \Omega$$

1.4.3 逐差法

当自变量是等间距变化，且两物理量之间是线性关系时，可以用逐差法处理数据。

例如，在用光杠杆法测定金属的杨氏模量实验中(参见第 3 章实验 3.1)，每次增重一个砝码 1 kg，连续增重 5 次，则可读得 6 个标尺读数：r_0，r_1，r_2，…，r_5，每增重一个砝码引起钢丝的长度变化的算术平均值为

$$\bar{l} = \frac{(r_1-r_0)+(r_2-r_1)+\cdots+(r_5-r_4)}{5} = \frac{r_5-r_0}{5}$$

可见中间值全部抵消，只有始末两次测量值起作用，与增重 5 kg 的一次测量等价。为了发挥多次测量的优越性，减少各次测量值的随机误差，通常测偶数个数据，并把数据分为前后两组，一组是 r_0、r_1、r_2，另一组是 r_3、r_4、r_5，取相应每增重 3 kg 砝码钢丝的长度变化的平均值：

$$\bar{l} = \frac{(r_3-r_0)+(r_4-r_1)+(r_5-r_2)}{3}$$

可见，逐差法处理数据充分利用了测量数据，发挥了多次测量的优越性。

1.4.4 最小二乘法

图解法能十分方便地求得某些物理量(如电阻、电阻温度系数等)，而且各实验点偏离直线的情况一目了然。但是，根据实验点拟合出的直线受人为因素影响较大，有较大的主观性，不是最佳直线，从而得出的斜率不是最佳值，不同的人将得到不同的结果。而用解析的方法，通过数据拟合可以得到唯一一条最佳曲线，这种解析方法称为最小二乘法，又称线性回归法。最小二乘法是一种直线拟合法，在科学实验中的应用非常广泛。

若两物理量 x、y 之间满足线性关系，即

$$y = kx + b$$

则由实验测得的一组数据为(x_i，y_i；$i=1, 2, \cdots, n$)，如何由这一组实验数据(x_i，y_i)拟合出一条最佳直线，也就是说，如何由这一组实验数据(x_i，y_i)来确定直线的斜率 k 和直线在 Y 轴上的截距 b，这就是最小二乘法要解决的问题。

最小二乘法的原理是：若最佳拟合直线为

$$y = kx + b$$

则由实验测得的各 y_i 值与拟合直线上相应的各估计值 $Y_i=kx_i+b$ 之间偏差的平方和最小，即

$$s=\sum_{i=1}^{n}(y_i-Y_i)^2=\text{最小值}$$

把 $Y_i=kx_i+b$ 代入上式，得

$$s=\sum_{i=1}^{n}(y_i-kx_i-b)^2=\text{最小值}$$

故所求的 k 和 b 应是下列方程的解：

$$\begin{cases}\dfrac{\partial s}{\partial k}=-2\displaystyle\sum_{i=1}^{n}(y_i-kx_i-b)\cdot x_i=0\\ \dfrac{\partial s}{\partial b}=-2\displaystyle\sum_{i=1}^{n}(y_i-kx_i-b)=0\end{cases}$$

将上面两式展开，得

$$\sum_{i=1}^{n}x_iy_i-k\sum_{i=1}^{n}x_i^2-b\sum_{i=1}^{n}x_i=0 \tag{1.4.1}$$

$$\sum_{i=1}^{n}y_i-k\sum_{i=1}^{n}x_i-nb=0 \tag{1.4.2}$$

式(1.4.1)$\times n-$式(1.4.2)$\times\sum_{i=1}^{n}x_i$，得

$$k=\frac{n\sum_{i=1}^{n}x_iy_i-\sum_{i=1}^{n}x_i\cdot\sum_{i=1}^{n}y_i}{n\sum_{i=1}^{n}x_i^2-\left(\sum_{i=1}^{n}x_i\right)^2} \tag{1.4.3}$$

由式(1.4.2)得

$$b=\frac{1}{n}\sum_{i=1}^{n}y_i-\frac{k}{n}\sum_{i=1}^{n}x_i=\bar{y}-k\bar{x} \tag{1.4.4}$$

只要两个物理量 x、y 之间满足线性关系，由一组实验数据$(x_i,\ y_i)$，根据式(1.4.3)、式(1.4.4)就可以计算出 k 和 b。这样，我们要拟合的最佳直线方程：

$$y=kx+b$$

就被唯一确定了。

对一些不是直线关系的曲线，难以用图解法或最小二乘法求解实验参数，但有时可以通过坐标变换，即

$$\begin{cases}X=f(x)\\ Y=f(y)\end{cases}$$

把曲线转换成 $Y=F(X)$ 的直线关系，就容易处理了。

(1) 幂函数 $y=ax^b$。方程两边取对数，得 $\ln y=\ln a+b\ln x$，令

$$\begin{cases}X=\ln x\\ Y=\ln y\end{cases}$$

则 $Y=\ln a+bX$ 是线性关系。

在直角坐标纸上作 $\ln y$ - $\ln x$ 图，斜率为 b，截距为 $\ln a$，从而求出常数 a 和 b；或采用最

小二乘法求解常数 a 和 b。

(2) 指数函数 $y=ax^{bx}$。方程两边取对数，得 $\ln y=\ln a+bx$，令

$$\begin{cases} X = x \\ Y = \ln y \end{cases}$$

则 $Y=\ln a+bX$ 是线性关系。

(3) 双曲线 $y=\frac{a}{x}$。令

$$\begin{cases} X = \frac{1}{x} \\ Y = y \end{cases}$$

则 $Y=aX$ 是线性关系。

(4) 二次函数：$y=ax^2+bx$。方程变形为 $\frac{y}{x}=ax+b$，令

$$\begin{cases} X = x \\ Y = \frac{y}{x} \end{cases}$$

则 $Y=aX+b$ 是线性关系。

下面举一实例，分别用图解法和最小二乘法来处理数据，读者可从中体会这两种数据处理方法的优缺点。

例 1.4.1 在测定铜丝的电阻温度系数实验中，测得温度 t 和电阻 R 的数据如表 1.4.3 所示。

表 1.4.3 温度 t 和电阻 R 的数据

实验次数	1	2	3	4	5	6	7	8
温度 t/℃	14.3	25.0	33.3	44.9	52.8	64.0	73.8	84.8
电阻 R/Ω	14.31	14.89	15.33	15.89	16.35	16.90	17.39	17.96

试分别用图解法和最小二乘法求电阻的温度系数。

解 (1) 图解法。图 1.4.2 是根据实验数据做出的 $R-t$ 曲线。

电阻 R 和温度 t 的关系为

$$R = R_0 + R_0\alpha t$$

其中，R_0 为 0 ℃时的电阻值，α 是电阻的温度系数。

从图 1.4.2 中可直接读出截距：

$$b = R_0 = 13.61\ \Omega$$

直线的斜率为

$$k = R_0\alpha = \frac{R_2 - R_1}{t_2 - t_1} = \frac{17.70 - 14.60}{80.0 - 20.0} = 0.0517\ (\Omega/℃)$$

$$\alpha = \frac{k}{R_0} = \frac{0.0517}{13.61} = 3.80 \times 10^{-3}\ (/℃)$$

所以，电阻 R 和温度 t 之间的关系为

$$R = 13.61 \times (1 + 3.80 \times 10^{-3} t)\ (\Omega)$$

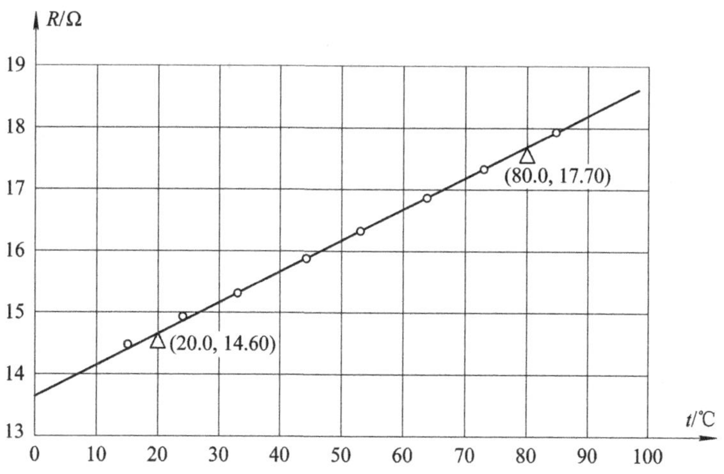

图 1.4.2　$R-t$ 曲线

(2) 最小二乘法。为方便计算，列表如下(见表 1.4.4)。

表 1.4.4　最小二乘法数据处理表

实验次数	温度 t/℃	电阻 R/Ω	t_iR_i	t_i^2
1	14.3	14.31	204.6	204.5
2	25.0	14.89	372.2	625.0
3	33.3	15.33	510.5	1109
4	44.9	15.89	713.5	2016
5	52.8	16.35	863.3	2788
6	64.0	17.90	1082	4096
7	73.8	17.39	1283	5446
8	84.8	17.96	1523	7191
$n=8$	$\sum_{i=1}^{n} t_i = 392.9$	$\sum_{i=1}^{n} R_i = 129.02$	$\sum_{i=1}^{n} (t_iR_i) = 6552$	$\sum_{i=1}^{n} t_i^2 = 23\,476$

$$\bar{t} = \frac{1}{n}\sum_{i=1}^{n} t_i = 49.1\ ℃$$

$$\bar{R} = \frac{1}{n}\sum_{i=1}^{n} R_i = 16.13\ \Omega$$

$$k = R_0\alpha = \frac{n\sum_{i=1}^{n}(t_iR_i) - \sum_{i=1}^{n} t_i \sum_{i=1}^{n} R_i}{n\sum_{i=1}^{n} t_i^2 - \left(\sum_{i=1}^{n} t_i\right)^2} = 0.0516\ (\Omega/℃)$$

$$b = R_0 = \bar{R} - k\bar{t} = 13.60\ \Omega$$

$$\alpha = \frac{k}{R_0} = 3.79 \times 10^{-3}\ (/℃)$$

所以，电阻 R 和温度 t 之间的关系为

$$R = 13.60 \times (1 + 3.79 \times 10^{-3} t)\ (\Omega)$$

1.5 随机变量的统计分布

随机误差和测量不确定度是不可预见的，但当测量次数足够多时，随机误差和测量不确定度都服从一定的统计规律，本节介绍几种常见的随机变量统计分布。

1.5.1 正态分布

如果随机变量 x 服从正态分布，则其概率密度函数为 $f(x)=\frac{1}{\sigma\sqrt{2\pi}}\mathrm{e}^{-\frac{(x-\mu)^2}{2\sigma^2}}$，其中 σ 和 μ 为常数，$\sigma>0$ 为标准差，μ 为均值，通常记作 $x\sim N(\mu, \sigma)$。$\mu=0$，$\sigma=1$ 的正态分布称为标准正态分布，记为 $x\sim N(0, 1)$。

实验中，测量值的正态分布如图 1.5.1 所示，误差 $\delta=x-\mu$ 的正态分布如图 1.5.2 所示。

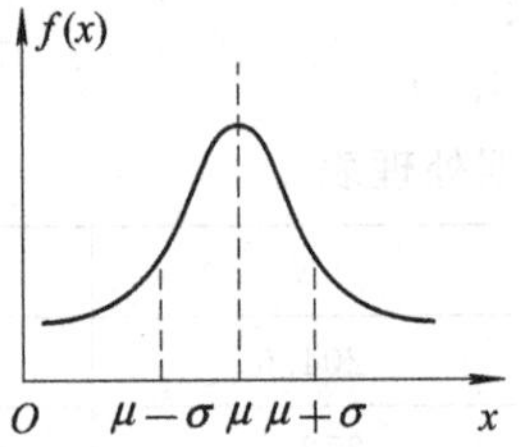

图 1.5.1 测量值正态分布曲线

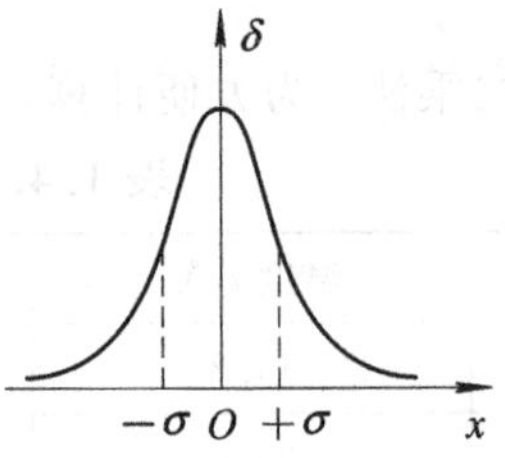

图 1.5.2 误差正态分布曲线

在物理实验中，测量量 x 的平均值 $\bar{x}$ 在测量次数 N 足够大时总是服从正态分布，并且其标准差会大大减小。

1.5.2 t 分布(学生分布)

被测量 $x_i\sim N(\mu, \sigma)$，其 N 次测量的算术平均值 $\bar{x}\sim N\left(\mu, \frac{\sigma}{\sqrt{N}}\right)$，当 N 充分大时，则

$$\frac{\bar{x}-\mu}{\sigma/\sqrt{N}}\sim N(0, 1)$$

若以有限次测量的标准偏差 S 代替无穷次测量的标准差 σ，则

$$\frac{\bar{x}-\mu}{S/\sqrt{N}}\sim t(\gamma)$$

其中，γ 为自由度，$t=\frac{\bar{x}-\mu}{S/\sqrt{N}}$ 服从自由度为 γ 的 t 分布。

当自由度较小时，t 分布与正态分布有明显区别，但当自由度 $\gamma\to\infty$ 时，t 分布曲线趋于正态分布曲线。

当测量列的测量次数较少时，其误差分布通常服从 t 分布，t 分布在测量不确定度评定中占有重要地位。

1.5.3 均匀分布

均匀分布的基本特征是随机误差在其界限内出现的概率处处相等，其概率密度为

$$f(\delta)=\begin{cases}\dfrac{1}{2a} & (|\delta|\leqslant a)\\ 0 & (|\delta|>a)\end{cases}$$

均匀分布函数的图形为矩形，又称为矩形分布(见图 1.5.3)。

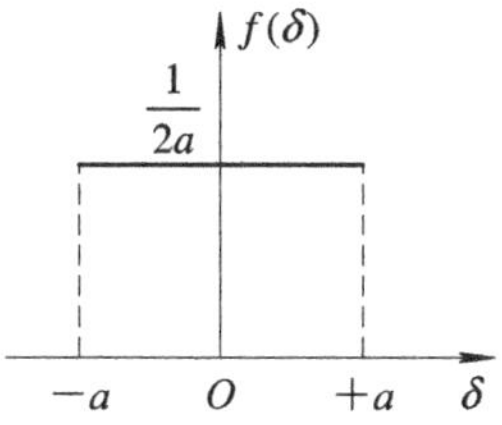

图 1.5.3　均匀分布函数曲线

均匀分布的数学期望为

$$E(\delta)=0$$

均匀分布的方差为

$$\sigma^2=\frac{a^2}{3}$$

标准偏差为

$$S=\frac{a}{\sqrt{3}}$$

误差限为

$$a=\sqrt{3}S$$

某些仪器度盘刻线误差所引起的角度测量误差、眼睛引起的瞄准误差等均服从均匀分布。在缺乏任何其他信息的情况下的测量，一般假设为均匀分布。

1.5.4　三角分布

由概率论可知，两个服从相等的均匀分布的相互独立的随机变量之和(差)，仍为随机变量，且服从三角分布(见图 1.5.4)。其概率密度为

$$f(\delta)=\begin{cases}\dfrac{a+\delta}{a^2} & (-a\leqslant\delta<0)\\ \dfrac{a-\delta}{a^2} & (0\leqslant\delta\leqslant a)\end{cases}$$

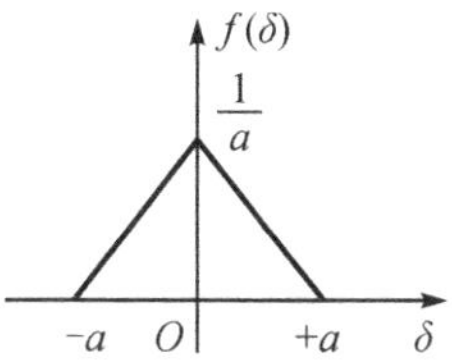

图 1.5.4　三角分布函数曲线

数学期望为

$$E(\delta)=0$$

方差为

$$\sigma^2 = \frac{a^2}{6}$$

标准偏差为

$$S = \frac{a}{\sqrt{6}}$$

误差限为

$$a = \sqrt{6}S$$

■ 习题

1. 简要给出以下概念的意义：

(1) 测量误差；　(2) 误差；

(3) 绝对误差；　(4) 相对误差；

(5) 等精度测量；　(6) 测量不确定度；

(7) 标准不确定度；　(8) 测量不确定度的 A 类评定；

(9) 测量不确定度的 B 类评定；　(10) 合成标准不确定度。

2. 指出下列各量是几位有效位数，再将各量的有效位数改取为 3 位。

(1) $L_1 = 2.3751$ m；　(2) $L_2 = 0.002\ 375\ 1$ km；

(3) $L_3 = 237\ 510\ 0$ μm；　(4) $m = 1470.0$ g；

(5) $t = 6.2815$ s；　(6) $g = 980.1230$ cm/s^2。

3. 按数据修约规则将以下数据分别截取到百分位和千分位：

$\sqrt{2}$；$\sqrt{3}$；π；6.3786；6.3743；6.3755；6.375 500 1；6.375 500 0；6.374 500 1；6.374 500 0。

4. 改正以下错误，写出正确答案。

(1) $l = 18.90$ mm $= 1.89$ cm；

(2) $h = (32.1 \pm 0.08)$ mm(用米尺测量)；

(3) $t = (20.10 \pm 0.02)$ ℃(用最小分度为 1 ℃的温度计单次测量)；

(4) $m = (40.450 \pm 0.12)$ g；

(5) $m = (40.4 \pm 0.12)$ g；

(6) $0.221 \times 0.221 = 0.048\ 841$；

(7) $40.5 + 2.04 - 0.0846 = 42.4554$；

(8) $\dfrac{400 \times 15\ 000}{12.60 - 11.6} = 6\ 000\ 000$；

(9) $\dfrac{3.85 \times 10^3 \times 30.0}{\frac{1}{4}\pi} = 147\ 000$。

5. 测量某物体的质量(单位：g)，共测 8 次，各次测量值为：$m_1 = 236.45$，$m_2 = 236.37$，$m_3 = 236.51$，$m_4 = 236.34$，$m_5 = 236.38$，$m_6 = 236.43$，$m_7 = 236.47$，$m_8 = 236.40$。

求其算术平均值、各次测量值的残差、平均绝对误差和相对误差，用平均绝对误差表示测量结果。

6. 计算第 5 题的标准偏差 S、算术平均值的偏差 $S_{\bar{m}}$，用实验标准差表示测量结果。

7. 第 5 题中，天平 $\Delta_{仪}=0.05$ g，用测量不确定度表示测量结果。

8. 测得一矩形铜片的长 $a=\bar{a}\pm u_c=(2.34\pm0.02)$ cm，宽 $b=\bar{b}\pm u_c=(1.98\pm0.01)$ cm，求其面积。

9. 测得一圆形薄片的半径 $R=\bar{R}\pm u_c=(6.53\pm0.02)$ mm，求面积。

10. 试判断以下各直接测量数据使用的测量仪器(米尺、20 分度游标卡尺、50 分度游标卡尺、千分尺)：

(1) 16.3 mm；(2) 16.30 mm；(3) 16.300 mm；(4) 16.35 mm。

11. 推导以下不确定度传递公式，计算结果，给出正确表示：

(1) $y=A-B$，其中，$A=(25.3\pm0.2)$ cm，$B=(9.0\pm0.2)$ cm；

(2) $R=\dfrac{U}{I}$，其中，$U=(10.5\pm0.2)$ V，$I=(100.0\pm1.2)$ mA；

(3) $y=A+B-\dfrac{1}{3}C$，其中，$A=(25.30\pm0.12)$ cm，$B=(9.00\pm0.21)$ cm，$C=(5.00\pm0.02)$ cm；

(4) $g=\dfrac{4\pi^2}{T^2}L$，其中，$L=(101.00\pm0.02)$ cm，$T=(2.01\pm0.01)$ s；

(5) $\rho=\dfrac{M}{\frac{1}{6}\pi d^3}$，其中，$M=(100.00\pm0.02)$ g，$d=(5.00\pm0.02)$ cm。

第 2 章　物理实验的基本知识

2.1　物理实验常用测量方法

一般来讲，物理实验通常包含以下五个环节：

(1) 确定测量对象与要求；

(2) 研究、比较和选择实验原理与方法；

(3) 合理选择实验仪器或装置；

(4) 通过比较、交换等测量方法进行测量；

(5) 分析与处理实验数据。

物理学实验方法是依据一定的物理现象、物理规律和物理原理，通过设置特定的实验条件，观察相关物理现象和物理量的变化，研究各物理量之间关系的科学实验方法。

测量结果与测量方法密切相关。同一物理量，在不同的量值范围内，测量方法可能不同，即使在同一量值范围内，对测量不确定度的要求不同就可能要选择不同的测量方法。例如，对于长度的测量，从微观世界到宏观世界，可分别选用电子显微镜、扫描隧道显微镜、激光干涉仪、光学显微镜、螺旋测微计、游标卡尺、直尺、射电望远镜等不同的测量手段。随着科学技术的不断发展，测量方法与手段也越来越丰富，待测的物理量也越来越广泛，人类对物质世界的认识也越来越深入。

测量方法的分类有许多种。按被测量取得方法来划分，有直接测量法、间接测量法和组合测量法；按测量过程是否随时间变化来划分，可分为静态测量法和动态测量法；按测量数据是否通过对基本量的测量而得到，可分为绝对测量法和相对测量法；按测量技术来划分，可分为比较法、放大法、转换法、补偿法、平衡法、模拟法、干涉法等。

当然测量方法的分类不是绝对的，各种测量方法之间往往是相互联系的，有时无法截然分开。测量方法是进行物理实验的思想方法，学习并掌握这些基本的实验思想方法，并在实验中综合使用各种方法，有助于进行实验的设计和实验方案的选择，是进行科学实验和科学研究的基础。

2.1.1　比较法

比较法通过将待测量和标准量进行比较获得待测物理量的量值，是测量方法中最基本、最普遍、最常用的方法，比较法可分为直接比较法和间接比较法。

1. 直接比较法

直接比较法就是将被测量与同类物理量的标准量具直接进行比较，直接读取测量数据，如用米尺测长度，用秒表测时间。直接比较法有以下三个特点：

(1) 量纲相同：被测量与标准量的量纲相同。如用米尺测长度，米尺与被测量同为长度量纲。

（2）直接可比：被测量与标准量直接可比，直接获得被测量的量值。如用天平测质量，当天平平衡时，砝码的质量就是被测物体的质量。

（3）同时性：被测量与标准量的比较是同时发生的，没有时间的超前或滞后。如用秒表测时间，事件发生的过程与秒表的记录是同时的。

直接比较法的测量精度受测量仪器或量具自身精度的限制，要提高测量精度就必须提高测量仪器的精度。

2. 间接比较法

有些物理量难以直接实现比较测量，但可通过一些与待测物理量有函数关系的中间量或仪器，间接实现比较测量，称为间接比较法。例如，温度计是利用物体的体积膨胀与温度的关系制成的，属于间接比较测量。例如，电学实验“电表的改装和校准”中用替代法或半偏法测微安表的内阻，也属于间接比较测量。

2.1.2 放大法

当待测物理量的量值很小或变化很微弱，很难找到与其进行直接比较的标准量进行测量或者测量误差很大而不能满足要求时，可以设计一些方法将被测量放大后再进行测量，放大被测量所用的原理和方法称为放大法。放大法是常用的基本测量方法之一，可分为累计放大法、机械放大法、电磁放大法和光学放大法等。许多物理量的测量，往往归结为长度、角度和时间的测量，因此关于长度、角度和时间的放大是放大法的主要内容。

1. 累计放大法

在被测物理量可简单叠加的情况下，将其延展若干倍后再进行测量，最后将测量值除以累计倍数得出被测量量值的方法，称为累计放大法。如薄纸的厚度、细金属丝的直径、干涉条纹的间距或振动的周期等，都可采用此种方法。

累计放大法的优点是在不改变测量性质、不增加测量难度的情况下，增加了测量结果的有效位数，减小了测量结果的相对合成不确定度。例如，用秒表测量单摆周期，设秒表测量时间间隔的不确定度为 0.1 s，单摆周期为 2.0 s。若仅测量单摆摆动 1 个周期的时间间隔，则测量结果 $T_1=2.0\ \text{s}$，有效位数为 2 位，测量结果的相对合成不确定度 $u_{\text{crel1}}=\frac{0.1}{2.0}=5\%$；若测量单摆 50 个摆动周期的累计时间间隔，累计时间间隔为 $T=100.0\ \text{s}$，则测量结果 $T_2=\frac{100.0\ \text{s}}{50}=2.000\ \text{s}$，有效位数为 4 位（暂不考虑测量不确定度），测量结果的相对合成不确定度 $u_{\text{crel2}}=\frac{0.1}{2.0\times 50}=0.10\%$，增加了测量结果的有效位数，减小了测量结果的相对合成不确定度。当然，以上是简单的计算，仅考虑了秒表的 B 类测量不确定度，没有考虑其他因素所产生的测量不确定度，实际测量结果的有效位数应由测量不确定度确定。

2. 机械放大法

测量微小长度或角度时，为了提高测量精度，常利用机械部件之间的几何关系，将其最小刻度用游标、螺距的方法进行机械放大，这种方法称为机械放大法。机械放大法提高了测量仪器的分辨率，增加了测量结果的有效位数。游标卡尺、螺旋测微计和读数显微镜都是用机械放大法进行精密测量的典型例子，其原理和方法参见第 2 章 2.2 节“物理实验常用仪器”的介绍。

3. 电磁放大法

在电磁类实验中，要测量微小的电流或电压，常用电磁放大法。电信号的放大很容易实现，当前把电信号放大几个、几十个数量级已不是难事，因此，常常在非电量的测量中，将非电量转换为电量，再将该电量放大后进行测量。电磁放大法已成为在科学研究和工程应用方面常用的测量方法之一。物理实验中，利用光电效应测普朗克常数的实验中微弱光电流的测量，就是应用放大电路将微弱光电流放大后再测量的；常用的电学仪器示波器，也可将电信号放大，以便于观察和测量。

4. 光学放大法

光学放大法有两种，一种是通过光学仪器放大被测物的像，以便于观察，如常用的测微目镜、读数显微镜等，这些仪器在观察中只起放大视角的作用。另一种是通过测量放大的物理量，间接测量较小的物理量，如第 3 章实验 3.1“拉伸法测金属丝杨氏模量”中的光杠杆就是一种常见的光学放大系统。

2.1.3 转换法

许多物理量，由于属性关系无法用仪器直接测量，或者测量起来不方便、测量准确性差，但可将这些物理量转换成其他便于准确测量的物理量，这种方法称为转换法。使用转换法可将不可测的量转换为可测的量进行测量，也可将不易测准的量转换为可测准的量，提高测量精度。例如，我国古代曹冲称象的故事，就是把不可直接称重的大象的重量，转换为可测的石块的重量，其中包含了转换法的思想；而利用阿基米德原理测量不规则物体的体积，则是将不易测准的体积转换为容易测准的浮力来测量，提高了测量精度；还有如通过测量三线摆的周期测刚体的转动惯量，通过落体法测物体下落的时间或转动的角加速度测刚体的转动惯量等都是转换法思想方法的体现。由于不同物理量之间存在多种相互联系的关系和效应，因此就存在各种不同的转换测量方法，这正是物理实验最富有开创性的一面。转换法使物理实验方法与各学科的发展关系更加密切，已渗透到各个学科领域。

转换法大致可分为参量转换法和能量转换法。

1. 参量转换法

参量转换法利用各物理量之间的变换关系来测量某一物理量，这一方法几乎贯穿于整个物理实验领域。例如，用拉伸法测金属杨氏模量实验中，要测量的是杨氏弹性模量 Y，而实际测量的是应力 $\dfrac{F}{S}$ 和应变 $\dfrac{\Delta L}{L}$，变换关系是由胡克定律得到的关系式：

$$Y=\frac{F/S}{\Delta L/L}$$

2. 能量转换法

能量转换法利用换能器(如传感器)将一种形式的能量转换为另一种形式的能量，从而通过测量另一种物理量来获得待测的物理量。由于电学量测量方便，因此通常将非电量转换为电学量测量，常见的能量转换有热电转换、压电转换、光电转换和磁电转换。

热电转换就是将热学量转换为电学量的测量，常见的热电传感器有热敏电阻、P－N 结传感器和热电偶等，利用温差电动势测温度，就是通过热电转换，将温度差转换为电势差，通过测电势差从而得到待测温度。

压电转换就是将压力转换为电学量的测量，扬声器就是常见的换能器，压电转换常用于厚度、速度的测量。第 3 章实验 3.4.3“声速的测定”就是压电转换的应用。

光电转换就是将光学量转换为电学量的测量，其基本原理是光电效应，常见的换能器有光电管、光电倍增管、光电池、光敏管等。第 5 章实验 5.3“单缝衍射的光强分布”和第 6 章实验 6.3“利用光电效应测普朗克常数”就是光电转换的应用。

磁电转换就是将磁学量转换为电学量的测量，主要是利用半导体材料的霍尔效应，换能器是霍尔元件。第 4 章实验 4.5“利用霍尔效应测磁场”就是磁电转换的应用。

2.1.4 补偿法

若系统受到某种作用产生 A 效应，同时又受到另一种作用产生 B 效应，B 效应和 A 效应相互抵消使系统复原，即 B 效应对 A 效应进行了补偿，这就是补偿法。补偿法常常要与平衡法、比较法结合使用，主要用于补偿法测量和补偿法校正两个方面。

1. 补偿法测量

第 4 章实验 4.1“电位差计测电源电动势”就是补偿法测量的应用实例。图 2.1.1 是用电位差计测电源电动势的补偿测量系统，E_S 为已知电源电动势，E_x 是待测电源电动势，它们极性相同连接起来，G 是检流计。E_x 存在时产生 A 效应，即在电路中产生一顺时针方向的电流；E_S 存在时产生 B 效应，即在电路中产生一逆时针方向的电流；当 E_S 和 E_x 相等时，B 效应和 A 效应抵消，即电路中的电流为零，检流计 G 中无电流通过，指针不偏转，即 E_S 对 E_x 进行了补偿，从而测得 $E_x=E_S$。

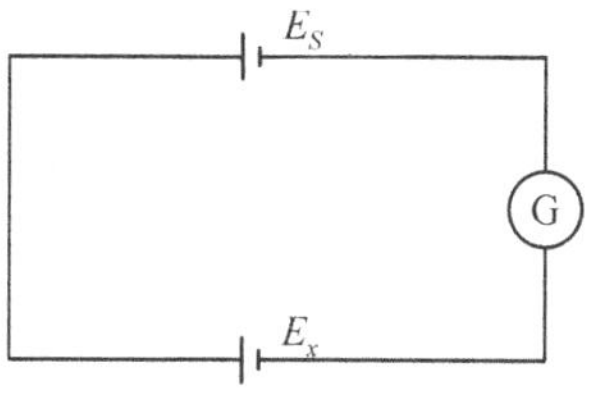

图 2.1.1 电位差计测电源电动势的补偿测量系统

由上面的例子可看出，补偿系统一般由待测装置、补偿装置、测量装置和指零装置组成。待测装置产生待测效应；补偿装置产生补偿效应；测量装置将待测装置和补偿装置联系起来以进行测量比较；指零装置是一个比较系统，指示待测量和补偿量的比较结果。比较结果可采用零示法和差示法，零示法是完全补偿，差示法是不完全补偿。测量中一般采用零示法。

2. 补偿法校正

在测量过程中，有时由于存在某些不合理的因素而产生系统误差且又无法排除，但可创造一种条件去补偿这种不合理的影响，使得影响因素消失或减弱，这就是补偿法校正。第 6 章实验 6.1“运用迈克尔逊干涉仪测量氦-氖激光器的波长”中补偿板的作用就是补偿法校正，用于补偿光线通过分光板所产生的附加光程差。

2.1.5　平衡法

通过调节测量系统的相关参量，使系统达到平衡状态，在平衡状态下测量待测物理量的方法称为平衡法，常用平衡法测量系统中的指零装置判断系统是否平衡，所以平衡法也称零示法。指零装置的灵敏度可以做得很高，因而平衡法可以用于高精度的测量。不同的平衡原理可用于不同物理量的测量，如常用的天平测质量，利用的是待测质量和砝码质量的力矩平衡原理；温度计测温度利用的是热平衡原理；惠斯通电桥测电阻利用的是电势平衡原理。随着测量方法的发展，平衡法测量已发展到非平衡测量，非平衡测量在自动化、遥感和遥测等方面已得到广泛应用。

2.1.6　模拟法

以相似理论为基础，设计一个与研究对象有物理或数学相似的模型，通过研究模型获得原型性质和规律的实验方法，称为模拟法。模拟法使我们可以对一些体积庞大(如大型水坝)、危险(如核反应堆)或变化缓慢难以直接进行测量研究的对象进行研究测量。模拟法可分为物理模拟法和数学模拟法。

1. 物理模拟法

模型与原型保持同一物理本质的模拟方法称为物理模拟法。物理模拟法要求模型与原型满足几何相似和物理相似两个条件，即模型与原型的几何尺寸成比例，同时遵从同样的物理规律。

2. 数学模拟法

模型与原型没有完全相同的物理本质，但却遵从相同的数学规律的模拟方法称为数学模拟法，如稳恒电流场和静电场虽是两种不同的场，但在一定条件下，两种场的场强和电势具有相似的数学表达式和空间分布，因而可以通过测试研究稳恒电流场来研究难以测量的静电场。第 4 章实验 4.3“模拟法测绘静电场”就是数学模拟法的应用实例。

2.1.7　干涉法

利用相干波干涉时所遵循的物理规律进行物理量测量的方法，称为干涉法。利用干涉法可精确测量长度、厚度、微小位移、角度、波长、透镜的曲率半径以及气体、液体的折射率等物理量，利用干涉法还可进行光学元件的质量检验。

第 5 章实验 5.1“干涉法测透镜的曲率半径”和第 6 章实验 6.1“运用迈克尔逊干涉仪测量氦-氖激光器的波长”是干涉法测光波波长的实例，第 3 章实验 3.4.3“声速的测定”是利用驻波法测机械波波长的实例，而驻波是干涉的特殊形式。

■ 习题

1. 物理实验中常用的测量方法有哪几种？

2. 结合本书实验，具体判断本书中各实验都使用了哪种测量方法，或是属于哪几种测量方法的组合。

3. 物理模拟法和数学模拟法分别需要满足什么样的条件？

2.2　物理实验常用仪器

了解常用测量器具的性能并掌握其使用方法，是物理实验教学的基本要求之一，也是进行科学实验和科学研究的基础。本节主要介绍物理实验中常用的基本测量器具，其他仪器将结合后续内容在具体实验中进行讲解。

2.2.1　力学、热学常用仪器

力学、热学实验的内容包括：基本物理量的测量，物质重要物理特性的测量，力学、热学中重要物理规律的验证，非电量的电测法，误差及有效数字的处理等。

在力学、热学实验中，基本物理量(如长度、质量、时间、温度等)的测量，基本仪器(指测量基本物理量的基本仪器及力学、热学实验中的仪器，如湿度计、气压计、气垫导轨、光电计时器、读数显微镜、超声波声速测定仪、计算机测量技术设备等)的使用及误差有效数字的处理和不确定度的评定要作为重点掌握的内容。其他物质特性的测量、导出物理量的测量，某些物理规律的验证、力学和热学实验中专用仪器的使用作为一般掌握的内容。

下面结合具体实验仪器，介绍力热实验中一些常用物理量的测量。

长度、质量和时间是三个最基本的力学物理量。

1. 长度的测量

在 SI 制中，长度的基本单位是米，用符号 m 表示。1983 年第 17 届国际计量大会通过了米的定义：1 米的长度是光在真空中经 1/299 792 458 秒时间间隔内所传播的距离。常用的测量器具米尺、游标卡尺、螺旋测微计和读数显微镜等可用于不同精度的长度测量。

1) 米尺

实验室常用的米尺有钢直尺和钢卷尺两种，最小分度为 1 mm，并可视实际情况估读出最小分度的 1/10～1/2。使用时将待测物体的两端与米尺直接比较进行测量，测量时注意将待测物体与米尺紧贴、对准，并且直视刻度线，以避免视差。有的米尺的刻度是从尺端开始的，为避免由磨损带来的误差，测量时一般不将尺端作为测量的起点，而选择某一整刻度线作为测量的基准标线。

2) 游标卡尺

游标卡尺是比较精密的测量长度的量具，可用于测量物体的长度、厚度或孔的内径、外径、深度等。

(1) 游标卡尺的结构及测量原理。

游标卡尺的构造如图 2.2.1 所示。

游标卡尺由主尺 Z 和可沿主尺滑动的游尺 U 组成。游尺上的刻度称为游标。钳口 C 和刀口 E 与主尺连在一起，固定不动。钳口 D 和刀口 F 及深度尺 G 连在一起，可随游尺一起滑动。钳口 C、D 可以夹住待测物体，用来测量物体的外部尺寸，故称为外卡。刀口 E、F 用来测量孔的内径，故称为内卡。深度尺 G 用来测量孔的深度。推把 W 用来推动游尺。K 是游尺紧固螺钉，在测量结束时用来固定游尺的位置，以便于读数。

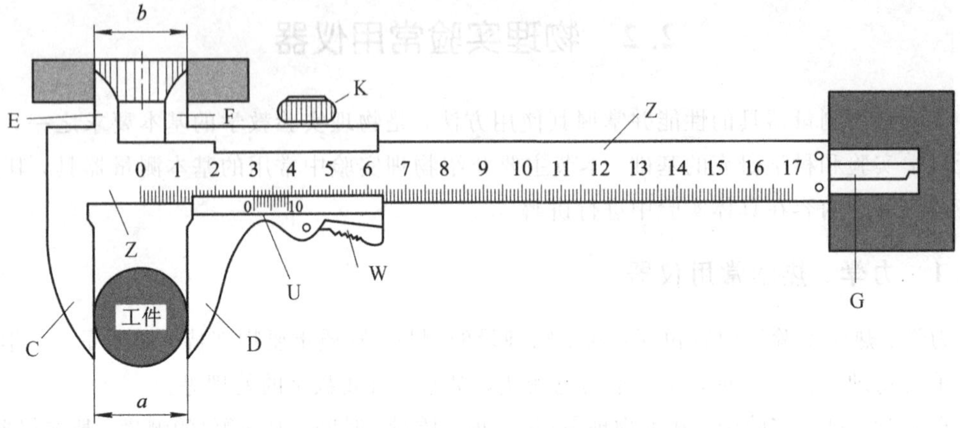

Z—主尺；U—游尺和游标；K—游尺紧固螺钉；
C、D—钳口；E、F—刀口；G—深度尺；W—推把

图 2.2.1　游标卡尺

下面以常用的 10 分度和 50 分度游标卡尺为例，说明游标卡尺的测量原理。

如图 2.2.2 所示，10 分度游标总长为 9 mm，等分为 10 小格，每小格的长度为$\frac{9}{10}$ mm＝0.9 mm，主尺上每小格的长度为 1.0 mm。因此，游标上一小格的长度比主尺上一小格的长度小 0.1 mm。

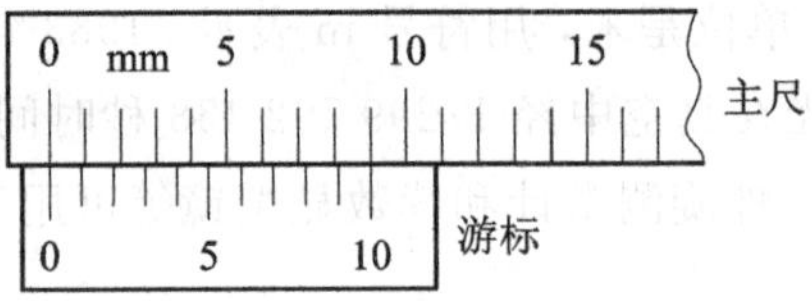

图 2.2.2　10 分度游标

当钳口 C、D 吻合时，游标的 0 刻度线与主尺的 0 刻度线对齐，游标的第 10 条刻度线与主尺的 9 mm 刻度线对齐，而其余的刻度线都不对齐。游标的第 1 条刻度线在主尺 1 mm 刻度线的左边 0.1 mm 处，游标的第 2 条刻度线在主尺 2 mm 刻度线的左边 0.2 mm 处等。

如果在钳口 C、D 之间夹一张厚度为 0.1 mm 的纸片，游尺就向右移动 0.1 mm，这时游标的第 1 条刻度线就与主尺的 1 mm 刻度线对齐，其余的刻度线与主尺的刻度线不对齐；如果夹一张厚度为 0.2 mm 的纸片，游标的第 2 条刻度线就与主尺的 2 mm 刻度线对齐，其余的刻度线与主尺的刻度线不对齐；如果夹一张厚度为 0.5 mm 的薄片，游标的第 5 条刻度线就与主尺的 5 mm 刻度线对齐，其余的刻度线与主尺的刻度线不对齐。因此，当待测薄片的厚度不超过 1 mm 时，如果游标的第 n 条刻度线与主尺的某一刻度线对齐，那么薄片的厚度就是 $0.1\times n$ (mm)。

当测量大于 1 mm 的长度时，整数部分可以从主尺读出，十分之几毫米可以从游标上读出。如图 2.2.3 所示测量待测工件的长度，整数部分为 27 mm，而游标的第 8 条刻度线与主尺的某一刻度线对齐，所以物体的长度为

$$L = 27.0 + 0.1 \times 8 = 27.8\ (\text{mm})$$

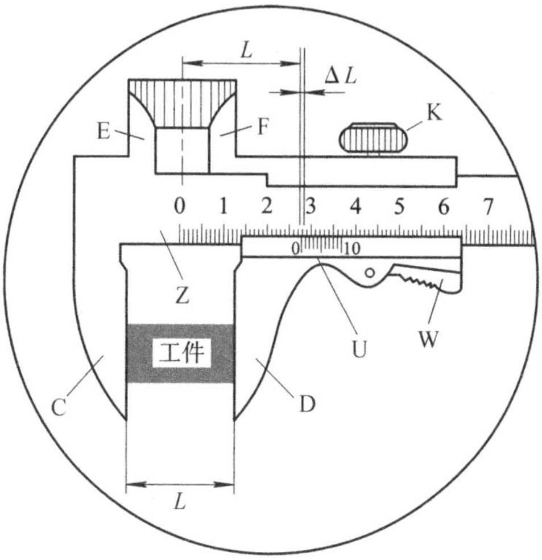

图 2.2.3　10 分度游标卡尺的读数方法

这样，我们读出的十分之几毫米是直接测出的，而不是估计的。如果没有 10 分度游标，十分之几毫米就要用眼睛估计。10 分度的游标卡尺可以准确地测出 0.1 mm 的长度，所以它的精确度是 0.1 mm。可见 10 分度的游标卡尺可以提高测量中估读的准确性，但不增加待测量结果的有效位数。

如图 2.2.4 所示，50 分度游标总长为 49 mm，等分为 50 小格，每小格的长度为$\frac{49}{50}$ mm=0.98 mm，主尺上每小格的长度为 1.00 mm。因此，游标上一小格的长度比主尺上一小格的长度小 0.02 mm。

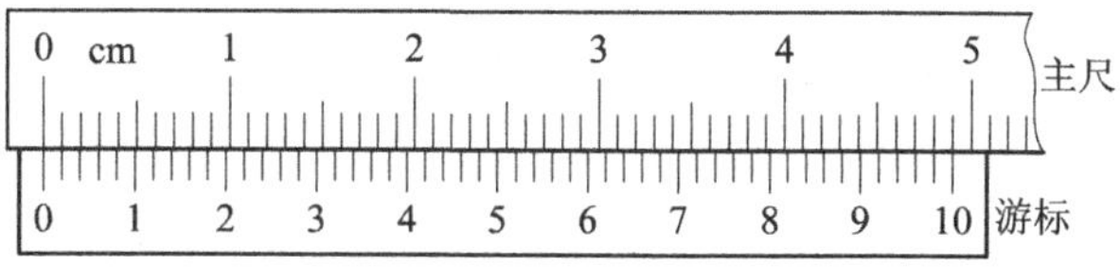

图 2.2.4　50 分度游标

当钳口 C、D 吻合时，游标的 0 刻度线与主尺的 0 刻度线对齐，游标的第 50 条刻度线与主尺的 49 mm 刻度线对齐，而其余的刻度线都不对齐。游标的第 1 条刻度线在主尺 1 mm 刻度线的左边 0.02 mm 处，游标的第 2 条刻度线在主尺 2 mm 刻度线的左边 0.04 mm 处，等等。

如果在钳口 C、D 之间夹一张厚度为 0.02 mm 的纸片，游尺就向右移动 0.02 mm，这时游标的第 1 条刻度线就与主尺的第 1 条刻度线对齐，其余的刻度线与主尺的刻度线不对齐；如果夹一张厚度为 0.04 mm 的纸片，游标的第 2 条刻度线就与主尺的第 2 条刻度线对齐，其余的刻度线与主尺的刻度线不对齐；如果夹一张厚度为 0.54 mm(=0.02×27 mm)的薄片，游标的第 27 条刻度线就与主尺的第 27 条刻度线对齐，其余的刻度线与主尺的刻度线不对齐。因此，当待测薄片的厚度不超过 1 mm 时，如果游标的第 n 条刻度线与主尺的某一刻度线对齐，那么薄片的厚度就是 0.02×n (mm)。

当测量大于 1 mm 的长度时，整数部分可以从主尺上读出，百分之几毫米可以从游标上读出。如图 2.2.5 所示的待测物体长度 L 的整数部分为 17 mm，而游标的第 27 条刻度线与主尺的某一刻度线对齐，所以物体的长度为

$$L = 17.00 + 0.02 \times 27 = 17.54\ (\mathrm{mm})$$

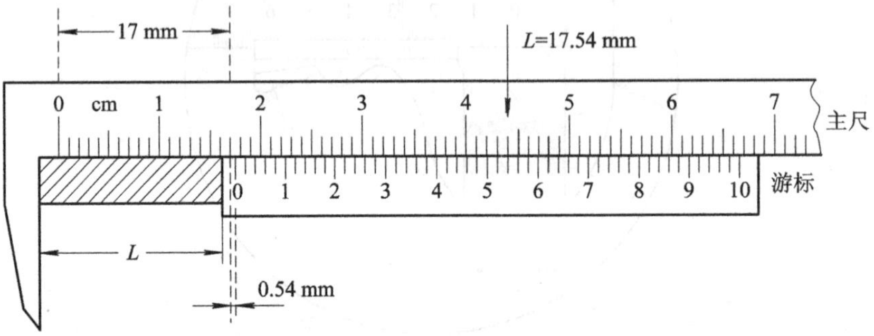

图 2.2.5　50 分度游标卡尺的读数方法

为了便于读数，在游标的第 5 条刻度线处刻上“1”，这个“1”表示 0.10 mm(0.02×5=0.10 mm)；在游标的第 10 条刻度线处刻上“2”，这个“2”表示 0.20 mm(0.02×10=0.20 mm)；在游标的第 25 条刻度线处刻上“5”，这个“5”表示 0.50 mm(0.02×25=0.50 mm)，等等。所以，游标上的标度值应不假思索地计入小数点后第一位，剩余部分，以游标分度值(精确度)的相应倍数计入。在上例中，游标上的标度值“5”右边第 2 条刻度线与主尺的某一刻度线对齐，我们马上就能读出“0.54 mm”(0.50+0.02×2=0.54 mm)。

50 分度游标卡尺可以准确地测出 0.02 mm，所以它的精确度是 0.02 mm。实验室提供的 50 分度游标卡尺的最大测量长度为 135 mm，所以它的量程就是 135 mm。

(2) 游标卡尺的使用方法。

测量前，应先记录零点误差，测量时的读数值减去零点误差，才是测量值。如不做此项校准工作，测量结果将出现系统误差。以 10 分度游标卡尺为例，先使钳口 C、D 吻合，检查游标的 0 刻度线与主尺的 0 刻度线是否对齐，若两条刻度线恰好对齐，则零点误差 L_0 = 0.0 mm；若不对齐，则游标的 0 刻度线在主尺 0 刻度线的右边时零点误差为正，反之为负。图 2.2.6 的(a)和(b)所示的零点误差分别为 +0.3 mm 和 −0.4 mm(−1 mm+0.6 mm=−0.4 mm)。

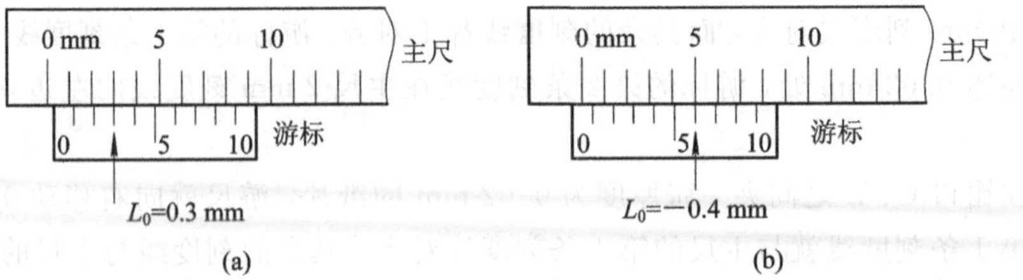

图 2.2.6　零点误差读数

测量时，左手拿待测物体，右手拿游标卡尺。用右手大拇指轻轻向右推动推把 W，将物体放在钳口的中间部位，再向左推动推把，使钳口轻轻夹住待测物体，如图 2.2.7 所示，再拧紧紧固螺钉 K，按照上述读数方法读数。然后松开 K，向右轻推 W，取下待测物体。

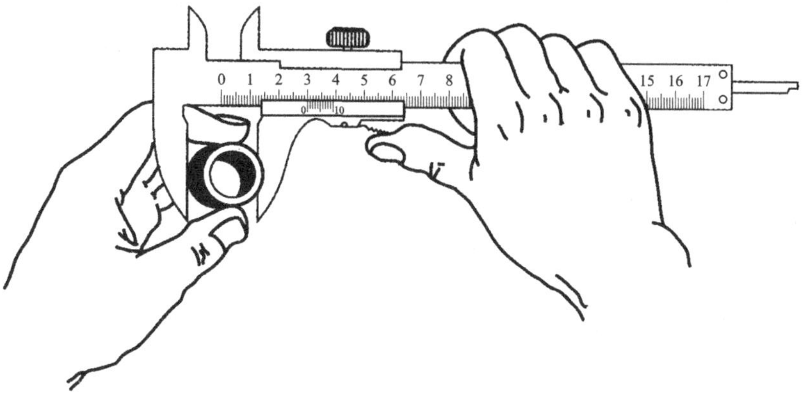

图 2.2.7　游标卡尺的使用方法

3）螺旋测微计

螺旋测微计是比游标卡尺更精密的测量长度的量具，实验室提供的螺旋测微计的量程是 25 mm，精确度是 0.01 mm。用螺旋测微计可以准确地测出 0.01 mm，并能估读出 0.001 mm，故又称为千分尺。螺旋测微计通常用来精确测量金属丝的直径或薄片的厚度。

（1）工作原理。

螺旋测微计的构造如图 2.2.8 所示。它主要由一根精密的测微螺杆 R 和固定套管 S 组成。螺杆的螺距为 0.5 mm，套管 S 的表面上刻有一水平线，刻线上面有 0～25 mm 标尺，刻线下面也有间距为 1 mm 的标尺，但上标尺刻线刚好在下标尺两条刻线的中间，即上、下标尺相邻两条刻线之间的距离是 0.5 mm。上标尺指示毫米数，下标尺指示半毫米数，固定套管的外面套有微分筒 T，微分筒左边的圆周等分为 50 小格，微分筒和测微螺杆共轴固定在

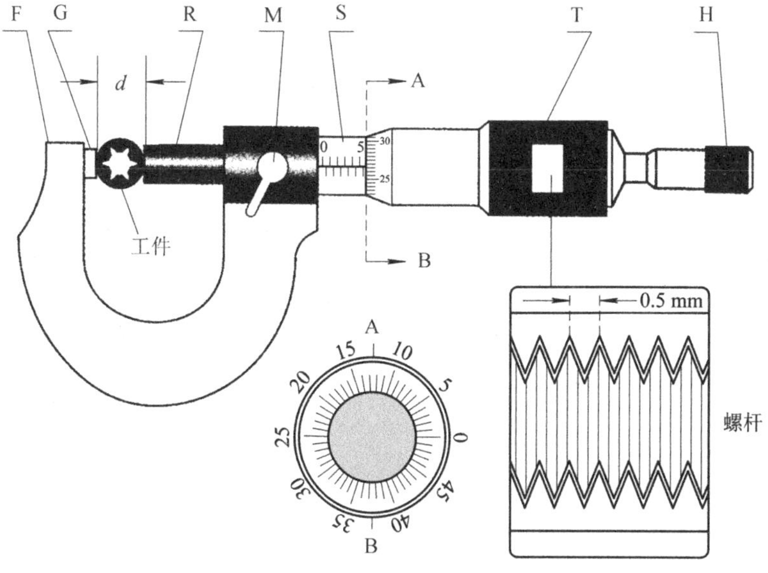

F—尺架；G—测砧；R—测微螺杆；M—锁紧装置；
S—固定套管；T—微分筒；H—测力装置（棘轮装置）

图 2.2.8　螺旋测微计

一起，所以当微分筒旋转一周时，测微螺杆也随之旋转一周，它们同时前进或后退 0.5 mm。当微分筒转过一小格时，测微螺杆前进或后退$\frac{0.5}{50}$ mm=0.01 mm。测量时，再估计出 1/10 小格，就可以估读出 0.001 mm，螺旋测微计的精确度是 0.01 mm。

(2) 使用方式。

测量前应先记录零点误差。轻轻转动棘轮装置的转柄 H，使测微螺杆前进，当听到棘轮发出“喀、喀”的声音时，表明测微螺杆和测砧刚好接触，这时停止转动转柄，观察固定套管上的水平刻线与微分筒上的零刻度线之间的相对位置，读记零点误差 L_0。其方法是：若两刻线恰好对齐，则 L_0=0.000 mm，如图 2.2.9(a)所示；若微分筒的零刻度线在固定套管水平刻线的下方，则 L_0 取正值，数值是两刻线之间的小格数(应估读一位)×0.01 mm，如图 2.2.9(b)所示；若微分筒的零刻度线在固定套管水平刻线的上方，则 L_0 取负值，数值同样是两刻线之间的小格数(估读一位)×0.01 mm，如图 2.2.9(c)所示，也可用下式得出零点误差：

$$L_0 = -0.5 + \text{读出的数 (mm)}$$

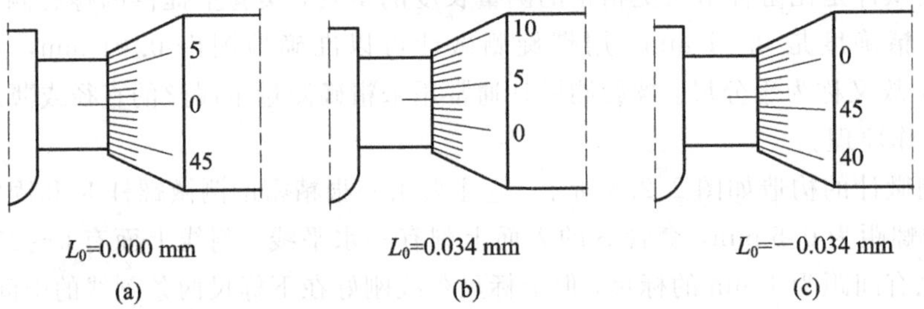

图 2.2.9　零点误差读法

测量物体的长度时，先使测微螺杆退至适当位置，再把物体放在测砧和螺杆之间，然后轻轻转动转柄 H，使测微螺杆前进。当听到“喀、喀”的声音时，表明螺杆和测砧以一定的力刚好把物体夹紧。因棘轮装置是靠摩擦使测微螺杆转动的，当螺杆和测砧刚好把物体夹紧时，它们就会自动打滑。因此棘轮装置不会把物体夹得过紧或过松而影响测量结果，也不至损坏测微螺杆的螺纹。螺旋测微计能否保持测量结果的准确，关键是能否保护好测微螺杆的螺纹。千万不要直接转动微分筒，否则会因力矩过大而损坏螺纹。

读数时，先从固定套管水平刻线下面的标尺读出待测物体长度的整数毫米值，再观察微分筒左端边缘，看固定套管水平刻线下面的半毫米标尺线是否露出，如果半毫米标尺线的中心已从微分筒左端边缘露出，则再加上 0.5 mm，最后从微分筒上读出 0.5 mm 以下的数值，三者相加，即为测量数值。图 2.2.10(a)和图 2.2.10(b)所示的测量读数分别为

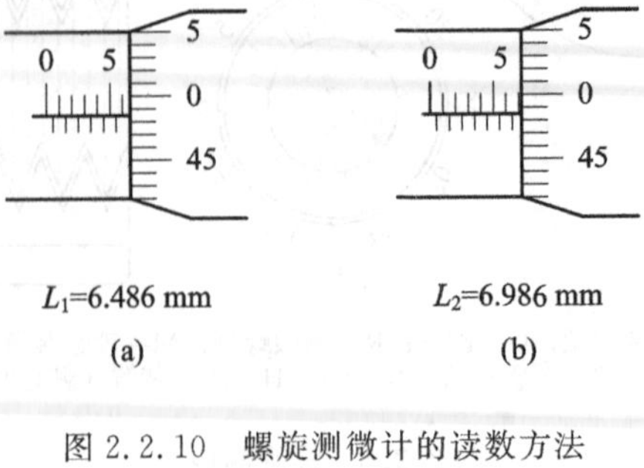

图 2.2.10　螺旋测微计的读数方法

$L_1 = 6.000\ \text{mm} + 48.6 \times 0.01\ \text{mm} = 6.486\ \text{mm}$（读数时 6.5 mm 刻度线视作未露出）

$$L_2 = 6.000\ \text{mm} + 0.500\ \text{mm} + 48.6 \times 0.01\ \text{mm} = 6.986\ \text{mm}$$

（读数时 7.0 mm 刻度线视作未露出）

测量读数减去初读数才是测量值。

需要特别指出的是，由于毫米刻线和半毫米刻线本身有一定的宽度（约 0.1 mm），故此线从刚开始露出到完全露出，微分筒大约要转过 10 个小格。设 $L_0 = 0.000$ mm，则微分筒读数是 45 以上时，左边缘已可看到刻线，而微分筒读数为 0 时，刻线中心恰好露出，至微分筒读数是 5 时，刻线才全部露出。因此，若刚刚观察到刻线就认为刻度已露出，将会发生判断错误，读记数据时就会多读 0.5 mm。例如，不少人把直径为 0.497 mm 的钢丝测为 0.997 mm，把直径为 2.985 mm 的小钢球测为 3.485 mm。这里介绍一种简易的正确判断方法，叫“大数不露小数露”，即判断毫米或半毫米刻线是否露出，不能只依据能否看到此刻线，更要参考微分筒上的读数是大数（45 以上）还是小数（5 以下）。若刻线刚刚露出，则微分筒上的读数不会很大，只能是 5 以下的小数；若微分筒上的读数很大，则表明毫米或半毫米刻线尚未露出。

螺旋测微计使用完毕，应将测微螺杆和测砧分开，两者之间留一定空隙，以免在受热时两者过分挤压而损坏精密螺纹。

4）读数显微镜

读数显微镜是用于精确测量微小长度的专用显微镜，由用于观察的显微镜和用于测量的螺旋测微装置两部分组成，测长原理与螺旋测微计相同，使用方法可参阅第 5 章实验 5.1“干涉法测透镜的曲率半径”中的介绍。

2. 质量的测量

质量的基本单位是千克，用符号 kg 来表示。1889 年第 1 届国际计量大会规定千克为质量的单位，质量单位的国际标准是用铂铱合金制成的直径为 39 mm 的正圆柱体国际千克原器。质量用天平测量，也可用弹簧秤。

天平有物理天平和分析天平两种，物理实验常用物理天平测量质量。物理天平的精度较低，需要精密测量时应使用分析天平。下面介绍物理天平的构造、调整和使用方法。

1）物理天平的构造

物理天平视型号的不同，其结构也不同，图 2.2.11 是物理天平的基本结构。

物理天平由底座、立柱、横梁和两个秤盘等组成。横梁上有三个刀口，中间的刀口支撑在固定于升降杆顶端的刀垫上，调节手轮，可使横梁上升或下降；两边的刀口用来支持秤盘。横梁上固接一指针，横梁摆动时，指针尖端随之在固定于立柱下方的标尺前摆动；横梁两端有两个平衡螺母，用于空载时天平的调零；横梁上装有游码及标尺，用于 1 g 以下的称量；游码标尺共分 10 大格，每大格中又分成 5 小格或 2 小格。当游码从左向右每移动一小格时，相当于在天平右盘增加了 0.02 g 或 0.05 g 的砝码。在立柱下方，有一个制动旋钮，用以升降横梁，当顺时针旋转制动旋钮时，立柱中上升的支撑件将横梁从制动架上托起，横梁即可灵活地摆动，进行称衡；当逆时针转动制动旋钮时，横梁下降，由制动架托住，中间刀口和支撑件分离，两侧刀口也由于秤盘落在底座上而减去负荷，保护刀口不受损伤。底座上有水准器，旋转底座的可调螺钉使水准器的气泡居中，即表明天平已处于工作位置。

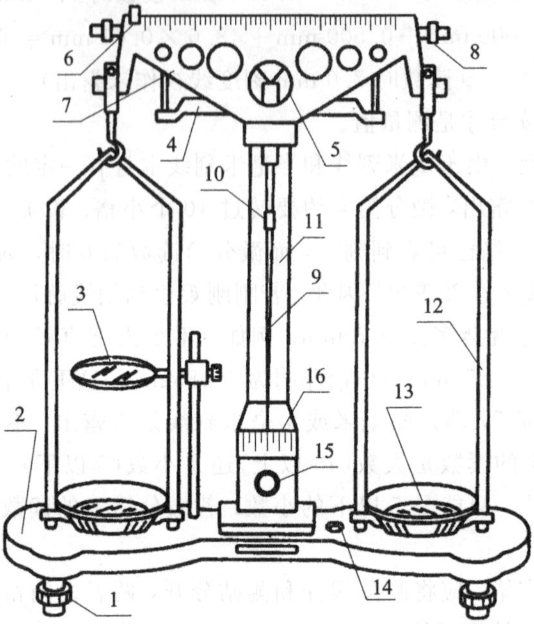

1—水平螺钉；2—底座；3—托架；4—支架；5—支撑刀口；6—游码；
7—横梁；8—平衡螺母；9—指针；10—感量调节；11—立柱；
12—秤盘架；13—秤盘；14—水准器；15—开关旋钮；16—微分标牌

图 2.2.11　物理天平的基本结构

2）物理天平的调整和使用方法

（1）调整天平底座下的可调螺钉，使水准器的气泡居中。

（2）移动游码，使其前沿对齐横梁的零刻度线，转动手轮，支起横梁，待横梁停止摆动后，指针应位于标尺中央。如指针偏向一侧，应调节横梁两端的平衡螺母（调节前，应制动天平，即降下横梁），直到支起横梁时指针指在标尺中央。

（3）将待测物体放在左秤盘中，砝码放置在右秤盘中，即“左物右码”。轻轻支起横梁，观察是否平衡，若不平衡则适当加减砝码或移动游码，直至指针平衡为止，此时砝码的质量加上游码的读数即为待测物体的质量。

3）注意事项

（1）在进行天平调整和增减砝码时，都必须先将天平制动，绝不允许在摆动中进行操作。

（2）不称量质量超过天平称量范围的物体。

（3）保持砝码清洁，用镊子取放砝码，严禁用手直接取放或触摸砝码。

（4）待测物体和砝码都应放在秤盘的中部，使用多个砝码时，大砝码放在中间，小砝码放在周围。

4）天平的称衡方法

对于一般的测量，采用上面介绍的天平调整和使用方法就可以了，如果需要进行较高精确度的称衡，则采用特殊的称衡方法，如复称法、配称法和定载法等。

（1）复称法（高斯法）。将待测物体在同一天平上称衡两次，一次放在左盘，一次放在右盘，两次称衡的值分别为 m_1 和 m_2，则待测物体的质量 $m=\sqrt{m_1 m_2}$。

考虑到 m_1 和 m_2 相差很小，近似可得待测物体的质量 $m=\frac{m_1+m_2}{2}$。

校准砝码时，最好使用此方法。

(2) 配称法。将待测物体置于右盘，在左盘放上一些碎小物(如沙粒、碎屑等)作为配重使天平平衡，然后用砝码代替待测物体，重新使天平平衡，则砝码的总质量就等于待测物体的质量。这种方法整体性消除了横梁两臂不等长或横梁变形而产生的影响。

(3) 定载法。首先，在天平左盘中加上接近于极限负载的砝码，在右盘中放上一批大小不等但总质量等于左盘砝码的小砝码，并使天平平衡。正式称衡时，将物体放在右盘中，同时从右盘中取出一些砝码使天平重新平衡，则从右盘中取出的砝码总和就等于物体的质量。

由于称衡总是在天平负载相同的情况下进行的，因此天平的灵敏度保持不变，这是定载法的优点，但其缺点是天平长期处于极限负载下，不利于天平的保护。

3. 密度的测量

1) 固体密度的间接测量

(1) 形状规则固体。

物体质量为 M(kg)，体积为 V(m^3)，则密度定义为 $\rho=\frac{M}{V}$，密度单位为 kg/m^3。

质量由天平读出，规则固体如长方体和圆柱体等，可通过测量物体的长、宽、高和直径等几何尺寸，计算出物体的体积。由于物体的各个断面的大小和形状的不均匀性，应在不同位置多次测量物体的长、宽、高和直径，取其算术平均值，再计算体积。

(2) 形状不规则固体。

对于形状不规则固体，难点在于体积的测量，常用流体静力平衡法测量其密度，其基本思想是阿基米德原理，即物体所受的浮力等于其所排开的液体的重量。假设不计空气浮力，物体在空气中称得的质量为 m_1，浸没在液体中称得的质量为 m_2，物体体积为 V，则由阿基米德原理可得

$$m_1 g - m_2 g = \rho_0 g V \tag{2.2.1}$$

式中：g 为重力加速度，ρ_0 为液体密度。

由式(2.2.1)可得物体体积：

$$V = \frac{m_1 - m_2}{\rho_0}$$

物体密度为

$$\rho = \frac{m_1}{m_1 - m_2}\rho_0 \quad (\rho > \rho_0) \tag{2.2.2}$$

若物体密度小于液体密度，可将另一密度较大的重物与待测物体拴在同一条细线的不同部位上，重物在下方，待测物体在上方。先将重物浸入液体中，称得质量为 m_4，再将待测物体和重物全部浸没在液体中，称得质量为 m_3，如图 2.2.12 所示。

设重物体积为 V_1，质量为 m'，则

$$(m_1 + m')g - m_3 g = \rho_0 g (V + V_1) \tag{2.2.3}$$

$$(m_1 + m')g - m_4 g = \rho_0 g V_1 \tag{2.2.4}$$

由式(2.2.3)、式(2.2.4)可得物体体积：

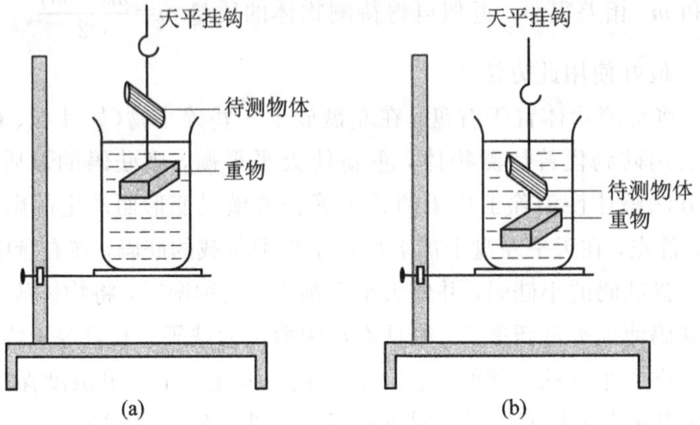

图 2.2.12 流体静力平衡法测密度

$$V = \frac{m_4 - m_3}{\rho_0}$$

物体密度为

$$\rho = \frac{m_1}{m_4 - m_3}\rho_0 \quad (\rho < \rho_0) \tag{2.2.5}$$

2) 液体密度的测量

(1) 液体密度计。

用密度计测量液体的密度很方便，应用也非常广泛。例如，用液体密度计测量酒类、奶类的密度，以及浓度不同的各种酸碱溶液的密度等。密度大于 1000 kg/m³ 的密度计，用于测定各种酸、碱、盐类水溶液的密度。例如，酸类中的硫酸、硝酸、盐酸以及某些无机酸或有机酸等溶液，碱类中的氢氧化钠、氢氧化钾等水溶液，盐类中的氯化锌、氯化钠等水溶液。密度小于 1000 kg/m³ 的密度计用于测定甲醇、乙醇、乙醚等溶液，以及汽油、煤油、植物油、石油醚等液体的密度。

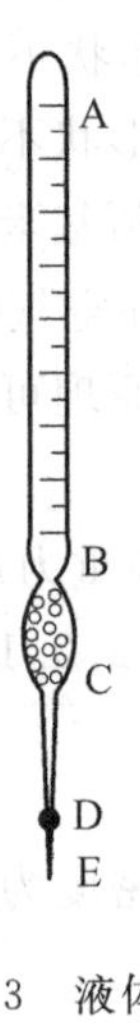

图 2.2.13 液体密度计

多数密度计是由密封的玻璃管制成的，构造如图 2.2.13 所示。标刻度线的 AB 段外径均匀；BC 段玻璃泡内径较大，可使密度计浸在液面以下部分的几何中心尽量上移；最下端的玻璃泡内装有密度很大的许多小弹丸(如铅丸)或水银等，可使密度计的重心尽量下移；CD 段玻璃管又细又长，目的是促使密度计能很快停止左右摇摆而在液体中竖直平衡。

密度计是物体漂浮条件的一个应用，它测量液体密度的原理是阿基米德原理和物体浮在液面上平衡的条件。设密度计的质量为 m，待测液体的密度为 ρ，当密度计浮在液面上时，由物体浮在液面上的条件可知：密度计受到液体的浮力等于它所受的重力，即

$$F_{浮} = mg$$

根据阿基米德原理，密度计所受的浮力等于它排开的液体所受的重力，有

$$F_{浮} = \rho g V_{排}$$

由上面两式可得

$$\rho g V_{排} = mg$$

即

$$\rho = \frac{m}{V_{排}}$$

可见，待测液体的密度与密度计排开液体的体积成反比。液体的密度越大，密度计排开液体的体积就越小；液体的密度越小，密度计排开液体的体积就越大。不同密度的液体在密度计玻璃管 AB 段上的液面位置是不同的，预先在玻璃管 AB 段标上刻度线及对应的液体密度，就很容易测量未知液体的密度了，AB 段上刻度值的位置越高，密度越小。

密度计只能在某一温度下作正确分度，此温度称为密度计的标准温度，以其他温度作标准温度时，必须将其标记在密度计上，标准温度通常为 20.0℃。密度计的最大允许误差不大于一个分度值。

使用密度计时，应注意以下事项：

① 使用前必须将密度计清洗擦干(用肥皂或酒精擦洗干净)。

② 取用密度计时，不能用手拿有刻线分度的部分，必须用食指和拇指轻轻拿在玻璃管顶端，并注意不能横拿，应垂直拿，以防折断。

③ 盛液体的量筒必须清洗干净，以免影响读数。

④ 要看清密度计读数方法，除密度计内的小标志上标明“弯月面上缘读数”外，其他一律用“弯月面下缘读数”。

⑤ 液体温度与密度计标准温度不符时，应查相关温度修正表修正读数。

⑥ 如发现密度计分度值位置移动、玻璃有裂痕、表面有污秽物附着而无法去除时，应停止使用密度计。

(2) 液体密度的间接测量。

除可用密度计外，也可用比重瓶法或流体静力平衡法测液体密度。

① 比重瓶法。

如图 2.2.14 所示比重瓶，瓶塞用一个中间有毛细管的磨口塞子制成。使用比重瓶时，先将比重瓶注满液体，然后用塞子塞紧，多余的液体通过毛细管流出，这样就保证了比重瓶的容积固定。

实验中，先称出空比重瓶的质量 m_0，再将已知密度为 ρ_0 的液体注满比重瓶，称出总质量 m_1，然后倒出液体，将比重瓶晾干或烘干，再注满密度为 ρ 的待测液体，称出总质量 m_2，设比重瓶的体积为 V，则

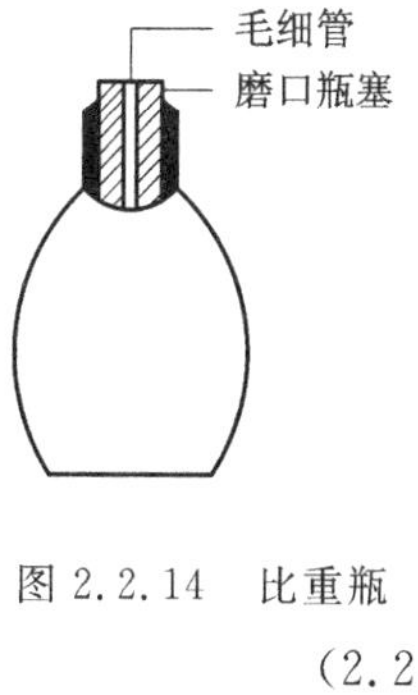

图 2.2.14　比重瓶

$$m_1 = m_0 + \rho_0 V \tag{2.2.6}$$

$$m_2 = m_0 + \rho V \tag{2.2.7}$$

由式(2.2.6)、式(2.2.7)得待测液体密度为

$$\rho = \frac{m_2 - m_0}{m_1 - m_0}\rho_0 \tag{2.2.8}$$

也可用比重瓶测小块固体的密度，公式为

$$\rho = \frac{m}{m + m_1 - m_2}\rho_0 \tag{2.2.9}$$

式(2.2.9)中：m 为小块固体的质量，m_1 为盛满液体后的比重瓶质量，m_2 为盛满液体后再加入小块固体的比重瓶质量。

② 流体静力平衡法。

任选一质量为 m 的物体，将其全部浸入已知密度为 ρ_0 的液体中，称得其质量为 m_1，然后将其全部浸入待测液体中，称得其质量为 m_2，则液体密度 $\rho=\dfrac{m-m_2}{m-m_1}\rho_0$。

4. 时间的测量

时间的基本单位是秒，符号为 s。1967 年第 13 届国际计量大会规定：秒是与铯—133 原子基态的两个超精细能级间跃迁相对应的辐射 9 192 631 770 个周期的持续时间。测量时间的方法很多，测时器具通常是基于物体的机械、电磁或原子等运动的周期性而设计的。目前，利用原子周期性运动制造的原子钟精确度最高。实验室常用秒表和数字毫秒计测量时间，也可用示波器测量时间。

1) *秒表*

秒表又叫停表，有机械秒表和电子秒表两种。机械秒表有各种规格，一般秒表有两个指针：长针是秒针，每转一周是 30 s(或 60 s、10 s、3 s 等)；短针是分针，每转一周是30 min 或 15 min，因此测量范围是 30 min 或 15 min。秒表的分度值为 0.1 s 或 0.2 s。

机械秒表(见图 2.2.15)的按钮上有一个带滚花的按钮，使用前应转动该按钮上好发条，但发条不宜上得过紧；按下按钮，开始计时；再按一次，计时结束；对于无暂停机构的秒表，第三次按该按钮，指针回零。对于有暂停机构的秒表，第三次按该按钮继续计时，按复原钮回零。

由于秒针是跳跃式运动的，最小分度以下的估计值是没有意义的，因此秒表的读数不估读。

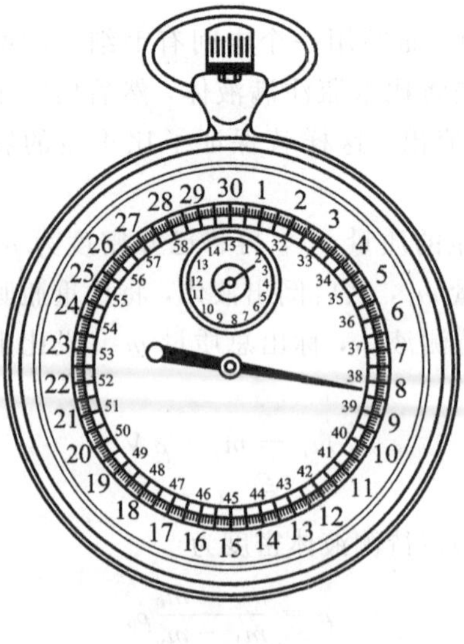

图 2.2.15 机械秒表

使用秒表的测量误差有以下两方面：

(1) 短时间的测量(1 min 以内)，其误差主要是按表和读数的误差，其值约为 0.2 s，且与使用人及操作有关，也可能大于 0.2 s。

(2) 长时间的测量(1 min 以上)，其误差主要是秒表本身存在的快慢误差，在进行长时间的测量时，可用数字毫秒计作为标准计时器来进行秒表的校准。

使用秒表时应注意：

(1) 使用前先上好发条，发条不宜过紧，以免损坏。

(2) 检查零点是否正确，若秒表不指零，应记下初读数，并对测量结果进行校正。

(3) 实验结束，应让秒表继续走动，以松弛发条。

2) *数字毫秒计*

数字毫秒计是以 MCS－51 单片机为核心的智能化数字测量仪表，具有测频、测周期、计时，以及测转速、计数等功能。

5. 温、湿度的测量

温度是热学的基本物理量，在 SI 制中温度的单位是开尔文，符号为 K。1990 年规定的国际温标热力学温度单位开尔文的定义如下：开尔文是水的三相点热力学温度的 1/273.15。另外，常用的温标还有摄氏温标(℃)和华氏温标(F)，其换算关系如下：

摄氏温标(℃)：$t=T-273.15$

华氏温标(F)：$t_F=32+1.8t$

物理实验中测量温度的常用温度计有液体温度计、热电偶温度计、电阻温度计和干湿球温度计等，计量单位采用摄氏温标(℃)。

1) *液体温度计*

以液体为测温物质，利用液体热胀冷缩的特性制成的温度计称为液体温度计。常用的测温物质有水银、酒精等，水银温度计应用最广。水银温度计结构简单，读数方便。由于水银与玻璃管壁不相黏附，且在标准大气压、温度为－38.87～＋356.58 ℃条件下，膨胀系数变化很小，因而测温范围广。

实验室使用的一般水银温度计，最小分度值为 1 ℃，有些精确的水银温度计的最小分度值可为 0.1 ℃，作为标准用的温度计最小分度值可做到 0.01 ℃。一等标准水银温度计的测温范围为－30～＋300 ℃，分度值为 0.05 ℃。

2) *热电偶温度计*

热电偶温度计的测温原理是利用温差电动势与温差的比例关系。热电偶是由两种不同的金属(或合金)彼此焊接成的闭合回路。温差电动势与温差的一级近似关系是

$$E=c(t-t_0)$$

其中，t 是热端温度，t_0 是冷端温度(通常取冰点温度)，c 为温差系数，与热电偶材料有关。先标定出电动势与温度的分度关系曲线，即可用热电偶测量温度。

热电偶测量范围广(－200～＋2000 ℃)，灵敏度高，可测量很小范围内的温度变化。

3) *电阻温度计*

电阻温度计包括金属电阻温度计和半导体温度计。金属和半导体的电阻值都随温度的变化而变化，当温度升高 1 ℃时，有些金属的电阻要增加 0.4%～0.6%，而有些半导体则减少 3%～6%，因此，可以利用它们的电阻值随温度的变化来测量温度，电阻温度计的测量范围为－200～＋1000 ℃。

4）干湿球温度计

干湿球温度计由两支相同的温度计 A 和 B 组成（见图 2.2.16），温度计 B 的储液球上裹着细纱布，纱布的下端浸在水槽内。由于水蒸发而吸热，温度计 B 所指示的温度低于温度计 A 所指示的温度。环境空气的湿度越小，水蒸发得就越快，吸收的热量就越多，两支温度计所指示的温度差就越大；反之，环境空气的湿度越大，水蒸发得就越慢，吸收的热量就越少，两支温度计所指示的温度差就越小。读出两支温度计所指示的温度差，并转动干湿球温度计中间的转盘可查找出该温度差对应的环境的相对湿度。

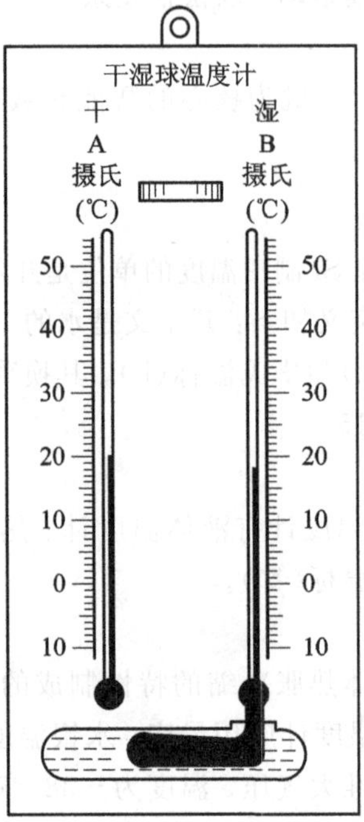

图 2.2.16　干湿球温度计

2.2.2　电磁学常用仪器

电磁学实验离不开电源和各种电测器具、器件，常用的电磁器件及测量器具包括电源、标准电池、开关、电阻器、各类电表以及示波器等。

1. 电源

电源是把其他形式的能量转变为电能的装置，分为交流电源和直流电源两大类。

1）交流电源

交流电源用符号“～”或“AC”表示。常用的交流电源有两种，一种是单相 220 V，另一种是三相 380 V，频率都是 50 Hz。使用时要注意安全，人体的安全电压是 36 V，超过 36 V，人触及就有麻木的感觉，电压再高就会危及生命。

常用的交流电源由电网或电网经变压器后供给，而电网电压的波动很大，一般为 10%，若实验对电压的稳定性要求较高，则需接交流稳压器。

交流电表的读数指示的是其有效值，例如，～220 V 是指其有效电压为 220 V，其峰值电压为$\sqrt{2}\times 220=310$ (V)。

2）直流电源

直流电源用符号“—”或“DC”表示。常用的直流电源有干电池、蓄电池和直流稳压电源等，一般用“+”或红色表示正极，用“—”或黑色、无色表示负极；干电池的中央为正极，边缘为负极。使用直流电源时，正、负极不能接反，同时严禁将正、负极短路。

干电池和蓄电池是将化学能转变为电能的装置。干电池适用于耗电少的情况，实验室常用的干电池电动势为 1.5 V。蓄电池可反复充电。

直流稳压电源是将交流电变成直流电的电子仪器，具有电压稳定性好、功能大、输出连续可调、使用方便等优点，实验中使用较多。

2. 标准电池

标准电池是实验室常用的电动势标准器，标准电池分为饱和标准电池和非饱和标准电池两种。详见第 4 章实验 4.1“电位差计测电源电动势”的介绍。

3. 开关

电路中常用开关接通或切断电源，或变换电路。实验室常用的开关有单刀单掷开关、单刀双掷开关、双刀双掷开关、按键开关和双刀换向开关等，符号如图 2.2.17 所示。

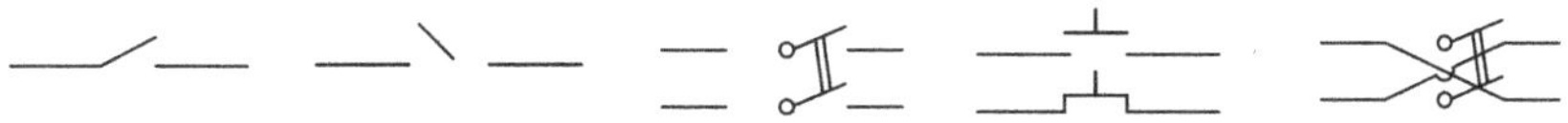

图 2.2.17　各种开关

4. 电阻器

电阻器的电阻可分为固定电阻和可变电阻两大类，实验中常用的电阻器有滑线变阻器、旋转式电阻箱和插塞式电阻箱。

1）滑线变阻器

滑线变阻器的构造和符号如图 2.2.18 所示，电阻丝密绕在绝缘瓷管上，两端固定在接线柱 A、B 上。电阻丝上涂有绝缘漆，使线圈与线圈之间相互绝缘。瓷管上方装有一根和瓷管平行的金属棒，一端有接线柱 C，棒上面的滑动块（也称滑动触头）可以在棒上左右滑动，且与电阻丝保持良好接触。滑动触头与电阻丝接触处的绝缘漆已被刮掉，所以当滑动触头

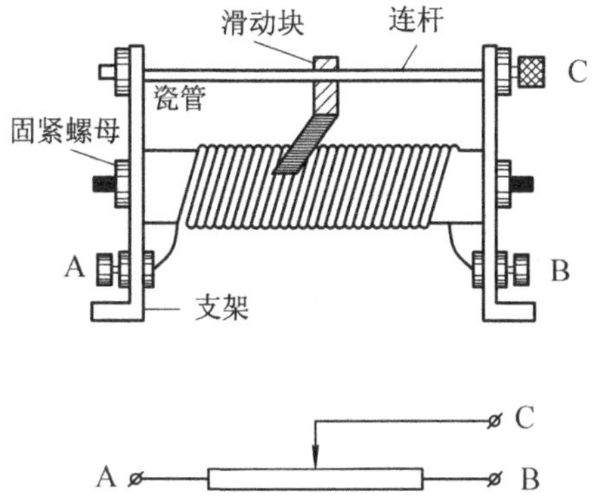

图 2.2.18　滑线变阻器和其在电路图中的符号

左右滑动时，可以改变 A、C 或 B、C 之间的电阻值。

滑线变阻器的铭牌上标有"阻值"和"额定电流"。阻值就是整根电阻丝的电阻值，即 R_{AB}；额定电流是指电阻丝所能承受的最大电流，超过此规定值，电阻丝就会发热，甚至被烧毁。因此，在实验时应合理选择滑线变阻器的规格。

滑线变阻器可以作为可变电阻使用，也可以作为分压器使用。在作为可变电阻时，只需将 A、C 或 B、C 两个接线柱接入电路。若接入的是 A、C 两接线柱，则当滑动块滑向 A 端时电阻变小，滑向 B 端时，电阻变大。变阻器上所附的标尺用来估算接入电阻的阻值。在作为分压器使用时，A、B 两端接至待分电压上，所分电压由 A、C 或 B、C 接出，移动滑块，可以改变所分电压的大小。

2）旋转式电阻箱

ZX21 型旋转式电阻箱如图 2.2.19 所示。它具有 6 个旋钮，电阻值可变范围为 0～99 999.9 Ω。

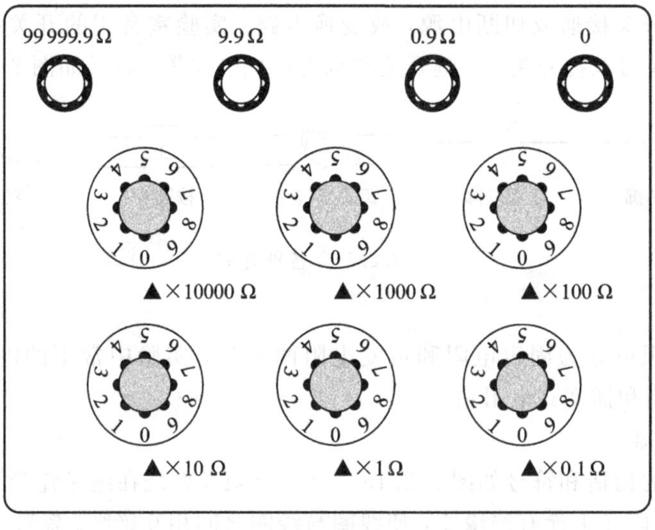

图 2.2.19　ZX21 型旋转式电阻箱面板图

ZX21 型旋转式电阻箱内部的线路连接如图 2.2.20 所示。它同 9 个 0.1 Ω、9 个 1 Ω、9 个10 Ω、9 个 100 Ω、9 个 1000 Ω 和 9 个 10 000 Ω 的精密电阻串联组成 6 个进位盘，并由转换开关将其中一部分或全部接到接线柱之间。若要得到 87 654.3 Ω 的电阻，只要将"×10 000"的旋钮转向 8，"×1000"的旋钮转向 7，"×100"的旋钮转向 6，"×10"的旋钮转向 5，"×1"的旋钮转向 4，"×0.1"的旋钮转向 3，则接线柱"0"和 99 999.9 Ω"之间的电阻就是 87 654.3 Ω。当电阻小于 0.9 Ω 时，用"0"和"0.9 Ω"两个接线柱；当电阻大于 0.9 Ω 而小于 9.9 Ω 时，用"0"和"9.9 Ω"两个接线柱。这是为了减少转换开关的接触电阻，提高电阻精确度。大于 9.9 Ω的电阻，用"0"和"99 999.9 Ω"两个接线柱接出。

ZX21 型旋转式电阻箱的额定功率 P 为 0.25 W，根据

$$I=\sqrt{\frac{P}{R}}$$

可以求出电阻箱所能承受的最大电流。例如，当电阻箱的电阻为 1000 Ω 时，允许通过的电流为

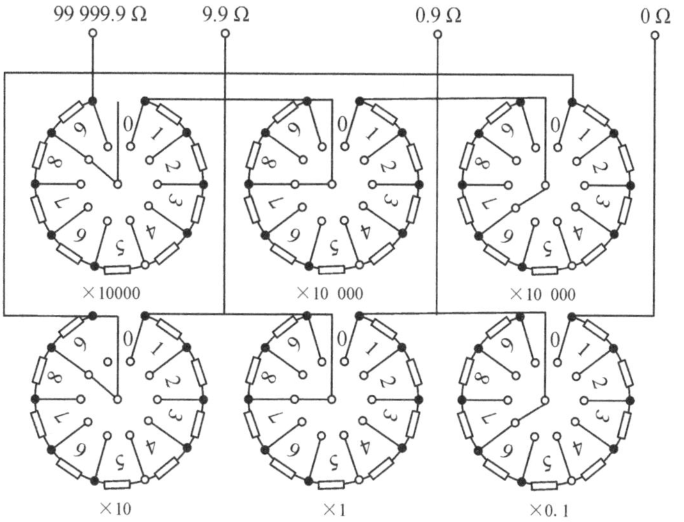

图 2.2.20　ZX21 型旋转式电阻箱的线路连接图

$$I=\sqrt{\frac{P}{R}}=\sqrt{\frac{0.25}{1000}}=0.016\ (\mathrm{A})$$

可见，电阻越大时允许通过的电流越小，过大的电流会使电阻发热，从而使阻值不准确，甚至烧毁电阻箱。

3）插塞式电阻箱

507 型插塞式电阻箱如图 2.2.21 所示。它共有 5 行插孔，阻值可变范围为 0～9999.9 Ω。它内部的线路连接如图 2.2.22 所示。许多标准电阻是串联的，每个电阻接在相邻的两个半圆形铜块上。当铜质插塞插入插孔时，相应的电阻就被接入电路，如图 2.2.22 所示的电阻箱的电阻 $R_{AB}=21\ \Omega$。若要得到 831.5 Ω 的电阻，只要在图 2.2.21 中，在“×1000”一行中的“0”、“×100”一行中的“8”、“×10”一行中的“3”、“×1”一行中的“1”、“×0.1”一行中的“5”这些插孔中插入插塞，则接线之间的电阻就是 831.5 Ω。

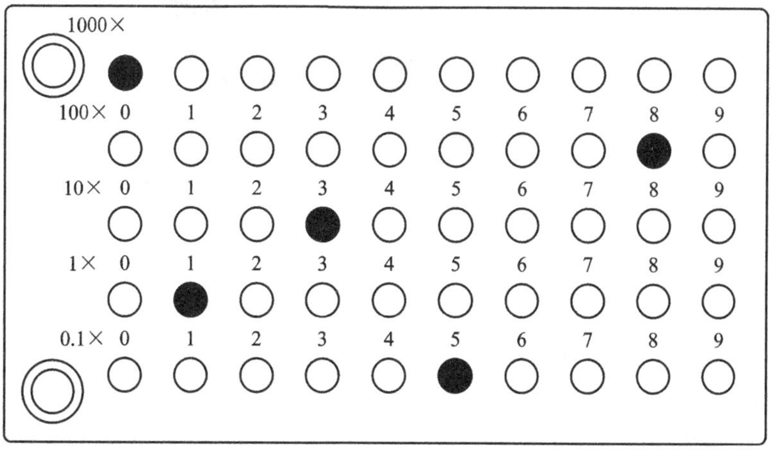

图 2.2.21　507 型插塞式电阻箱

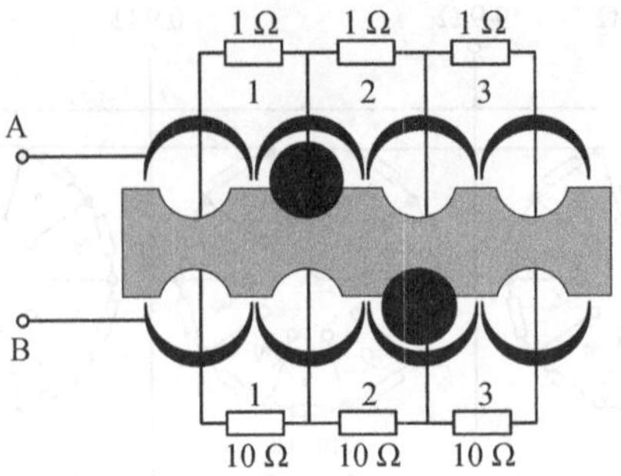

用 2.2.22　插塞式电阻箱的线路连接示意图

5. 电表

物理实验室中所用的电表，几乎全是磁电式电表。磁电式电表是根据永久磁铁的磁场对置于其中的载流线圈施加磁力矩的原理制成的。为保证力矩方向不变，只适合于直流测量。如果要作为交流测量，则表内要附加整流器。

磁电式电表的基本构造如图 2.2.23 所示。一个可以转动的线圈在永久磁铁的磁场中，当被测电流通过线圈时，由于线圈在磁场中受到磁力矩的作用而发生偏转。同时，与线圈轴固定在一起的游丝(铁青铜薄带盘绕成的小弹簧)因线圈偏转而发生形变，产生反抗力矩。当游丝反抗力矩等于磁力矩时，线圈(连同固定在线圈上的指针)就停在某一位置。指针转过的角度与通过线圈的电流成正比，因而在标度盘上可直接标出电流的大小。

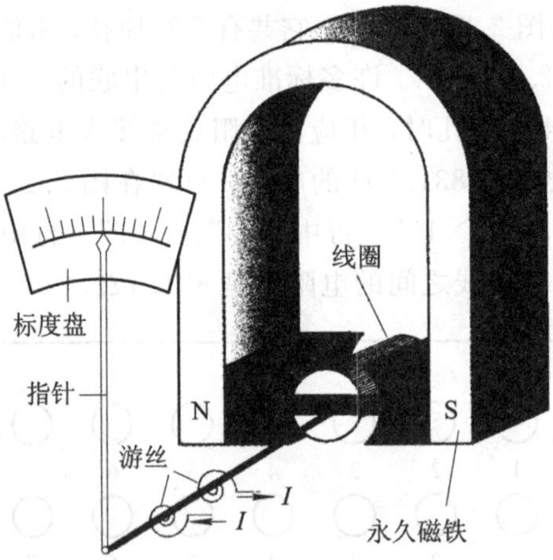

图 2.2.23　磁电式电表的构造

1) 磁电式电表

磁电式电表一般分为检流计、电流表和电压表三个种类。

(1) 检流计。检流计专门用来检验电路中有无微小电流。为了使微小电流作用下线圈能发生明显偏转，需要使匝数 N 很大、绕制检流计线圈的漆包线很细，所以允许通过检流计的电流很小。检流计的灵敏度很高，一般为 10 μA/小格。检流计的标度盘上通常标有字母“G”。

J0409 型检流计的外形如图 2.2.24 所示。它有“－”“G_0”和“G_1”三个接线柱。“G_0”内阻约为 100 Ω，“G_1”在表头和接线柱之间串联了一个 2900 Ω 的保护电阻，内阻约为 3000 Ω，所以“G_0”的灵敏度比“G_1”高。电流由“G_0”或“G_1”流入，由“－”流出。

(2) 电流表。电流表按量程可分为微安表(μA)、毫安表(mA)和安培表(A)。电表厂一般只制造若干种规格的微安表和毫安表(称为表头)，然后在表头上并联阻值不同的分流电阻，就可以构成量程不同的电流表。分流电阻越小，电流表的量程就越大。图 2.2.25 是 J－DB3X型安培表的外形。

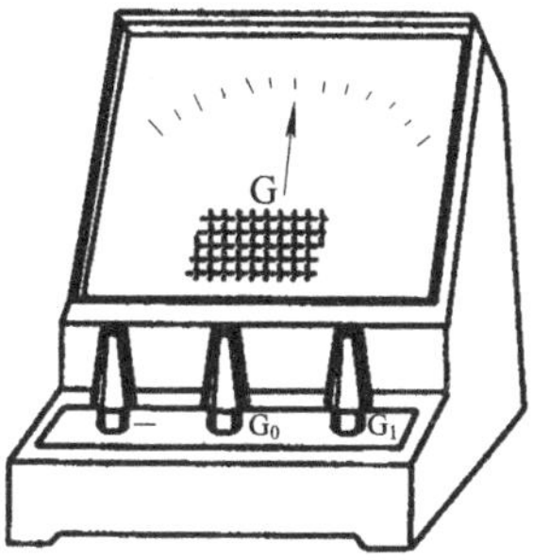

图 2.2.24 J0409 型检流计

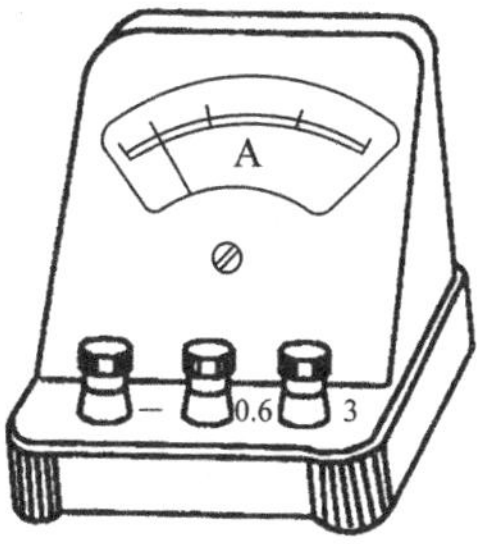

图 2.2.25 J－DB3X 型安培表

(3) 电压表。电压表按量程可以分为毫伏表(mV)、伏特表(V)和千伏特表(kV)。在表头上串联阻值不同的分压电阻，就可以构成量程不同的电压表。分压电阻越大，电压表的量程就越大。图 2.2.26 是 C19－V 型伏特表的外形。

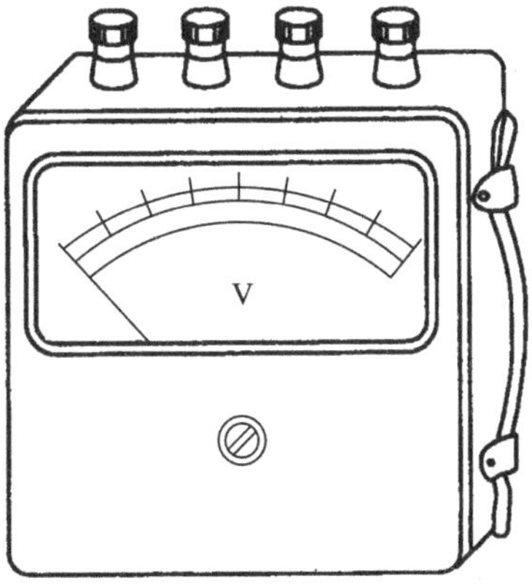

图 2.2.26 C19－V 型伏特表

使用电流表和电压表时应注意以下几点：

(1) 电流表是用来测量电流的，使用时应串联在电路中；电压表是测量一段电路两端电压的，使用时应与待测电路并联。对直流电流表和电压表，必须注意正负极不能接错，“＋”极应接在电位高的一端，“－”极应接在电位低的一端。

(2) 根据待测电流或电压的大小，选择合格的量程。若量程小于待测值，则过大的电流或电压会使电流表或电压表损坏；若量程太大，则指针偏转太小，将产生较大误差。若测量值大小不明，则可由最大量程试起，直到指针可偏转到标度盘的 1/2～2/3 为宜。

(3) 读数时应使视线垂直于电表表面。对于表面附有镜子的电表，读数时应使指针和它的像重合。

(4) 表面上一般附有“零点调整螺丝”，使用电表前应先检查指针是否对准“0”，如有偏差，可以用小螺丝刀缓慢地转动此螺丝，使指针指在“0”上。

2) 电表的等级

根据我国国标(GB)规定，电表的等级分为以下 7 级：0.1，0.2，0.5，1.0，1.5，2.5，5.0。

如果用 A 表示电表的量程，用 K 表示电表的等级，那么当电表的指针指示某测量值时，该测量值的最大绝对误差为

$$\Delta N = A \times K\%$$

例如，量程为 15 mA，等级为 1.0 级的毫安表，那么当电表的指针指示某一测量值时，该测量值的最大绝对误差为

$$\Delta N = 15 \times 1.0\% = 0.15\ (\text{mA})$$

3) 电表标度盘各种符号的意义

表 2.2.1 为国家规定的电气仪表的主要技术性能在电气仪表面板上的标记。使用电表前，应先认真阅读有关标记，以便正确使用。

表 2.2.1 常见电气仪表面板上的标记

名 称	符号	名 称	符号
指示测量仪表的一般符号	O	磁电系仪表	∩
检流计	G	静电系仪表	=
安培表	A	电流	—
毫安表	mA	交流(单相)	～
微安表	μA	直流和交流	≃
伏特表	V	以标度尺量限百分数表示的准确度等级，如 1.5 级	1.5
毫伏表	mV	以指示值百分数表示的准确度等级，如 1.5 级	⑴.5（圆圈内 1.5）
千伏表	kV	标度尺位置为垂直的	⊥
欧姆表	Ω	标度尺位置为水平的	⊓
兆欧表	MΩ	绝缘强度(试验电压为 2 kV)	☆（星内 2）
负端钮	—	接地用端钮	⏚
正端钮	+	调零器	⌒（双向弧形箭头）
公共端钮	*	Ⅱ级防外磁场和电场	[Ⅱ] [Ⅱ]

注：以上标记为国家规定的电气仪表的主要技术性能在电气仪表面板上的标记。使用电表前，应先认真阅读有关标记，以便正确使用。

6. 示波器

示波器是一种用途非常广泛的电子仪器，它可以将看不见的电压信号转换成可视的图像，可测量动态信号，观察电压和电流的波形，凡是能变成电压或电流的其他电量和非电量都可以用示波器测量(详见第 3 章实验 3.4“示波器的调整与应用”中的介绍)。

2.2.3 电磁学实验操作规程

1. 准备

做实验前要认真预习，对实验基本原理和实验内容做到心中有数。要求写预习报告，并按实验内容要求画好实验数据记录表。实验前，要先把所用实验仪器的级别、规格等相关数据记录清楚，然后根据仪器要求选择好所需参量(如电源大小等)。

2. 连线

要保持思路清晰，在理解实验电路设计和测量思路的基础上连线。通常由最靠近电源和开关的一端开始连线(开关都要断开)，先连主回路，再连支回路。一般在电源正极或高电位处用红色或浅色导线连接，电源负极或低电位处用黑色或深色导线连接。导线铜丝要拧成一股，按顺时针方向缠在接线柱金属杆上。

3. 检查

接好电路后，先自查电路连接是否正确，细节要求是否都做妥了。例如，直流电表和电源正负极是否接一致、量程是否正确、有无短路、电阻箱数值是否正确、变阻器的滑动端位置是否正确等，直到一切都做好再接上电源。对于高电压实验，需实验教师检查线路后方可通电。

4. 通电

通电后要密切注意仪器反应是否正常，并随时准备不正常时断开开关。实验过程中需要暂停时，应断开开关；若需要更换电路，应先拆去电源，再更换电路，经重新检查正确无误后，方可接通电源继续实验。

5. 实验

细心操作，认真观察实验现象，准确记录原始实验数据，且数据不得随意涂改。原始数据必须经教师检查并签字，之后与实验报告一起交上。

6. 安全

实验时一定要爱护仪器和注意安全，在教师未讲解、未弄清注意事项和操作方法之前不要乱动仪器。不管电路中有无高压，当电路闭合后都要避免直接接触电路中的导体部分。

7. 整理

经教师检查原始实验数据合理后再拆线，拆线时应先拆去电源，最后将所有仪器放回原处，再离开实验室。

2.2.4 光学常用仪器

光学仪器用来帮助人们观察和测量物体，放大或缩小物体的成像，并可实现非接触式高精度测量，如利用光的干涉、衍射以及反射、折射等现象进行的精密测量。常用的光学仪器有望远镜、读数显微镜、分光仪等，常用的光源有白炽灯、钠灯、汞灯和氦-氖激光器等。

由于光学仪器是比较精密的仪器，它的光学元件及机械部分较易损坏，因而在使用前应详细了解仪器的使用方法和操作要求，严禁盲目、粗鲁操作，严禁私自拆卸仪器。光学元件大多都是光学玻璃制品，使用时要轻拿轻放，严禁触摸光学元件表面。必须用手拿光学元件时，只能接触非光学元件表面部分，即磨砂面，如拿透镜的边缘、棱镜的上下底面等。光学元件表面上若有灰尘或污痕，可用实验室专用的脱脂棉、镜头纸轻轻擦去或用吹气球清除，不能用手擦或用嘴吹。

1. 望远镜

望远镜有增大视角的作用，利用望远镜可以观察远方的物体(详见第3章实验3.1“拉伸法测金属丝杨氏模量”中的介绍)。

2. 分光仪

分光仪是精确测定光线偏转角度的仪器，也是摄谱仪等专用仪器的基础(详见第5章实验5.2“分光仪的调整与使用”中的介绍)。

3. 白炽灯

白炽灯是具有热辐射连续光谱的复色光源，以钨丝为发光体，灯泡内充有惰性气体，一般用于照明。白炽灯有钨丝灯、碘钨灯、卤钨灯等。

4. 钠灯

钠灯是一种气体放电灯，发光物质为钠蒸气，发光波长为589.0 nm和589.6 nm，平均波长为589.3 nm(详见第5章实验5.1“干涉法测透镜的曲率半径”中的介绍)。

5. 汞灯

汞灯也是一种气体放电灯，发光物质为汞蒸气，常温下汞灯不易点燃，故灯管内常充以辅助气体氩气。汞灯紫外线辐射较强，不可直视，以保护眼睛。汞灯分低压汞灯、高压汞灯和超高压汞灯三种(汞灯光谱线波长参阅附录A中的表11)。

汞灯发光的基本过程分为以下三步：

(1) 电子发射并被阴极和阳极间的电场加速；

(2) 高速运动的电子与汞蒸气原子碰撞，电子的动能转移给汞原子使汞原子激发；

(3) 受激汞原子返回基态，辐射发光。

通常在一个大气压或小于一个大气压下工作的汞灯称为低压汞灯，其辐射能量几乎集中于253.7 nm这一谱线上，因此，只能作为紫外光源使用。

高压汞灯工作时的汞蒸气压可达几个大气压。增加管内汞蒸气压可提高灯的发光效率，从而大大提高灯的亮度，并且会有更多的谱线被激发。在高压汞灯的总辐射中约有37%是可见光，其中一半以上集中在四根汞的特征谱线上。因此高压汞灯是光学实验中比较理想的标准光源。

一般高压汞灯的构造如图2.2.27所示。在真空的圆柱形石英玻璃管的两端各有一个主电极，在其中一个主电极旁还有一个辅助电极，辅助电极通过一只40～60 kΩ的高电阻

R 与不相邻的主电极相接。为了使主电极易于发射出电子，主电极上涂有氧化物。管内充有汞和少量氩气。在石英管外还有一个硬质玻璃外壳，起保温和防护作用。

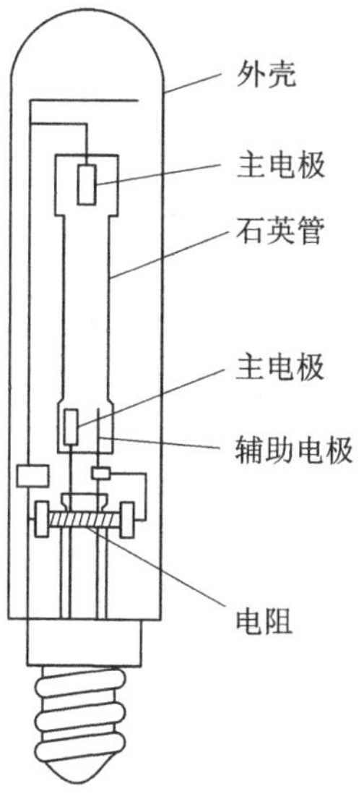

图 2.2.27　高压汞灯

高压汞灯的工作电路如图 2.2.28 所示。当汞灯接入电路后，辅助电极与相邻主电极之间加有 220 V 的交流电压。由于这两个电极相距很近(通常只有 2～3 mm)，因此它们之间有很强的电场，在此强电场作用下，两电极间的气体被击穿，发生辉光放电，放电电流由电阻 R 限制。辉光放电产生了大量的电子和离子，这些带电粒子向两极间扩散，使主电极之间产生放电，并过渡到两主电极之间的弧光放电。刚点燃时，是低压汞蒸气和氩气放电，随着灯管温度升高，汞逐渐气化，汞蒸气压和灯管电压逐渐升高，放电逐步过渡到高(气)压电弧放电。当汞全部蒸发后，管压开始稳定，灯管发光正常。由此可见，高压汞灯从启动到正常发光需要一段预热、点燃时间，这段时间通常需要 5～10 min。启动电流比工作电流大。高压汞灯点燃后，遇突然断电，如立即启动，常常不能点燃。因为灯熄灭后，内部还保持着较高的汞蒸气压，要等灯管冷却，汞蒸气凝结后才能再次点燃，冷却过程亦需 5～10 min。为了克服气体弧光放电过程中负的电阻效应，即随着管中电流增加，管压下降，引起电流进一步增大，使灯管不能稳定工作，甚至被烧毁，在电路中应根据灯管工作电流，选用适当的限流器 L，以稳定灯管的工作电流。实验室中常用的高压汞灯的主要参数如表 2.2.2 所示。

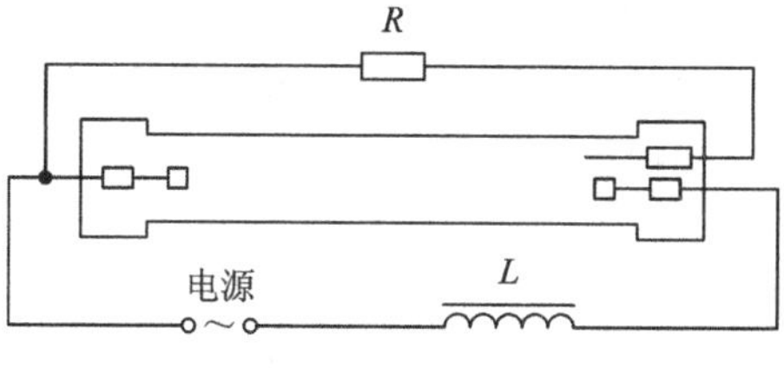

图 2.2.28　高压汞灯的工作电路

表 2.2.2　实验室中常用的高压汞灯的主要参数

型号	功率/W	工作电压/V	工作电流/A	启动电流/A	外径/mm	极距/mm	备注
GGQ50	50	95	0.62	1.0			仪器用
GGQ80	80	110	0.85	1.3			
GGH120	120	115	1.1	1.0	10	30	作光谱灯及荧光分析用
GGZ125	125	115	1.2	1.8	10	30	
GGZ300	300	120	2.3	3.8～4.5	18	102	紫外线照射用
GGZ500	500	125	2.4	6.5～7.0	20	152	

6. 氦-氖激光器

激光是20世纪60年代出现的新型光源，和普通光源相比，激光具有光谱亮度高、能量高度集中、方向性好、单色性好和相干性好等特点，已得到广泛应用。

激光器有氦-氖激光器、氦-镉激光器、氩离子激光器、二氧化碳激光器、红宝石激光器、染料激光器、准分子激光器和自由电子激光器等，实验室常用的是氦-氖激光器。

氦-氖激光器的工作物质是氖，辅助物质是氦，发光波长为632.8 nm，输出功率为几毫瓦到十几毫瓦。激光束光波能量集中，切勿迎着激光束直接观看。由于激光器两端加有上千伏的高压，操作时应严防触及，以免造成电击事故。

2.3　游标卡尺和螺旋测微计的使用

物理实验离不开测量，本实验训练学生掌握长度、质量、时间、温度、湿度、角度、密度等常用物理量的测量方法，并通过测量液体密度和规则固体的密度，训练学生掌握直接测量和间接测量的基本方法，加深学生对测量不确定度传递规律的理解。

一、实验目的

(1) 了解游标卡尺和螺旋测微计的结构和测量原理，掌握测量长度的基本方法。

(2) 掌握物理天平测质量的方法。

(3) 掌握测量时间的一般方法。

(4) 掌握测量温度和湿度的一般方法。

(5) 掌握测量角度的一般方法。

(6) 掌握测量液体密度的一般方法。

(7) 通过间接测量固体的密度，加深对测量不确定度传递规律的理解。

(8) 通过米尺、游标卡尺和螺旋测微计的使用，加深对测量结果有效位数的理解。

二、实验仪器

米尺、游标卡尺、螺旋测微计、物理天平、秒表、干湿温度计、分光仪、密度计、薄长方体、圆柱体、小钢球、细铜丝等。

三、实验原理

直接测量长度、质量、时间、温度、湿度、角度、密度等常用物理量的实验仪器、原理及仪器使用方法参见第 2 章的相关内容。

四、实验步骤

作为基本训练，本次实验仅测规则物体的密度。

(1) 记下游标卡尺和螺旋测微计的零点误差，用米尺、游标卡尺和螺旋测微计各测量一次薄长方体的高，记录数据，比较并理解三种测量结果的有效位数的区别。

(2) 用螺旋测微计测量小钢球或细铜丝的直径，沿不同方位各测 6 次。计算出平均值，给出测量结果表达式(注意：测量结果三要素)。

(3) 用物理天平测量圆柱体的质量。

(4) 用游标卡尺测量圆柱体的直径和高，沿不同方位各测 6 次。计算出平均值，测出圆柱体的密度。

(5) 用干湿温度计测出实验室的温度和湿度。

(6) 用秒表测出 10 s 内的任意一时间，掌握秒表使用方法。

(7) 使用分光仪测出任意一角度，理解角游标测量原理，掌握角度测量的一般方法。

(8) 使用密度计测出液体密度。

五、测量记录和数据处理

(1) 游标卡尺的零点误差 $L_0=$ ________，螺旋测微计的零点误差 $L_0=$ ________，游标卡尺的误差限 $\Delta=$ ________，螺旋测微计的误差限 $\Delta=$ ________。用米尺、游标卡尺、螺旋测微计测量薄长方体的高，将所得数据填入表 2.3.1 中。

表 2.3.1　薄长方体的高

测量仪器	米尺	游标卡尺	螺旋测微计
薄长方体的高 H/mm			

(2) 小钢球或细铜丝的直径。

小钢球或细铜丝的直径的测量数据填入表 2.3.2 中。

表 2.3.2　小钢球或细铜丝的直径

测量次数	1	2	3	4	5	6	平均
直径读数 d'/mm							—
直径 $(d'-L_0)$/mm							

要求：用不确定度给出直径的测量结果。

(3) 物理天平测圆柱体的质量。

物理天平的误差限 $\Delta=$________，质量 $m=$________。

(4) 圆柱体的直径和高。

圆柱体的直径和高的测量数据填入表 2.3.3 中。

表 2.3.3　圆柱体的直径和高

测量次数	1	2	3	4	5	6	平均
直径读数 d'/mm							—
直径 $(d'-L_0)$/mm							
测量次数	1	2	3	4	5	6	平均
高读数 h'/mm							—
高 $(h'-L_0)$/mm							

要求：用标准误差给出圆柱体体积的测量结果。

(5) 用干湿温度计测出实验室的温度和相对湿度。

温度计的误差限 $\Delta=$______。

干度表读数 $T_1=$______，湿度表读数 $T_2=$______，相对湿度=______。

(6) 用秒表测时间。

秒表的误差限 $\Delta=$______，时间 $t=$______。

(7) 用分光仪测角度。

分光仪的误差限 $\Delta=$_____，角度 $\theta_{左}=$_____，$\theta_{右}=$_____，$\theta=|\theta_{左}-\theta_{右}|=$_____。

(8) 使用密度计测液体密度。

密度计误差限 $\Delta=$______，密度=______。

(9) 计算圆柱体的密度，给出结果表达式 $\rho=\bar{\rho}\pm u_c(\rho)$。

六、思考题

(1) 用流体静力平衡法测密度时，细线对测量结果有何影响？

(2) 推导流体静力平衡法测液体密度的公式。

(3) 推导用比重瓶测小块固体密度的公式。

(4) 如果设计一精确度为 0.05 mm 的游标卡尺，主尺的最小分度是 1 mm，那么它的游标应当如何设计？

(5) 如何用游标卡尺测量圆孔的内径和槽孔的深度？

(6) 如果某螺旋测微计测微螺杆的螺距为 0.5 mm，沿微分筒一周刻有 100 等份，试问该螺旋测微计的精确度是多少？若另一个螺旋测微计的螺距为 1 mm，沿微分筒一周刻有 50 等份，该螺旋测微计的精确度又是多少？

第 3 章　力学和热学实验

3.1　拉伸法测定金属丝杨氏模量

杨氏模量是反映材料在外力作用下发生形变难易程度的物理量，仅与材料有关，而与材料的形状、长短无关。作为表征固体材料抵抗形变能力的重要物理量，杨氏模量是选定机械构件材料的依据之一，也是工程技术中常用的参数，在工程技术中有着重要的意义。测定杨氏模量的方法有拉伸法、梁弯曲法、振动法和内耗法等，本实验采用拉伸法测定金属丝的杨氏模量。

一、实验目的

（1）掌握采用拉伸法测定金属丝的杨氏模量的原理和方法。

（2）理解用光杠杆测量微小伸长量的原理。

（3）学会用逐差法处理数据。

二、实验仪器

本实验所用实验仪器包括杨氏模量仪、光杠杆、读数望远镜、螺旋测微计、卷尺、标尺、钢丝、水准仪、大砝码一套。

杨氏模量实验装置如图 3.1.1 所示，主要由下述三部分组成。

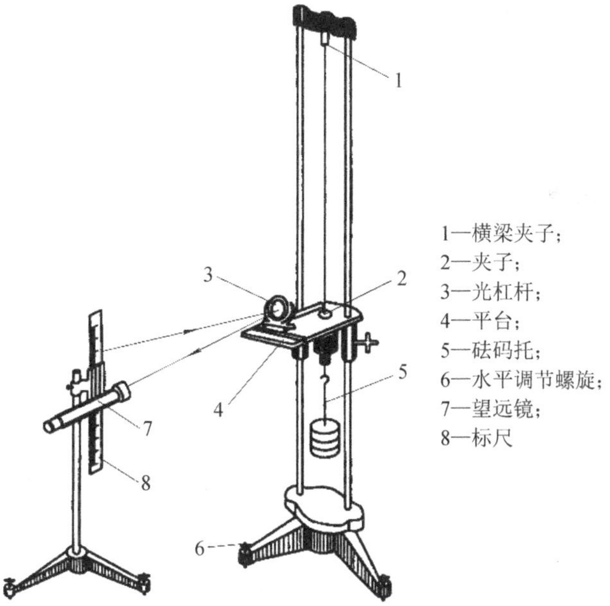

图 3.1.1　杨氏模量实验装置

(1) 杨氏模量仪。如图 3.1.1 右边所示，在一较重的三脚底座上固定有两根立柱，在两立柱上装有可沿立柱上下移动的横梁和平台，被测金属丝的上端夹紧在横梁夹子 1 中，下端夹紧在夹子 2 中，夹子 2 能在平台 4 的圆孔内上下自由运动。平台下面有砝码托 5，用来放置拉伸金属丝的砝码，当砝码托上增加或减少砝码时，金属丝将伸长或缩短 ΔL，夹子 2 也跟着下降或上升 ΔL，光杠杆 3 放在平台 4 上。

(2) 光杠杆。光杠杆是利用平面镜反射放大法测量微小长度变化的常用仪器，有很高的灵敏度。其结构如图 3.1.2(a)所示，平面镜垂直装置在 T 形架上，T 形架由构成等腰三角形的三个足尖 A、B、C 支撑，A 足到 B、C 两足之间的垂直距离为 K(见图 3.1.2(b))，称为光杠杆的腿长，可以自由调节。测量时，光杠杆放置要求见图 3.1.2(c)，将两前足尖 B、C 放在固定平台 4 的前沿槽内，后足尖 A 搁在夹子 2 上。通过图 3.1.1 左边的望远镜 7 及标尺 8 测量平面镜的角偏移就能求出金属丝的伸长量 ΔL。

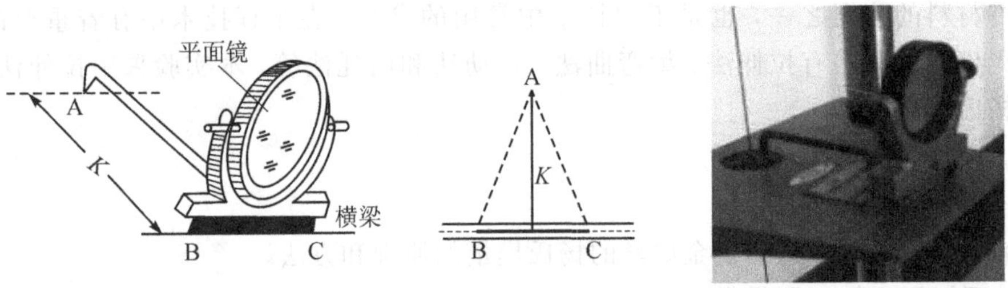

(a) 结构　(b) 腿长　(c) 放置

图 3.1.2　光杠杆

(3) 读数望远镜。读数望远镜的构造如图 3.1.3 所示，主要由标尺、物镜、内调焦透镜、目镜和叉丝组成。标尺发光，入射到光杠杆的平面镜上，反射线进入望远镜，而其物镜将反射光线汇聚成像。叉丝用作读数的标准。目镜用来观察像和叉丝，并对像和叉丝起放大作用。通过调节目镜处的调焦螺旋，改变目镜与叉丝之间的距离，可使叉丝成像清晰。调节安装在望远镜筒侧面的调焦螺旋，改变调焦透镜与物镜之间的距离，可使标尺成像清晰。

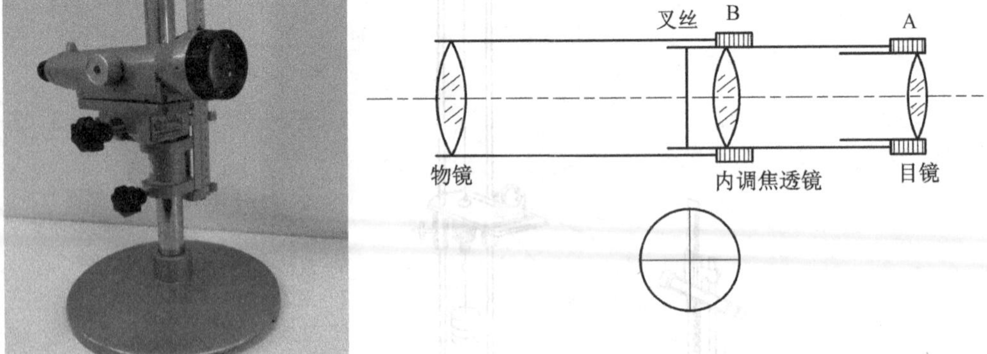

(a) 装置　(b) 结构

图 3.1.3　读数望远镜

三、实验原理

在外力作用下，固体所发生的形状变化称为形变。形变分为弹性形变和塑性形变。加在物体上的外力撤去后，物体能完全恢复原状的形变称为弹性形变；加在物体上的外力撤去后物体不能完全恢复原状的形变，称为塑性形变。

弹性形变中，最简单的形变是棒状物体受到外力后的伸长或缩短。设一金属丝原长为 L，直径为 d，截面面积 S 为

$$S=\frac{1}{4}\pi d^2$$

两端受拉力(或压力)F 后，物体伸长(或缩短)ΔL。比值 F/S 是加在物体单位面积上的作用力，称为应力；比值 $\Delta L/L$ 是物体的相对伸长，称为应变。根据胡克定律，在弹性限度内，应力与应变成正比，即

$$\frac{F}{S}=Y\frac{\Delta L}{L} \tag{3.1.1}$$

式中：比例系数 Y 称为杨氏弹性模量，简称杨氏模量。实验证明，杨氏模量与外力 F、长度 L、截面面积 S 的大小都无关，而只取决于材料性质。

在国际单位制中，Y 的单位为 $\mathrm{N/m^2}$，只要测出 F、L、S 和 ΔL，就可求出杨氏模量 Y。通常 ΔL 量值很小，直接测量很难得出准确数值，故在本实验中，要用光杠杆(见图 3.1.2)将 ΔL 放大，以便于测量，提高测量精确度。

光杠杆测量微小伸长量的原理如图 3.1.4 所示。金属丝没有伸长时，平面镜垂直于平台，其法线为水平直线，望远镜水平地对准平面镜，从标尺 r_0 处发出的光线经平面镜垂直反射进入望远镜中，并与望远镜中的叉丝对准。当在砝码托上加砝码后，金属丝受力而伸长 ΔL，图 3.1.1 中的夹子 2 跟着向下移动 ΔL，光杠杆足尖 A 也跟着向下移动 ΔL，这样平面镜将以 BC 为轴、K 为半径转过一个角度 α，镜面的法线也由水平位置转过 α 角。由光的反射定律可知，这时从标尺 r_1 处发出的光线(与水平线的夹角为 2α)经平面镜反射进入望远镜中，并与叉丝对准，望远镜中两次读数之差 $l=|r_1-r_0|$。

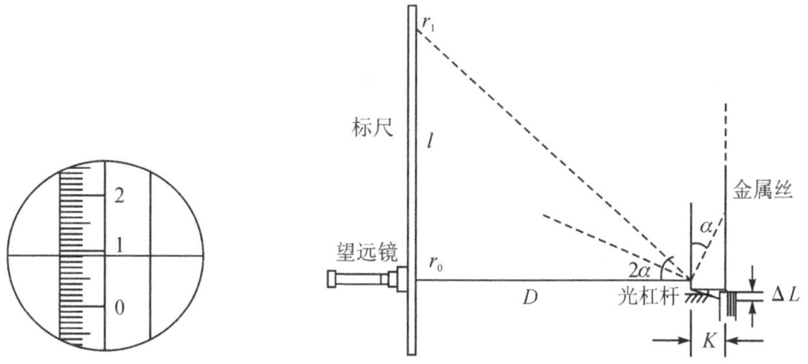

图 3.1.4　光杠杆测量微小伸长量的原理

由图 3.1.4 可得

$$\tan\alpha=\frac{\Delta L}{K}\ ,\ \tan 2\alpha=\frac{l}{D} \tag{3.1.2}$$

式中：D 为标尺与平面镜之间的距离。实际测量过程中 α 很小，所以

$$\alpha \approx \frac{\Delta L}{K}, \quad 2\alpha \approx \frac{l}{D} \tag{3.1.3}$$

消去 α 得

$$\Delta L = \frac{Kl}{2D} \tag{3.1.4}$$

这样通过平面镜的旋转和反射光线的变化即可将微小位移 ΔL 转化为容易观测的大位移 l，这与机械杠杆类似，所以称这种装置为光杠杆。$l/\Delta L = 2D/K$ 称为光杠杆的放大率。

将式(3.1.4)代入式(3.1.1)，得

$$Y = \frac{2FLD}{SKl} = \frac{8FLD}{\pi d^2 Kl} \tag{3.1.5}$$

本实验将根据式(3.1.5)求出金属丝的杨氏模量 Y。

四、实验步骤

(1) 按照图3.1.2(c)将光杠杆放置在平台4上，再把光杠杆取下来，放在纸上，使光杠杆B、C两足和足尖A在纸上压出印痕，用细铅笔做印痕A到印痕B和印痕C连线的垂线，用卷尺量出印痕A到印痕B和印痕C连线的距离，得到光杠杆的腿长 K。然后将光杠杆重新按照图3.1.2(c)放回平台4上，转动平面镜，目测，粗调，使镜面与平台垂直。

(2) 将水准仪放置在杨氏模量仪平台上，仔细调节杨氏模量仪底座上的水平调节螺旋6，使平台处于水平状态(即令水准仪上的气泡处于正中央)，以免夹子2在下降(或上升)时与外框发生摩擦，保证砝码的重力完全用来拉伸钢丝。然后在砝码托上加1个砝码，将钢丝拉直(此重量不计在外力 F 内)。用卷尺测出横梁夹子1上的紧固螺钉的下边缘与夹子2的紧固螺钉的上表面之间的钢丝长度，这就是钢丝的原长 L。接着用螺旋测微计在钢丝的不同部位、不同方向测量5次直径 d，求其平均值 $\overline{d}$ 和截面积 S。

(3) 移动望远镜，使标尺与光杠杆平面镜之间的距离约为110.00 cm，打开标尺指示灯。

(4) 调节望远镜倾角螺丝，使其光轴呈水平状态，再以平面镜为参照物，调节望远镜和标尺的调高螺丝，使镜筒与平面镜、标尺0线等高。移动读数望远镜，使平面镜、望远镜的目镜和物镜在同一直线上，然后再仔细微调望远镜，使得标尺0线经过平面镜反射后的清晰的像刚好处于望远镜的视场中心附近。这一点初学者不易做到，下面介绍一种简便易行的调节方法：

① 调节望远镜的倾角螺丝，使其光轴呈水平状态。

② 用卷尺测量平面镜中心到桌面的垂直距离，然后调节望远镜的物镜高度，使之与平面镜等高，再调节标尺高度，使其0线与望远镜的物镜中心平齐。

③ 水平移动望远镜，使望远镜的物镜、目镜和光杠杆平面镜在同一直线上。具体方法是：利用平面镜垂直入射、垂直反射的原理，一边移动、转动望远镜，一边将眼睛置于目镜上方，贴着镜筒，直接以裸眼观察平面镜，直到在平面镜中看到标尺的像。

④ 通过望远镜观察，一般均能看到标尺的像。此时像可能不太清晰，可调节望远镜镜

筒上的调焦旋钮，待标尺上的刻度和数字均很清晰，再调节目镜的调焦螺旋，使叉丝的像也很清晰，这时标尺的像可能又较模糊，应反复仔细地调节，直到标尺和叉丝的像同时清晰为止。

⑤ 如果望远镜中标尺的像不居中，则可轻微水平移动望远镜。

⑥ 调节望远镜筒的倾角螺丝，上下移动标尺像，使标尺像的 0 线落在叉丝中心附近，记下望远镜中标尺的像的坐标 r_0。

(5) 逐渐增加砝码托上的砝码(加减砝码时应轻放轻取，减少金属丝的晃动)，每次增加 1 个砝码，共加 5 次，记下望远镜中叉丝处标尺的像的刻度数，即望远镜中标尺的像的坐标 r_1、r_2、r_3、r_4、r_5，连同 r_0，共 6 个读数。

(6) 依次减去 1 个砝码，记下对应的刻度数，即望远镜中标尺的像的坐标 r'_5、r'_4、r'_3、r'_2、r'_1、r'_0，求出两组对应读数的平均值 $\bar{r}_0$、$\bar{r}_1$、$\bar{r}_2$、$\bar{r}_3$、$\bar{r}_4$、$\bar{r}_5$。

(7) 用卷尺测出平面镜与标尺之间的距离 D，测量时应注意使卷尺保持水平拉直状态。

五、测量记录和数据处理

(1) 将测量 5 次得到的金属丝直径的数据填入表 3.1.1 中。

表 3.1.1　金属丝直径

零点误差/mm			
测量位置	上	中	下
d/mm			
$\bar{d}$/mm			

(2) 将望远镜中的读数及 3 倍砝码重力的读数差填入表 3.1.2 中。

金属丝原长 L=________ cm　　光杠杆腿长 K=________ cm

平面镜到标尺距离 D=________ cm　　$F=3\Delta mg$=________ N

表 3.1.2　望远镜中标尺的像的坐标及 3 倍砝码重力的读数差

砝码质量/kg	望远镜中标尺的像的坐标 r_i/mm			3 倍砝码重力的读数差 l_i/mm
	加砝码时 r_i	减砝码时 r'_i	平均值 $\bar{r}_i$	
	$r_0=$	$r'_0=$	$\bar{r}_0=$	$l_1=\|\bar{r}_3-\bar{r}_0\|=$
	$r_1=$	$r'_1=$	$\bar{r}_1=$	$l_2=\|\bar{r}_4-\bar{r}_1\|=$
	$r_2=$	$r'_2=$	$\bar{r}_2=$	$l_3=\|\bar{r}_5-\bar{r}_2\|=$
	$r_3=$	$r'_3=$	$\bar{r}_3=$	$\bar{l}=\frac{l_1+l_2+l_3}{3}=$
	$r_4=$	$r'_4=$	$\bar{r}_4=$	
	$r_5=$	$r'_5=$	$\bar{r}_5=$	

(3) 数据处理。

① 用逐差法处理数据。为使每个测量值都起作用，将数据分为前后两组，$\bar{r}_0$、$\bar{r}_1$、$\bar{r}_2$为一组，$\bar{r}_3$、$\bar{r}_4$、$\bar{r}_5$为一组，求出 $l_1=|\bar{r}_3-\bar{r}_0|$，$l_2=|\bar{r}_4-\bar{r}_1|$，$l_3=|\bar{r}_5-\bar{r}_2|$，其中$l_1$、$l_2$、$l_3$ 对应的是拉力 F 改变 3 个砝码重力时相应的标尺读数之差，求出它们的平均值 $\bar{l}$。

② 计算杨氏模量 Y 和误差：

$$Y_{标准值}=2.1\times10^{11}\ \text{Pa}$$

$$Y_{测量值}=\frac{2FLD}{SK\bar{l}}=\frac{8FLD}{\pi d^2K\bar{l}}=\underline{\qquad\qquad}\ \text{Pa}$$

$$\Delta Y=|Y_{测量值}-Y_{标准值}|=\underline{\qquad\qquad}\ \text{Pa}$$

$$E=\frac{\Delta Y}{Y_{标准值}}\times100\%=\underline{\qquad\qquad}\ \%$$

$$Y=Y_{测量值}\pm\Delta Y=(\underline{\qquad\qquad}\pm\underline{\qquad\qquad})\ \text{Pa}$$

六、思考题

(1) 求出本实验所用光杠杆的放大率。

(2) 材料相同，粗细、长度不同的两根钢丝，其杨氏模量是否相同？

(3) 杨氏模量和弹性系数有什么关系？

3.2 用三线摆法测定刚体的转动惯量

转动惯量是描述刚体转动惯性大小的物理量。刚体的转动惯量越大，其保持原有转动状态的惯性就越大；反之，其保持原有转动状态的惯性就越小。转动惯量与刚体的质量、质量分布及转轴的位置有关。对于形状简单、质量均匀分布的刚体，可以从理论上计算出其绕定轴转动的转动惯量，但对于形状复杂或质量分布不均匀的刚体，转动惯量的计算非常困难，一般采用实验方法测定。测定方法是使刚体以一定形式运动，通过测量与刚体转动惯量有关的物理量，间接测量刚体的转动惯量。常用的方法有三线摆法、扭摆法和落体法。其中，三线摆法由于操作简便，并且对形状复杂的刚体也可进行测量，因此具有一定的代表性。

理论计算表明，质量为 m 且质量均匀分布、内外直径分别为 D_1 和 D_2 的圆环，绕过其质心的对称轴的转动惯量为

$$J_{环理}=\frac{1}{8}m(D_1^2+D_2^2)$$

本实验用三线摆法来测定均质圆环绕过其质心的对称轴的转动惯量，并验证上面的公式。

一、实验目的

(1) 复习刚体转动惯量的概念。

(2) 掌握用三线摆法测定刚体转动惯量的原理和方法。

(3) 验证刚体定轴转动的平行轴定理(选做)。

二、实验仪器

本实验所用实验仪器包括三线摆、秒表、游标卡尺、钢卷尺、水准仪、待测圆环和两个相同的圆柱体。

三、实验原理

三线摆实验装置如图 3.2.1 所示，半径不同的上、下两个均质圆盘，用三根无弹性的等长线，在与上、下圆盘同心的等边三角形顶点处相连接而成。当上、下圆盘处于水平状态时，将上圆盘绕竖直的中心轴线 O_1O 转动一个小角度(小于 15°)，借助悬线的张力使悬挂的下圆盘(启动盘)绕中心轴 O_1O 作扭转摆动(不能伴有晃动)。同时，下圆盘的质心 O_1 将沿着转动轴 O_1O 升降，如图 3.2.2 所示。其中 H 是上、下圆盘中心的垂直距离，h 是下圆盘在振动时上升的高度，θ 是扭转角。显然，扭转的过程也是下圆盘重力势能与动能的转化过程。扭转的周期与下圆盘的转动惯量有关。

图 3.2.1　三线摆实验装置

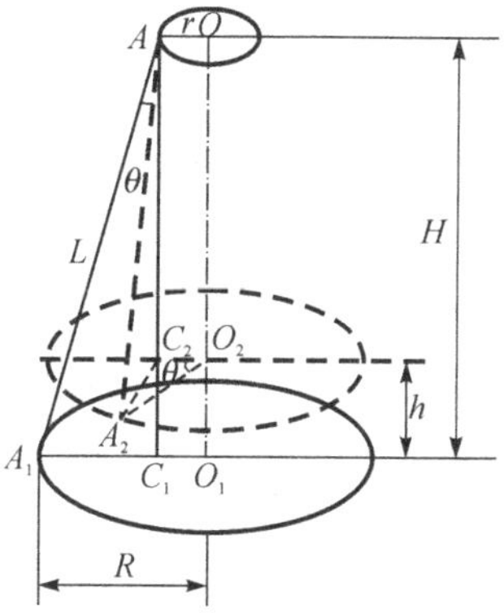

图 3.2.2　下盘扭转示意图

当下圆盘的扭转角 θ 很小(小于 15°)时，下圆盘的扭转摆动(没有晃动)可以看作是理想的简谐振动。其重力势能 E_p 和动能 E_k 分别为

$$E_p = m_0 gh \tag{3.2.1}$$

$$E_k = \frac{1}{2}J_0\left(\frac{d\theta}{dt}\right)^2 + \frac{1}{2}m_0\left(\frac{dh}{dt}\right)^2 \tag{3.2.2}$$

式中：m_0 是下圆盘的质量，g 为重力加速度，$d\theta/dt$ 为下圆盘转动的角速度，dh/dt 为下圆盘质心的平动速度，J_0 为下圆盘对 O_1O 轴的转动惯量。动能公式中，第一项为下圆盘的转动动能，第二项为下圆盘升降运动的平动动能。若不考虑摩擦力的影响，则转动系统的机械能守恒，即

$$\frac{1}{2}J_0\left(\frac{d\theta}{dt}\right)^2 + \frac{1}{2}m_0\left(\frac{dh}{dt}\right)^2 + m_0 gh = 常量 \tag{3.2.3}$$

因下圆盘的转动动能远大于其上下升降运动的平动动能，故近似有

$$\frac{1}{2}J_0\left(\frac{d\theta}{dt}\right)^2 + m_0 gh \approx 常量 \tag{3.2.4}$$

由图 3.2.2 的几何关系，可以证明：

$$h = \frac{Rr\theta^2}{2H} \tag{3.2.5}$$

将式(3.2.5)代入式(3.2.4)并对 t 求导，可得

$$\frac{\mathrm{d}^2\theta}{\mathrm{d}t^2} = -\frac{m_0 gRr}{J_0 H}\theta \tag{3.2.6}$$

可以看出，这是角频率 $\omega_0 = \sqrt{(m_0 gRr)/(J_0 H)}$ 的简谐振动，其振动周期 $T_0 = 2\pi/\omega_0$，于是有

$$J_0 = \frac{m_0 gRr}{4\pi^2 H} T_0^2 \tag{3.2.7}$$

只要准确测出三线摆的有关参数 m_0、R、r、H 和 T_0，就可以精确地求出下圆盘的转动惯量 J_0。

如果要测定一个质量为 m 的圆环的转动惯量，可先测定无负载时下圆盘的转动惯量 J_0。然后将圆环同心同轴地叠加在下圆盘上，使下盘和圆环一起绕 O_1O 轴做小角度(小于 15°)扭摆运动，测定其扭摆周期 T_1，则此定轴转动系统的转动惯量 J 为

$$J = \frac{(m_0 + m)gRr}{4\pi^2 H} T_1^2 \tag{3.2.8}$$

由转动惯量的叠加原理，可求得待测圆环的转动惯量为

$$J_{圆环} = J - J_0 \tag{3.2.9}$$

在满足实验要求的条件下，用这种方法可以测定任何形状刚体的转动惯量。

用三线摆法还可以验证刚体定轴转动的平行轴定理，有兴趣的读者可自行查阅资料，此处不再赘述。

四、实验步骤

(1) 将水平仪放于图 3.2.1 所示的悬架上，调节底脚螺丝，使水平仪的气泡居中，确保上圆盘处于水平状态。

(2) 调节上圆盘的绕线螺丝，目测，使三根线等长(50 cm 左右)，然后将水平仪放于下圆盘上，仔细微调绕线长度，使水平仪的气泡居中，确保下圆盘处于水平状态。

(3) 等待三线摆静止后，用手轻轻扭转上圆盘，使下圆盘绕仪器中心轴 O_1O 做小角度(小于 15°)扭转摆动(不应伴有晃动)。用秒表测出下圆盘完全扭动 30 次的时间 t_0，重复测量 5 次，计算出下圆盘空载时的扭摆周期 $T_0 = t_0/30$，求扭摆周期 T_0 的平均值。

(4) 将待测圆环同心同轴地放在下圆盘上，使它们一起做小角度扭摆运动。再用秒表测出下圆盘和圆环一起做 30 次完全扭摆运动的时间 t_1，算出此系统的扭摆周期 $T_1 = t_1/30$，重复测量 5 次，求扭摆周期 T_1 的平均值。

(5) 记录下圆盘、圆环的质量 m_0、m，用卷尺量出圆环的内外直径 D_1 和 D_2。

(6) 分别测量上、下圆盘悬点间的距离 b 和 a，继而根据图 3.2.3 所示的三角函数关系，求出上、下圆盘中心到各自悬点的距离 $r=\sqrt{3}b/3$ 和 $R=\sqrt{3}a/3$。

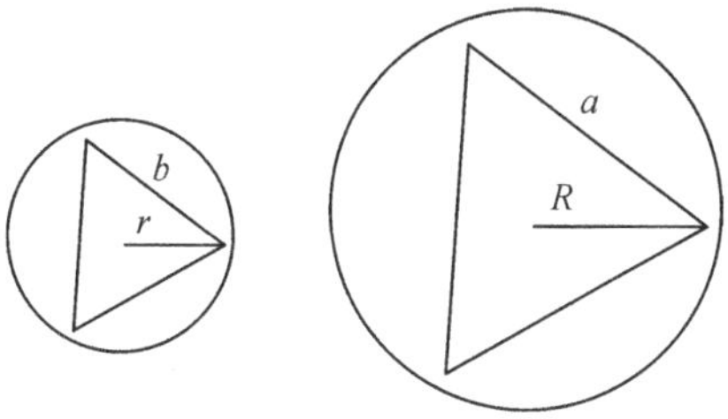

图 3.2.3　上、下圆盘中心到摆线悬点的距离

(7) 用卷尺对上、下圆盘中心间距 H 作单次测量。

五、测量记录和数据处理

将实验数据记入表 3.2.1 中。

表 3.2.1　三线摆法测定刚体的转动惯量

实验次序	下圆盘绕 O_1O 转动			细圆环和下圆盘一起绕 O_1O 转动		
	t_0/s	T_0/s	$\overline{T}_0$/s	t_1/s	T_1/s	$\overline{T}_1$/s
1						
2						
3						
4						
5						

上、下圆盘中心间距 $H=$________ cm

下圆盘质量 $m_0=$________ g

圆环质量 $m=$________ g

圆环内径 $D_1=$________ cm

圆环外径 $D_2=$________ cm

下圆盘悬点间距 $a=$________ cm

上圆盘悬点间距 $b=$________ cm

下圆盘中心到悬点的距离 $R=\sqrt{3}a/3=$________ cm

上圆盘中心到悬点的距离 $r=\sqrt{3}b/3=$________ cm

由以上数据进一步计算如下：

$$J_{环理}=\frac{1}{8}m(D_1^2+D_2^2)=\_\_\_\_\_\_\_\_\ \mathrm{kg\cdot m^2}$$

$$J_0=\frac{m_0gRr}{4\pi^2H}\overline{T}_0^2=\_\_\_\_\_\_\_\_\ \mathrm{kg\cdot m^2}$$

$$J=\frac{(m_0+m)gRr}{4\pi^2H}\overline{T}_1^2=\_\_\_\_\_\_\_\_\ \mathrm{kg\cdot m^2}$$

$$J_{测量值}=J-J_0=\_\_\_\_\_\_\_\_\ \mathrm{kg\cdot m^2}$$

$$\Delta J=|J_{测量值}-J_{环理}|=\_\_\_\_\_\_\_\_\ \mathrm{kg\cdot m^2}$$

$$E=\frac{\Delta J}{J_{环理}}\times 100\%=\_\_\_\_\_\_\_\_\%$$

$$J=J_{测量值}\pm\Delta J=(\_\_\_\_\_\_\_\_\pm\_\_\_\_\_\_\_\_)\mathrm{kg\cdot m^2}$$

六、思考题

(1) 用三线摆法测定刚体的转动惯量时，为什么要求上、下圆盘处于水平状态并且摆角要小?

(2) 测定圆环的转动惯量时，应怎样将它放在下圆盘上?

(3) 根据实验室所提供的两个圆柱体，拟定验证平行轴定理的实验方案。

3.3　模拟制冷系数的测定

19 世纪上半叶，人们从理论上研究了如何提高热机效率。1824 年，法国青年工程师卡诺提出了一种理想制冷机。这种制冷机的工质只与两个恒温热源交换能量，并且不存在散热、漏气和摩擦等因素，称为逆卡诺制冷机，其循环称为逆卡诺循环。逆卡诺循环是由两个等温过程和两个绝热过程组成的，其制冷效率只与高、低温热源的温度有关，与工作性质无关。逆卡诺循环在理论上指出了提高制冷效率的可靠途径，并由此奠定了热力学第二定律的基础。

长期以来，热学实验始终是物理实验中的一个薄弱环节，学生的许多热学知识往往仅限于书本中所学到的。本实验通过介绍电冰箱的制冷原理，将一些热学的基本知识，如热力学定律，等温、等压、绝热、循环等过程，以及焦耳-汤姆孙实验等，作了综合性应用，使学生在加深对热学基本知识理解的同时，得到理论与实际、学与用相结合的锻炼。

一、实验目的

(1) 培养学生理论联系实际、学与用相结合的实际工作能力。

(2) 学习电冰箱的制冷原理，加深对热学基本知识的理解。

(3) 测量电冰箱的制冷系数。

二、实验仪器

本实验所用实验仪器包括模拟电冰箱制冷系数测定装置(MB-Ⅳ型)、功率因数表、酒精。

制冷系统(见图 3.3.1)采用成品电冰箱的压缩机组、冷凝器(散热器)、干燥器、毛细管，内部充有制冷剂 F12(氟利昂)，冷冻室为一广口真空保温瓶(杜瓦瓶)，内有蒸发器(吸热器)、电加热器、电动搅拌器、温度计探头。在实验时为方便控制和测量读数，还有电源开关、电压表、电流表、压力表、调压变压器等装置。模拟电冰箱制冷系数测量装置的前面板示意图如图 3.3.2 所示。

1. 冷冻室

在杜瓦瓶中盛有 2/3 深度的含水酒精作冷冻物，用蛇形管蒸发制冷剂吸热，用加热器平衡制冷剂蒸发时的热量，并用电动机带动搅拌器使冷冻室内的温度保持均匀。温度计用于读出冷冻室内含水酒精的温度，以判定是否已达到了热平衡。

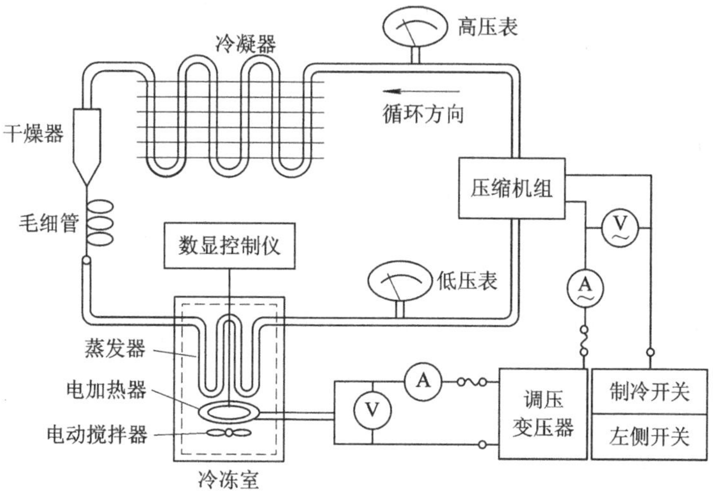

图 3.3.1　制冷系统原理图

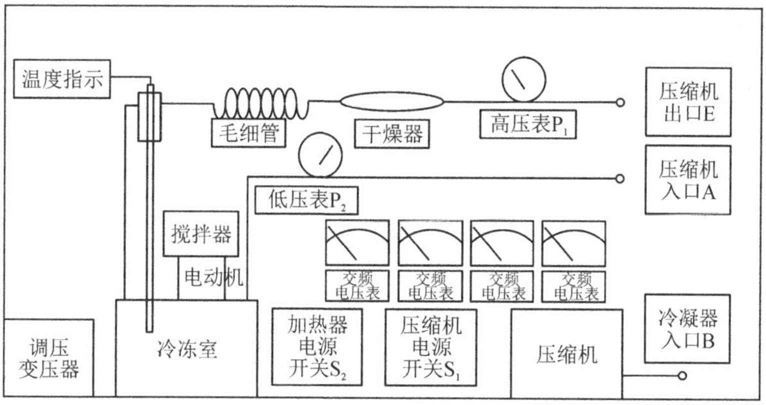

图 3.3.2　模拟电冰箱制冷系数测量装置前面板示意图

2. 冷凝器(散热器)

在实验装置的背后，连接“冷凝气入口 B”和“压缩机出口 E”。

3. 干燥器和毛细管

干燥器内装有吸湿剂，用于滤除制冷剂中可能存在的微量水分和杂质，防止在毛细管中产生冰脏物的堵塞。内径小于 0.2 mm 的毛细管用于制冷剂的节流膨胀，产生焦耳-汤姆孙效应。

4. 压缩机和电流表

压缩机用于压缩制冷剂使其压力由低变高。电流表用于监测压缩机的工作电流，当电流远大于 1 A 时，制冷系统可能有堵塞情况发生，电流表后装有通电延时器，以防止压缩机启动时电流过载。

小型电冰箱压缩机组的内部包括压缩机和电动机两部分，由电动机带动压缩机做功。电动机因种种损耗，输向压缩机的功率小于输入电动机的电功率 $P_{电}$，其效率 $\eta_{电}\approx 0.8$；压缩机也因种种损耗，用于压缩气体的功率小于电动机输向压缩机的功率，其效率 $\eta_{压} \approx 0.65$。因此，压缩机对制冷剂做功的功率 P(简称压缩机功率)为

$$P = \eta_{电} \eta_{压} P_{电} = 0.52 P_{电} \tag{3.3.1}$$

5. 接线柱 I、U、* 和调压变压器

接线柱共两组：$I_{加}$、$U_{加}$、* 组接至测量加热功率的功率因数表，$I_{电}$、$U_{电}$、* 组接至测量压缩机功率的功率因数表。调压变压器用于调节加热电压 $U_{加}$，以改变加热功率。

6. 电源开关

开关 S_1(右侧)为压缩机电源开关，S_2(左侧)为加热器电源开关。

三、实验原理

1. 制冷的理论基础

热力学第二定律指出：不可能把热量从低温物体传到高温物体而不引起外界的变化，因此，只能通过某种逆向热力学循环，由外界对系统做一定的功，使热量从低温物体(冷端)传到高温物体(热端)，见图 3.3.3，即

$$Q_2 = Q_1 - W \tag{3.3.2}$$

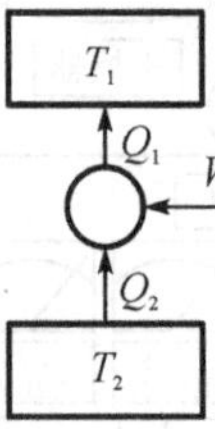

图 3.3.3 热量从冷端传到热端

电冰箱是对循环系统冷端的利用，也称为制冷机。

2. 制冷的方式

制冷可利用溶解热、升华热、蒸发热、珀尔帖效应等方式完成。电冰箱是用氟利昂作制冷剂的，当氟利昂在蒸发器里大量蒸发(实际是沸腾，但在制冷技术中习惯称为蒸发)时会带走所需要的热量，从而达到制冷的目的。因此，电冰箱是一种利用蒸发热方式制冷的机器。

3. 制冷剂氟利昂

氟利昂是饱和碳氢化合物的氟、氯、溴衍生物的统称。本实验中使用的氟利昂 12 的分子式为 CCl_2F_2，国际统一符号为 F12。F12 无色、无味、无臭、无毒，对金属材料无腐蚀性，容积浓度达到 10%左右时人体没有任何不适的感觉，但达到 80%时人会有窒息的危险。F12 不燃烧、不爆炸，但其蒸气遇到 800 ℃以上的明火时会分解产生对人体有害的毒气。F12 的沸点(1 atm，即 1 个标准大气压)为 −29.8 ℃，凝固点(1 atm)为 −155 ℃，临界温度为 112 ℃，临界压力为 4.06 MPa。

4. 电冰箱的制冷循环

电冰箱的制冷循环图如图 3.3.4 和图 3.3.5 所示。图 3.3.4 为循环示意图，图 3.3.5

为表示在 $P-U$ 图上的制冷循环过程。

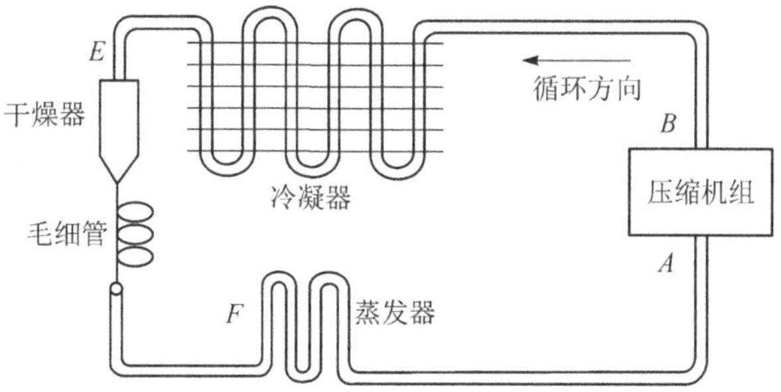

图 3.3.4　循环示意图

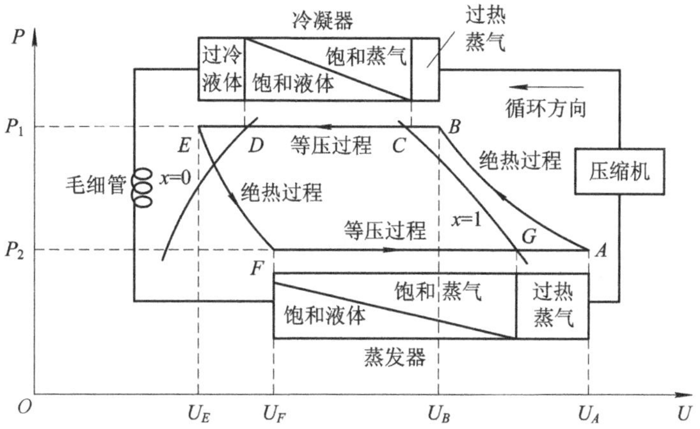

图 3.3.5　表示在 $P-U$ 图上的制冷循环过程

从图 3.3.5 中可见，电冰箱的制冷循环主要有四个过程：① 压缩机压缩 F12 蒸气，使低温低压蒸气变为高温高压蒸气；② 冷凝器(散热器)使高温高压蒸气放热凝为中温高压液体；③ 毛细管使中温高压液体节流膨胀为低温低压气液混合体，并不断供向蒸发器；④ 蒸发器使 F12 液体吸热变成低温低压蒸气，从而达到制冷循环的目的。

四个过程的具体情况如下：

(1) 压缩过程(绝热过程)。在压缩过程中，由于压缩机活塞的运动很快，因此可近似地看作与外界没有热量交换的绝热压缩。该过程如 $P-U$ 图中的 $A\to B$ 所示，绝热线下的面积即为压缩机对系统所做的功 W。

(2) 冷凝过程(等压过程)。从压缩机排出的制冷剂刚进入冷凝器时是过热蒸气(B 点)，它被空气冷却成干饱和蒸气(C 点)，并进一步冷却成湿饱和液体(D 点)，再进一步冷却成过冷液体，直到 E 点。一般情况下，进入毛细管之前的制冷剂是过冷液体，这是等压过程，此时的压力为冷凝压力 P_1。该过程如 $P-U$ 图中的 $B\to C\to D\to E$ 所示，在此过程中制冷剂放出热量 Q_1。

(3) 减压过程(绝热过程)：制冷剂通过毛细管狭窄的通路时，由于摩擦和紊流，在流动方向产生压力下降，此即焦耳-汤姆孙节流过程，如 $P-U$ 图中的 $E\to F$ 所示。

(4) 蒸发过程(等压过程)：从毛细管出口经过蒸发器进入压缩机吸入口的制冷剂，尽管其状态有变化，但其压力是不变的，都是蒸发压力 P_2。进入蒸发器的是制冷剂气液混合体（F 点），制冷剂在通过蒸发器的过程中从周围吸收热量，蒸发成干饱和蒸气（G 点），再进一步变成过热蒸气被压缩机吸入（A 点），如 $P-U$ 图中的 $F\to G\to A$ 所示。在此过程中制冷剂吸收热量 Q_2。

以上四个过程构成了电冰箱的制冷循环过程。

5. 制冷系数 ε

根据热力学第二定律，制冷机的制冷系数为

$$\varepsilon=\frac{Q_2}{W} \tag{3.3.3}$$

式(3.3.3)表示：压缩机对系统所做的功 W 越小，自低温热源吸取的热量 Q_2 越多，则制冷系数 ε 越大，制冷过程就越经济。制冷系数是反映制冷机制冷特性的一个参数，它可以大于 1，也可以小于 1。

如果把制冷机看作逆向卡诺循环机，则制冷系数为

$$\varepsilon=\frac{T_2}{T_1-T_2} \tag{3.3.4}$$

由此可见，T_1、T_2 越接近，即冷冻室的温度与室温越接近，ε 越大，这样消耗同样的功率，就可以获得较好的制冷效果。所以，电冰箱里没有需要深度冷冻的物品时，不必将冷冻室的温度调得很低，一般保持在 −5 ℃左右即可，这样可以省电。

四、实验步骤

(1) 对照实物，认清实验仪器的各个部分，并搞清楚它们的作用。

(2) 将仪器置于稳固的桌面或台面上，调整四个底脚螺钉，使之平稳。仪器背面与其他物体或墙壁留有 20 cm 以上的散热间隙。

(3) 插好电源接线（220 V，50 Hz）。

(4) 配制浓度为 50%～75% 的酒精溶液，从仪器下部箱体内取出保温瓶，向保温瓶中注入 2/3 容量（约 1000 ml）的酒精溶液，将保温瓶放回原位。

(5) 连接功率因数表。功率因数表后面有 6 个接线插孔，分别标为左边上、中、下和右边上、中、下。旋下主机中部下方的 6 个功率测量接线柱旋钮，去掉连接上、中接线柱的导线，按上、中、下的顺序分别与功率因数表的对应孔相接，如图 3.3.6 所示。功率因数的物理意义参见交流电路方面的文献，计算公式为：有功功率＝功率因数×视在功率。

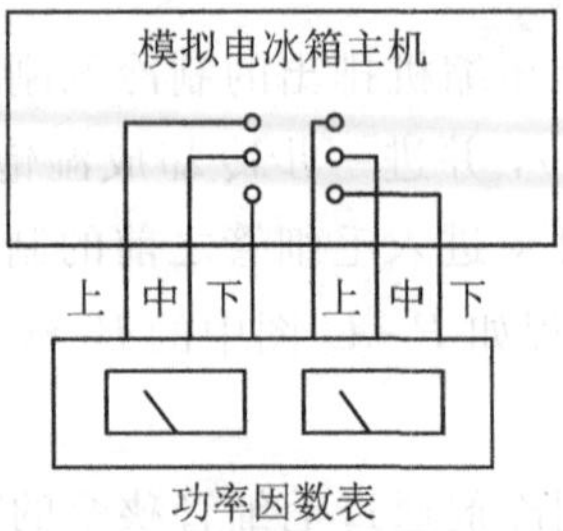

图 3.3.6　功率因数表连接图

(6) 合上右侧制冷开关，电冰箱压缩机组开始工作。观察压缩机的电压、电流是否正常(正常电压约为 220 V，正常电流约为 1 A)，工作正常后高压压力表读数应逐渐上升至 0.9 MPa左右，低压压力表读数一般小于 0.1 MPa。

先将加热器的调压变压器手柄逆时针旋到底，即输出电压为 0.0 V，再合上左侧电源开关。这时能听到电动搅拌器开始工作，冷冻室伴有轻微振动，同时，数显温控仪也开始工作，连续测量显示的冷冻室温度(见表 3.3.1)，精度为 0.1℃。(可设定温控上限，加热时一旦超限则自动断开加热器电源，以确保安全。设定方法为：按下 set 键进入设置状态，下方显示设定温度的数码管某一位闪烁，用上下键调整该位数值，用左向键转到下一位，调好后再按下 set 键退出设置状态。温度一般可设定为 50.0℃。)

表 3.3.1　室温 28℃时制冷时间与冷冻室温度实测数据

时间/min	0	10	20	30	40	50	60	70	80	90	100
温度/℃	28.0	18.0	7.5	−1.7	−10.3	−17.0	−22.0	−25.5	−27.3	−28.5	−29.1

(7) 制冷数分钟后，可观察到冷冻室温度逐渐下降，降温速度与室温高低、冷冻室密封性、酒精溶液量、制冷剂种类及充装量等因素有关。

(8) 测量制冷系数。在达到一定温度(如 0.0℃以下)后，顺时针旋转调压变压器的手柄，开始加热。调节时注意观察电压表、电流表的指示。加热后，冷冻室温度的下降速度开始变慢，改变加热功率，可使冷冻室温度在某一个温度时保持稳定不变，此时，加热器的放热量与蒸发器的吸热量达到平衡(忽略次要因素)。记下此时的冷冻室温度 t、压缩机电压 $U_{电}$、电流 $I_{电}$、功率因数 $\cos Q_{电}$，加热器电压 $U_{加}$、电流 $I_{加}$、功率因数 $\cos Q_{加}$，按下式计算：

压缩机的输入功率：

$$P_{电} = \cos Q_{电} \cdot U_{电}\ I_{电} \tag{3.3.5}$$

压缩机的制冷功率：

$$P = 0.52P_{电} \tag{3.3.6}$$

温度达到平衡，说明蒸发器的吸热功率等于加热器的发热功率，即

$$Q = P_{加} = \cos Q_{加} \cdot U_{加}\ I_{加} \tag{3.3.7}$$

此温度下的制冷系数为

$$\varepsilon = \frac{Q}{P} \tag{3.3.8}$$

改变加热功率，平衡温度将发生变化，可测出下一个温度下的制冷系数。一般可间隔 4℃、5℃测一个点，共测 4～5 个点，作出 $\varepsilon - t$ 曲线。

取数据点的方法有以下两种：

① 取等间隔的整数温度值，如 0.0℃、−5.0℃、−10.0℃……此法得到的温度值整齐美观，做图时容易取点。但实际操作时，要调整加热功率恰好使温度稳定在某一个整数比较困难，需反复调整，因此比较耗时。

② 调整加热功率，使温度稳定在适当的值即可，不一定取整数和严格地等间隔。此法测量速度较快，效果与取等间隔的整数温度值相同，建议采用。

(9) 为一步简化测量步骤，可将功率计(另配)接到功率测量接线柱上直接进行加热器和压缩机的电功率测量。

(10) 在室温较高时，为缩短实验时间，提高效率，可将预先配制好的酒精溶液放置在冰箱中，实验时再将其注入冷冻室。

五、测量记录和数据处理

将所测各数据记入表 3.3.2 中。

表 3.3.2　模拟制冷系数的测定

日期：　　　　　　　　　室温：　　　　　　　　高压：　　　　　　　　低压：

冷冻室温度 t_0 / ℃		−5.0	−10.0	−15.0	−20.0	−25.0
压缩机	$I_{电}$ / A					
	$U_{电}$ / V					
	$\cos Q_{电}$					
	$P_{电}$ / W					
	P / W					
加热器	$I_{加}$ / A					
	$U_{加}$ / V					
	$\cos Q_{加}$					
	$P_{加}$ / W					
	Q / W					
制冷系数 ε						

六、注意事项

(1) 使用接地良好的三芯电源插座，或将仪器外壳接地。

(2) 加热器绝对不能干烧。

(3) 压缩机工作时注意经常观察工作电流，电流的正常值为 1.0 A 左右。电流过大，说明管道堵塞或超负荷，应立即停机。

(4) 压缩机连续两次启动的间隔应在 5 min 以上，或观察高压压力表与低压压力表读数相差小于 0.2 MPa 时，才能再次启动压缩机。

(5) 测量时，要等温度充分稳定后(比如 2 min 之内冷冻室温度变化小于 0.1℃)再记录数据。

(6) 冷冻室必须注入一定浓度的酒精溶液，不能用纯水代替。

(7) 严禁触摸低温状态下的蒸发器等部件和冷冻溶液。

七、思考题

(1) 如何测量压缩机对制冷剂所做功的功率？如何测量制冷量 Q？

(2) 电冰箱制冷循环有哪几个过程？

(3) 比较逆卡诺循环和本实验的制冷系数的大小(取同样的冷热源)。

(4) 电冰箱利用什么方式制冷？

3.4　示波器的调整与应用

3.4.1　用示波器显示正弦波形

示波器是一种用途十分广泛的电子学测量仪器。它能把肉眼看不见的电信号变成看得见的电子学图像，便于人们研究各种电现象的变化过程。示波器利用的是狭窄的、由高速电子流组成的电子束打在涂有荧光物质的显示屏上可产生细小的光点。在被测信号的作用下，电子束就好像一支笔的笔尖，可以在屏幕上描绘出被测信号的瞬时值的变化曲线。利用示波器能观察各种不同信号幅度随时间变化的波形曲线，还可以测试各种不同的电量，如电压、电流、频率、相位差、调幅度等。本实验用示波器观察正弦波形。

一、实验目的

(1) 了解示波器的结构及工作原理。
(2) 掌握示波器的使用方法。
(3) 会用示波器显示正弦波形。

二、实验仪器

本实验所用实验仪器包括 cos5020B 型通用示波器、SY5 型声速测量专用信号源。

1. cos5020B 型通用示波器

cos5020B 型通用示波器的前面板如图 3.4.1 所示，后面板如图 3.4.2 所示。

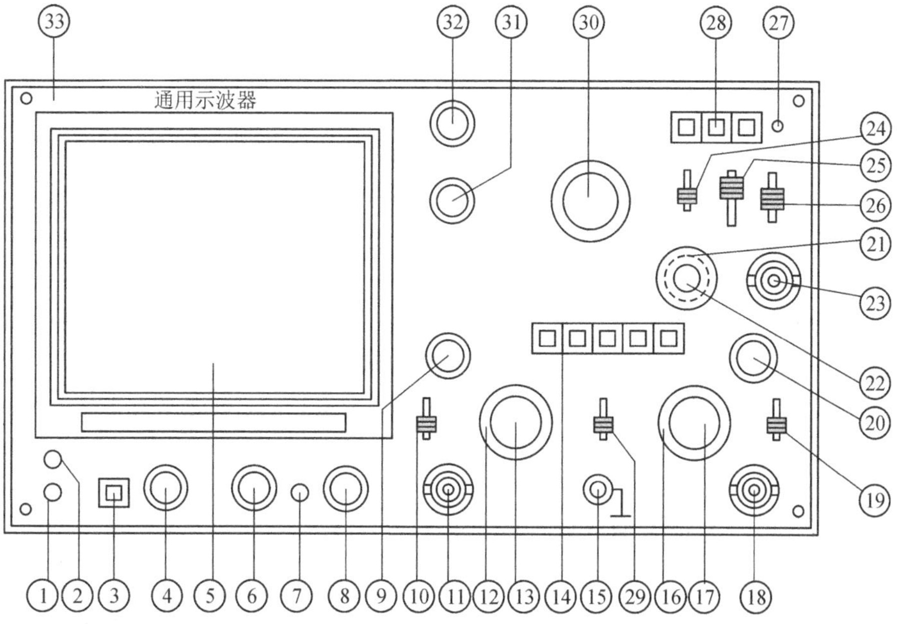

图 3.4.1　cos5020B 型通用示波器的前面板

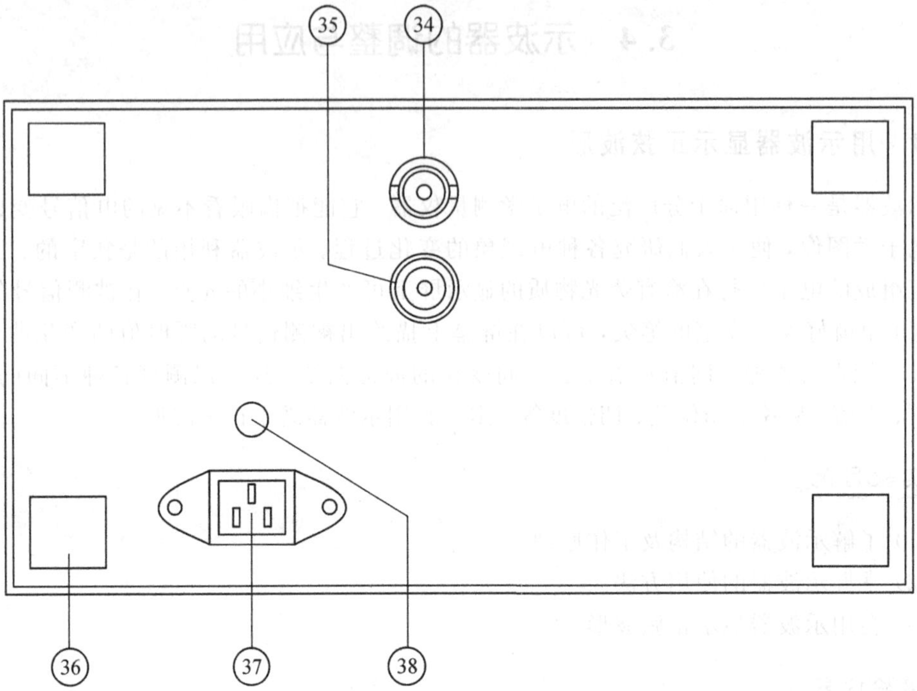

图 3.4.2　cos5020B 型通用示波器的后面板

1）面板上各部件的名称和作用

① 校准信号[CAL(V_{p-p})]：输出频率为 1 kHz、校准电压为 0.5 V 的正方波，输出阻抗约为 500 Ω。

② 指示灯。

③ 电源(POWER)：示波器的主电源开关，当按下开关时，指示灯②亮，预热 15 min 后即可使用。

④ 辉度(INTEN)：辉度调节器，用于控制光点和扫线的亮度。顺时针旋转辉度调节器，光点和扫线亮度增加，反之减弱。使用时光点和扫线亮度须适中，不能太亮，否则会影响仪器寿命。

⑤ 滤色片：便于观察波形的灰色滤色片。

⑥ 聚焦(FOCUS)：聚焦调节器，调节示波管中的电子束的焦距，使电子束在屏幕上成为一个清晰的小圆点，或者使扫线聚焦成最清晰的状态。

⑦ 光迹旋转(TRACE ROTATION)：用来调节水平扫线，使之平行于刻度线。当仪器摆放位置变化时，水平扫线会发生略微偏转，这时必须用起子调节此处。此工作由实验老师完成。

⑧ 标尺亮度(ILLUM)：调节刻度照明的亮度，一般用于野外测量时的刻度照明，本实验不用。

⑨和⑳垂直位移(POSITON)：调节光点或扫线在屏幕上垂直方向上的位移。

⑩和⑲AC－GND－DC：输入信号与垂直放大器连接方式的选择开关。仪器设置了不同的耦合方式：AC 交流耦合，一般交流信号应置于“AC”位置；DC 直流耦合，如果输入信

号的频率很低，则应置于“DC”位置；当置于“GND”时，输入信号与放大器断开，同时放大器输入端接地，为水平自激扫描，屏上显示一条水平线。

⑪ 通道 1(CH_1)：Y_1 的输入端插孔，在 $X-Y$ 工作方式时作为 X 轴输入端。

⑫和⑯V/cm 衰减开关：从 5 mV/cm 到 5 V/cm 共分为 10 挡，用来选择垂直偏转因数，可调节示波器的 Y 轴输入信号的“衰减”和“增幅”，逆时针旋转时衰减作用增大，图像在垂直方向变小。

⑬和⑰偏转因数微调(VARIABLE)：逆时针旋转时衰减作用增大，可调节到面板指示值的 2.5 倍以上；当置于标准位置时，偏转因数标准为面板指示值。若该旋钮被拉出则偏转因数为面板指示值的 1/5。

⑭ Y 方式(VERT MODE)：选择垂直系统的工作方式。“CH_1”：Y_1 单独工作。“ALT”：Y_1 和 Y_2 交替工作，适用于较高扫速。“CHOP”：以 250 kHz 的频率轮流显示 Y_1 和 Y_2，适用于低扫速。“ADD”：测量两通道之和 Y_1+Y_2，若 Y_2 旋钮被拉出，则测量两通道之差 Y_1-Y_2。“CH_2”：Y_2 单独工作。

⑮ 示波器外壳接地端。

⑱ 通道 2(CH_2)：Y_2 的输入端插口。在 $X-Y$ 工作方式时该通道作为 Y 轴输入端。

㉑ 释抑(HOLDOFF)：释抑时间调节旋钮。

㉒ 电平(LEVEL)：触发电平调节旋钮。

㉑和㉒为双连控制旋钮。当信号波形复杂，用电平调节旋钮㉒不能稳定触发时，可用“释抑”旋钮使波形稳定，“电平”旋钮用于调节触发点在被测信号上的位置，当旋钮转向“＋”时，显示波形的触发电平上升；当旋钮转向“－”时，触发电平下降；当旋钮置于“LOCK”位置时，不论信号幅度大小，触发电平自动保持在最佳状态。本实验中，该旋钮始终放在“LOCK”位置，不需要调节触发电平。

㉓ 外触发(EXT TRIT)：作为外触发信号和外水平信号的公用输入端，用此输入端时，触发源㉖应置于“EXT”位置。

㉔ 极性(SLOPE)：选择触发极性。“＋”表示信号正斜率上触发，“—”表示信号负斜率上触发。

㉕ 耦合(COUPLING)：用于选择触发信号和触发电路之间的耦合方式，也用于选择 TV 同步触发电路的连接方式。“AC”：通过交流耦合施加触发信号。“HFR”：AC 耦合，可抑制高于 50 kHz 的信号。“TV”：触发信号通过电视同步分离电路连接到触发电路，由“t/cm”开关㉚选择。“DC”：通过直流耦合施加触发信号。

㉖ 触发源(SOURCE)：选择触发信号。“INT”：内触发开关㉙选择的内部信号作为触发信号。“LINE”：在“$X-Y$”工作方式下起连通信号的作用。“VERT MODE”：交流电源信号作为触发信号。“EXT”：外触发输入端㉓的输入信号作为触发信号。

㉗ 单次扫描准备灯。

㉘ 扫描方式(SWEEP MODE)：选择需要的输入方式。“自动”(AUTO)：无触发信号加入或触发信号频率低于 50 Hz 时，采用自激方式扫描。“常态”(NORM)：当无触发信号加入时，扫描处于准备状态，没有扫线，主要用于观察低于 50 Hz 的信号。“单次”(SINGLE)：用于启动单次扫描，类似于复位开关。当扫描方式的三个键均未按下时，电路处于单次扫描工作方式。当按下“单次”(SINGLE)键时扫描电路复位，此时准备灯㉗亮，单

次扫描结束后灯熄灭。

㉙ 内触发(INT TRIG)：选择内部的触发信号源，当触发源开关㉖设置在“内”时，由此开关选择馈送到A触发电路的信号。“$Y_1(X-Y)$”：Y_1 输入信号作为触发源信号，在 $X-Y$ 工作方式时，该信号输入到 X 轴上。“Y_2”：Y_2 输入信号作为触发源信号。“VERT MODE”：把显示在荧光屏上的输入信号作为触发源信号，当“Y 方式”开关⑭置于交替时，触发也处于交替方式，Y_1 和 Y_2 的信号交替地作为触发信号。

㉚ t/cm 扫描速度选择开关(TIME/DIV)：选择扫描时间因数，可调节完整波的个数。

㉛ 微调(VARLABLE)：微调扫描时间因数。

㉜ 水平位移(POSITION)：调节光点和扫线在水平方向的位移。

㉝ 聚光圈：在单次操作时安装照相机。

㉞ Z 轴输入(Z AXIS INPUT)：后面板上调辉信号的输入端。

㉟ Y_1 信号输出(CH_1 SIGNAL OUTPUT)：输出 Y_1 信号，以刻度算，提供 100 mV/cm 的 Y_1 信号输出。当接 500 Ω 终端负载时，该信号衰减约 1/2，可用作频率计数等。

㊱ 支脚：支脚放在示波器的后面，可使示波器以竖起的方式工作，也可用来固定电源线。

㊲ 示波器交流电源的输入插座。

㊳ 保险丝：电源变压器初级电路的保险丝，其额定值为 0.5 A。

2) 示波器的基本结构

示波器由示波管(又称阴极射线管)、放大系统、衰减系统、扫描和同步系统及电源等部分组成。

(1) 示波管的构造。

示波器的核心部件是示波管。示波管是一个被抽成高度真空的长颈形玻璃管，其内部构造如图 3.4.3 所示。示波管由管脚、电子枪、偏转板和荧光屏四部分组成。电子枪是示波管的关键部分，由灯丝 f、阴极 K、栅极 G、第一阳极 A_1、第二阳极 A_2 和第三阳极 A_3 组成。A_1 和 A_2 一般在内部已连接在一起。第一、第三阳极呈圆筒形，栅极和第二阳极呈圆板形，中间有小圆孔。各电极由管脚引出。当灯丝电压加在灯丝 f 上后，灯丝发热，阴极被加

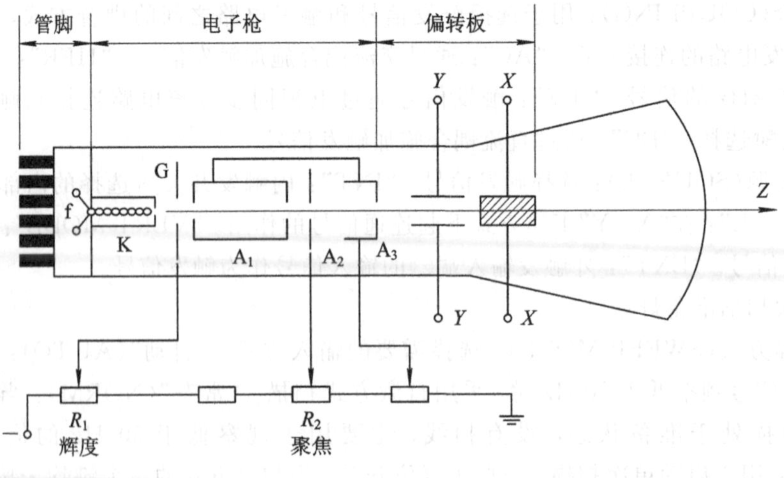

图 3.4.3 示波管的构造

热，发射出热电子(即阴极射线)。三个阳极相对于阴极都有上千伏的高压，电子在三个加速阳极的作用下以高达 10^7 m/s 的速度飞向荧光屏，涂在荧光屏上的荧光粉在高速电子束的轰击下会发出绿色的荧光，于是在荧光屏上就可以看到一个绿色亮点(有的荧光粉发出蓝色荧光，蓝色适宜照相，绿色适宜观察)。栅极 G 的电位相对于阴极为负，调节其电位，可以控制经过小圆孔射向荧光屏的电子数目，从而控制光点亮度。调节栅极电位的电位器就是调节示波器前面板上的"辉度"(INTEN)旋钮。

(2) 电子束的电聚焦。

为了在荧光屏上得到一个又亮又小的光点，必须把阴极发射出的电子沿示波管的轴线汇聚起来，形成一束很细的电子束。第二阳极 A_2 和第三阳极 A_3 除了对电子有加速作用外，还有聚焦作用，这种聚焦作用是靠 A_2 和 A_3 之间的电场对电子作用的电场力实现的，所以这种聚焦方法称为电场聚焦(或电聚焦)。电聚焦的原理如图 3.4.4 所示。A_2 的电位比 A_3 低，当有一偏离轴线的电子沿轨道 S 进入该电场后，在 P 点受到的电场力可分解为 F_y 和 F_z，F_z 使电子沿 Z 轴方向加速，F_y 使电子回到轴线方向上，起聚焦作用。调节 R_2，使 A_2 的电位改变，则电场力 F 的分力 F_y 也随之改变，电子束的聚焦程度亦发生改变。电位器 R_2 是示波器面板上的"聚焦"(FOCUS)旋钮。

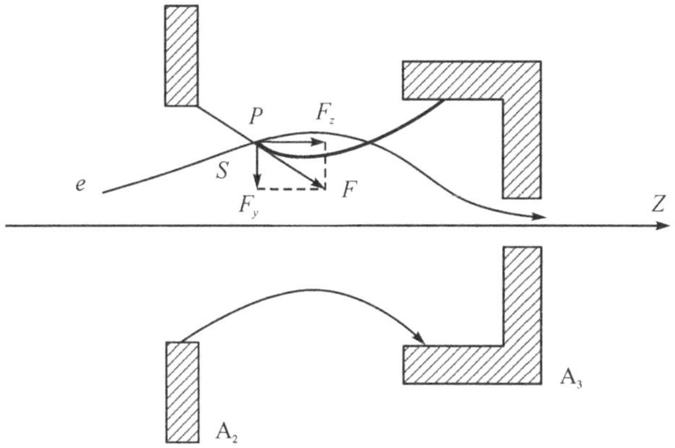

图 3.4.4　电聚焦的原理

(3) 电子束的电偏转。

示波管中的 Y 偏转板和 X 偏转板类似于平行板电容器。当在 Y 偏转板(或 X 偏转板)上加上电压以后，以速度 v 沿 Z 轴飞入两板之间的电子将受到电场力作用而发生偏转，如图 3.4.5 所示。设两板之间的距离为 d，在某一时刻两板之间的电压为 U，则两板之间的电场强度 $E=U/d$，电子受到的电场力为

$$F = eE = \frac{eU}{d}$$

设 a 为电子加速度，结合牛顿第二运动定律 $F=ma$，可得

$$a = \frac{eU}{md}$$

因此，电子在 Y 方向上做匀加速运动，而在 Z 方向上以原来的速度 v 做匀速运动。电子飞越 l 和 L 的时间分别为

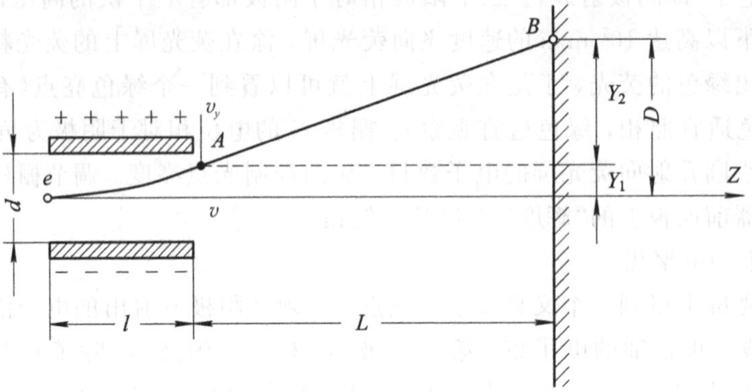

图 3.4.5　电子束的电偏转

$$t_1 = \frac{l}{v}$$

$$t_2 = \frac{L}{v}$$

电子运动到 A 点时 Y 方向的位移 y_1 和速度 v_y 分别为

$$y_1 = \frac{1}{2}at_1^2 = \frac{1}{2}\frac{eU}{md}\frac{l^2}{v^2}$$

$$v_y = at_1 = \frac{eU}{md}\frac{l}{v}$$

当电子离开偏转板后，由于受到的合外力近似为零，因此电子几乎做匀速直线运动，一直打到荧光屏上的 B 点。而

$$y_2 = v_y t_2 = \frac{eU}{md}\frac{lL}{v^2}$$

电子偏离 Z 轴(即荧光屏中心)的距离：

$$D = y_1 + y_2 = \frac{el}{mdv^2}\left(\frac{l}{2} + L\right)U$$

从阴极发射出来的电子的初速度可以认为是零，在阳极 A_1、A_3 的加速电压 U_A 的作用下，电子做加速运动，最后以速度 v 飞入 Y 偏转板之间。根据功能原理，得

$$eU_A = \frac{1}{2}mv^2$$

$$v^2 = \frac{2eU_A}{m}$$

将此式代入偏转距离 D 的表达式，得

$$D = \frac{Ll}{2d}\left(1 + \frac{l}{2L}\right)\frac{U}{U_A}$$

即电子束的偏转距离 D 与偏转板上所加电压 U 成正比，与加速电压 U_A 成反比。因此，光点将随着被观察信号电压的变化而上下移动。X 偏转板上所加的信号电压会使光点左右移动。

为了保证电子束有足够大的偏转距离，对微弱的输入信号，先要由几级电压放大器进

行放大。调节放大器的放大倍数，即可调节偏转电压 U，从而调节偏转距离 D，此即示波器面板上“Y 轴增幅”(或“X 轴增幅”)旋钮的作用。当输入信号很大时，要先对信号进行分压，仅取其一部分输入到放大电路，此即面板上“Y 轴衰减”(或“X 轴衰减”)旋钮的作用。

2. SY5 型声速测量专用信号源

SY5 型声速测量专用信号源面板见图 3.4.6，它是 SV - DH 系列声速测试组合仪的一部分，可输出频率为 20～45 kHz 的正弦波形，频率和发射强度都可调，具有 5 位 LED 数字显示频率(左上角)，最小分辨率为 1 Hz。在接通电源后，信号源自动工作在连续波方式，选择的介质为空气。

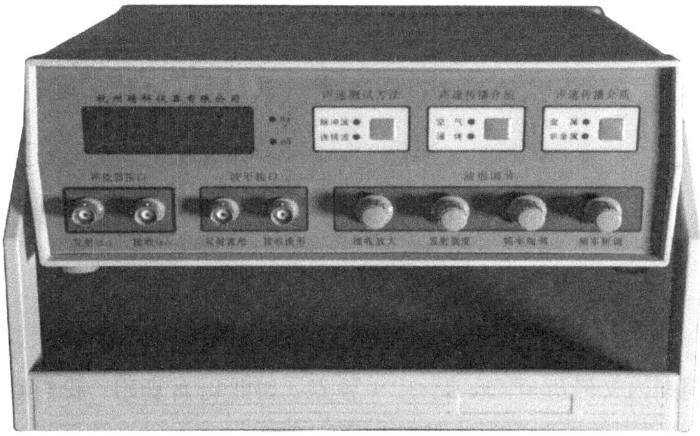

图 3.4.6　SY5 型声速测量专用信号源

三、实验原理

通常把要观察的随时间周期性变化的电压加在 Y 偏转板上，例如加上一个正弦电压 $U_y = U_m \sin\omega t$，此时如果 X 偏转板上不加电压，则荧光屏上的光点将沿 Y 轴做简谐振动。因为人眼对光的视觉停留时间约为 1/16 s，所以荧光屏上的光点在移动时移动前的光点在人眼中仍然存在，因此我们看不见光点的移动，只看到光点描出的一条竖直亮线，如图 3.4.7(a)所示。

为了显示加在 Y 偏转板上随时间周期性变化的电压波形，还应当有时基扫描装置，即必须在 X 偏转板上加一形状如锯齿的扫描电压 U_x(锯齿波电压，如图 3.4.8 所示)。锯齿波电压 U_x 在 $-U_0 \sim +U_0$ 范围内线性变化，它的周期为 T。如果只在偏转板上加锯齿波电压，则光点将由左向右做匀速运动(称为水平扫描)，在荧光屏上将出现一条水平亮线，如图 3.4.7(c)所示。

如果在 Y 偏转板和 X 偏转板上同时加上正弦电压 U_y 和锯齿波电压 U_x，则光点将同时受 U_y 和 U_x 控制。设 U_y 和 U_x 的周期相等，在时间 $t=0$ 时，光点落在图 3.4.7(b)所示曲线上的 0 点；在 $t=T/4$ 时，光点在 1 点；在 $t=T/2$ 时，光点在 2 点；在 $t=3T/4$ 时，光点在 3 点；在 $t=T$ 时，光点在 4 点。与此同时，U_x 迅速变为 $-U_0$，即光点由 4 点迅速回跳到

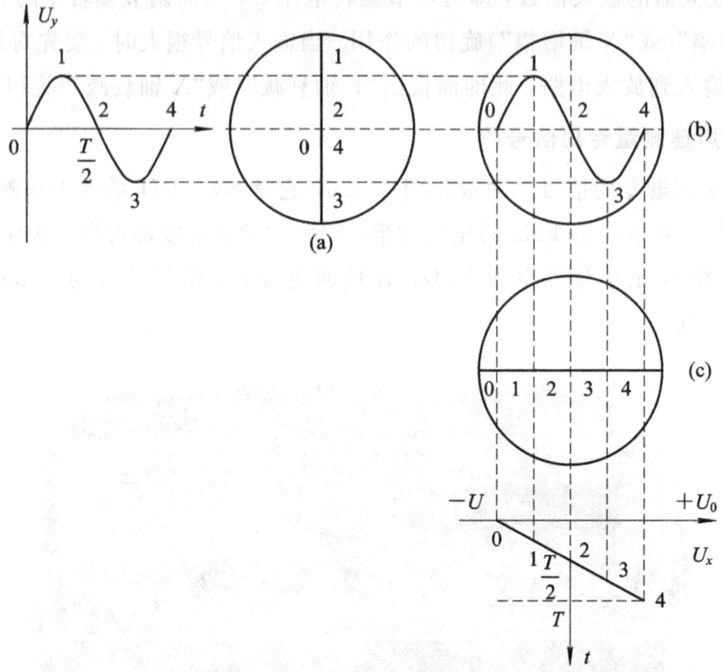

图 3.4.7　正弦波形显示原理

0 点，在第二个周期内又经历 0、1、2、3、4 各点，如此周而复始，我们就在荧光屏上看到了一个完整而稳定的正弦波图形，如图 3.4.7(b)示。

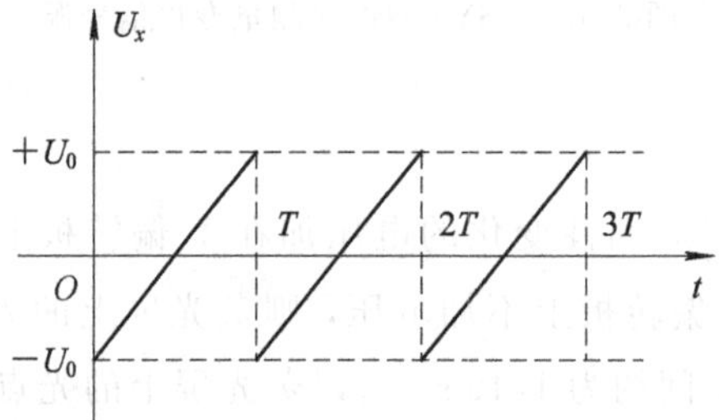

图 3.4.8　锯齿波电压

波形显示所需要的锯齿波电压是由示波器内部的锯齿波发生器产生的。需要观察波形时，只要把面板上的旋钮“TIME/DIV”调整至适当位置，锯齿波发生器就开始工作，并且把所产生的锯齿波电压自动加到 X 偏转板上。

当 $T_x=2T_y$ 时，在锯齿波电压由 $-U_0$ 变到 $+U_0$ 的这段时间内，被观察信号将完成两个周期性变化，故荧光屏上将出现两个完整的波形。由于频率和周期互成倒数，所以荧光屏上出现两个完整波形的条件也可以是 $f_y=2f_x$。同理，当 $f_y=nf_x(n=1, 2, 3, \cdots)$时，荧光屏上将出现一个、两个、三个……完整的波形。一般我们用改变 f_x 的办法来适应不同的 f_y，这就是面板上“TIME/DIV”旋钮的作用。若 f_y 是 f_x 的几十倍、几百倍，则荧光屏上将出现几十个、几百个密密麻麻的波形，我们无法看清楚波形；若 f_y 是 f_x 的千分之一，则在荧光屏上将只出现一个波形的一小部分，我们不能看到波形的全貌。所以，“TIME/DIV”位置要和被观察信号的频率配合恰当。

若 f_y 不是 f_x 的整数倍，则各次扫描图像将不重合，我们将看到互相交错的好几组波形。这时需调节“频率微调”旋钮，精细改变锯齿波电压的频率，使 f_y 是 f_x 的整数倍。

由波形显示原理可知，只有当 U_y 由 0 增大的时刻恰好是 U_x 由 $-U_0$ 增大的时刻时，荧光屏上的图像才稳定。要实现这一点，必须使锯齿波发生器的工作状态受被观察信号电压的控制，即用被观察信号去触发锯齿波发生器的工作，使锯齿波电压与观察信号电压的步调一致(称为同步或整步)。面板上的“触发源”(SOURCE)旋钮提供了四种触发方式，其中“内”(INT)挡最常用，用于把放大后的 Y 轴输入信号的一部分引入锯齿波发生器，触发锯齿波电压的产生。

四、实验步骤

1. 观察 CH_1 输入信号的正弦波形

(1) 正确连接线路。将 SY5 型声速测量专用信号源输出的低频正弦交流电压信号输入到示波器的 CH_1 通道，把示波器、低频信号发生器的电源线插入交流插座，把“输出调节”旋钮逆时针转到最小，然后打开信号源的电源开关，使仪器预热 15 min。

(2) 示波器工作状态的调节如下：

① 打开示波器，先把“辉度”(INTEN)、“聚焦”(FOCUS)、“X 轴位移”(POSITION)、“CH_1”通道的“Y 轴位移”(POSITION)旋钮旋至中间位置，再打开示波器的电源开关。

② “扫描方式”(SWEEP MODE)选择“自动”(AUTO)。

③ “耦合”(COUPLING)选择“AC”。

④ “VERT MODE”选择“CH_1”。

⑤ 输入信号与垂直放大器连接方式的选择开关(AC - GND - DC)选择“AC”。

⑥ “触发源”(INT TRIG)选择“CH_1”。

⑦ 把“选择扫描速度选择开关”(TIME/DIV)旋至 0.5 ms 左右。

(3) 正弦波形显示。示波器自动将图 3.4.8 所示的锯齿波加到 CH_2 通道，与 CH_1 通道所输入的低频正弦电压信号叠加。调节低频信号发生器的频率或示波器的“TIME/DIV”旋钮(非 $X-Y$ 方式)，并配合调节“电平”(LEVEL)及微调“VARLABLE”，可改变显示屏上出现的完整正弦波形数目。调节示波器上 CH_1 的“VOLTS/DIV”和低频信号发生器上信号源的“发射强度”，可改变正弦波的幅度。调节“水平位移”(POSITION)和“CH_2”通道的“垂直位移”(POSITION)旋钮，可使正弦波形沿水平、竖直方向移动。

2. 观察 CH_2 输入信号的正弦波形

(1) 连接线路与调节示波器。将 SY5 型声速测量专用信号源输出的低频正弦交流电压信号输入到示波器的 CH_2 输入端。保持其他旋钮不变，“VERT MODE”选择“CH_2”，“触发源”(INT TRIG)选择“CH_2”，输入信号与垂直放大器连接方式的选择开关“AC - GND - DC”选择“AC”。

(2) 显示正弦波形。示波器自动将图 3.4.8 所示的锯齿波加到 CH_1 通道，与 CH_2 通道所输入的低频正弦电压信号叠加。调节低频信号发生器的频率或示波器“TIME/DIV”旋钮(非 $X-Y$ 方式)，并配合调节“电平”(LEVEL)及微调“VARLABLE”，可改变显示屏上出现的完整的正弦波形的数目。调节示波器上 CH_2 的“VOLTS/DIV”和低频信号发生器上信号源的“发射强度”，可改变正弦波的幅度。调节“水平位移”(POSITION)和“CH_2”通道的“垂直位移”(POSITION)旋钮，可使正弦波形沿水平、竖直方向移动。

五、思考题

用示波器观察电信号正弦波形时，在荧光屏上出现了下列不正常的图形，如图 3.4.9 所示，试分析产生的原因。

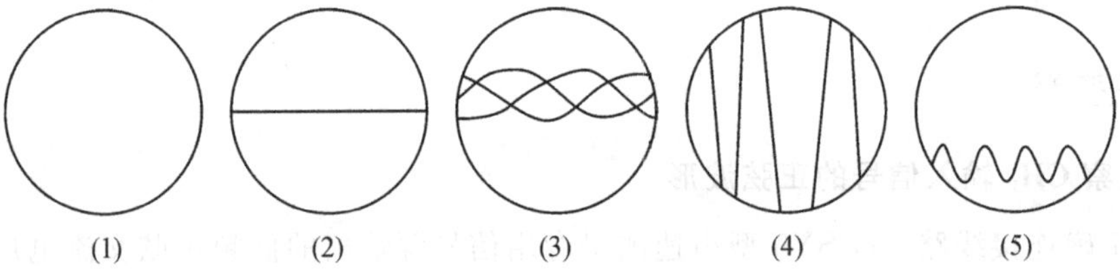

图 3.4.9 不正常图形

3.4.2 用示波器显示李萨如图形

在实际问题中，常会遇到一个质点同时参与两个振动的情况，振动合成的基本知识在声学、光学、电工学及无线电技术等方面都有着广泛的应用。研究两个相互垂直的简谐振动的合成问题，即李萨如图形，在工程技术中常用于测定未知信号的振动频率和相互垂直两简谐振动的相位差。本实验借助示波器和低频信号发生器来模拟显示李萨如图形，并完成测频工作。

一、实验目的

(1) 了解示波器的结构及工作原理。

(2) 掌握示波器的使用方法。

(3) 会用示波器显示李萨如图形，并测量交流电信号的频率。

二、实验仪器

本实验所用实验仪器包括 TFG1005 DDS 函数信号发生器、cos5020B 型通用示波器、SY5 型声速测量专用信号源。

1. TFG1005 DDS 函数信号发生器

TFG1005 DDS 函数信号发生器见图 3.4.10，为 A 路、B 路双通道(右下角)同时输出的低频信号发生器，接通电源(左下角)，液晶显示屏(左上方)背景灯亮，并显示输出信号的状态，它可输出频率在 1 Hz～100 MHz 之间的正弦波、方波、三角波、锯齿波等 16 种波形，默认输出状态为正弦波信号。全部可通过控制键盘区按键操作(下中区域)，再结合调节旋钮(右上角)，连续调节输出信号的频率和振幅，波形良好，失真度小。控制键盘区共有

20 个按键，键体上的字表示该键的基本功能，直接按键执行，而键上方的字表示该键的上挡功能，操作时，先按 Shift 键，显示屏右下方出现“S”，再按某一键可执行该键的上挡功能。选择 A 路或 B 路，选择频率或幅度，再按控制键盘上的“<”和“>”键，移动显示屏上数字上边的三角形光标“▼”指示位，转动右上角的调节旋钮，可连续调节指示位的数字大小，实现对 A 路或 B 路输出频率或电压值的粗调和细调，具体值由液晶显示屏直接读出，非常方便。

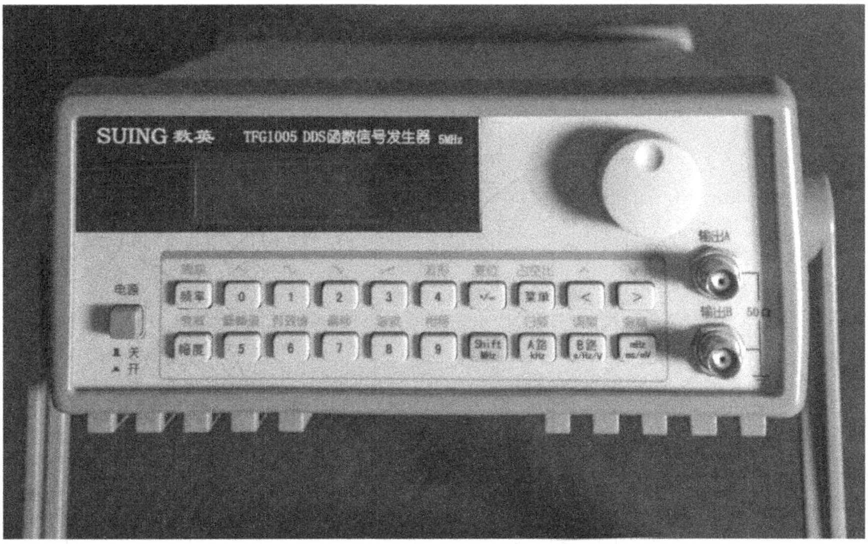

图 3.4.10　TFG1005 DDS 函数信号发生器

2. cos5020B 型通用示波器

cos5020B 型通用示波器的介绍见实验 3.4.1。

3. SY5 型声速测量专用信号源

SY5 型声速测量专用信号源的介绍见实验 3.4.1。

三、实验原理

如果在示波器的 Y 偏转板和 X 偏转板上分别加以正弦电压 U_y 和 U_x，那么荧光屏上的光点就同时参与两个互相垂直的简谐振动。设加在 Y 偏转板上正弦电压 U_y 的频率为 f_y，加在 X 偏转板上的正弦电压 U_x 的频率为 f_x，当 f_y 和 f_x 之比等于简单的整数比时，由振动合成的理论知，光点合振动的轨迹是一些稳定的图形，这些图形称为李萨如图形。例如，当 $f_y : f_x = 2 : 1$ 时，光点的轨迹如图 3.4.11 所示。

图 3.4.12 是 f_y 和 f_x 之比等于简单整数比时形成的几种李萨如图形。通过研究这些图形，我们发现一条规律：当图形由封闭曲线组成时，$f_y : f_x$ 恰好等于图形和水平边的切点个数 m 与图形和竖直边的切点个数 n 之比，即

$$\frac{f_y}{f_x} = \frac{\text{图形与水平边的切点个数}}{\text{图形与竖直边的切点个数}} = \frac{m}{n} \tag{3.4.1}$$

若已知一个输入信号的频率，根据上式就可求出另一个信号的频率。比如已知 f_x，则

$$f_y = \frac{m}{n} f_x \tag{3.4.2}$$

这就是利用李萨如图形测量频率的原理。

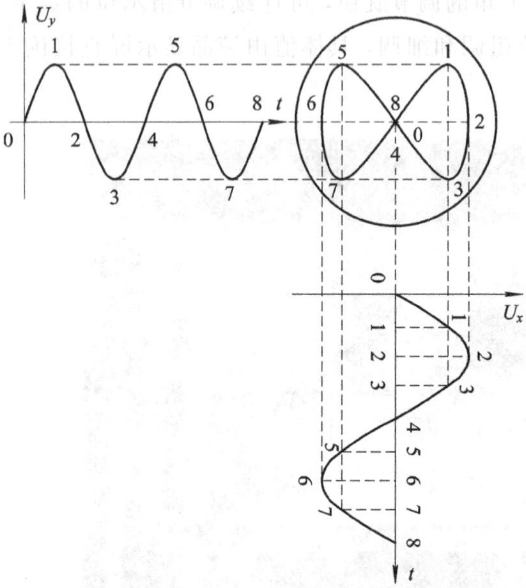

图 3.4.11　$f_y : f_x = 2 : 1$ 时的李萨如图形

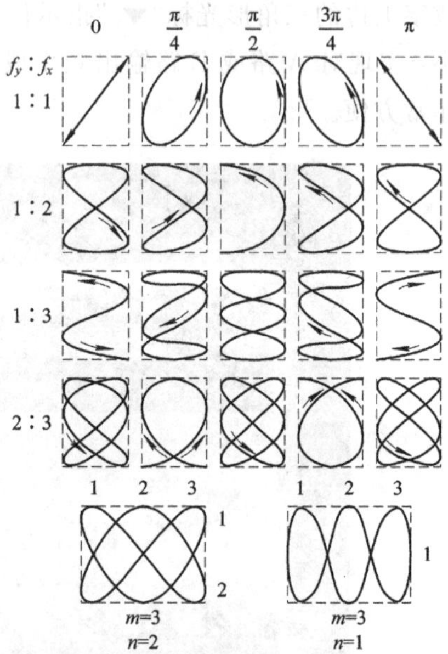

图 3.4.12　不同频率比值的李萨如图形

两个相互垂直的简谐振动的合成运动轨迹形状不仅与原来两个振动的频率比有关，而且与它们的初相和初相差有关。从图 3.4.12 中也可以看出，当 f_y 和 f_x 的比值相同时，两个正弦电压 U_y 和 U_x 的相位差 $\varphi_y - \varphi_x$ 不同而图形形状不同，也可以根据李萨如图形比较两个正弦电压的相位差。

四、实验步骤

1. 正确连接线路

分别将两个信号源发出的低频正弦交流电压信号输入到示波器的 CH_1 通道和 CH_2 通道，把示波器和两个低频信号发生器的电源线插入交流插座，把"输出调节"旋钮逆时针转到最小，然后打开电源开关。

2. 示波器工作状态的调节

(1) 打开示波器，先把"辉度"(INTEN)、"聚焦"(FOCUS)、"水平位移"(POSITION)和"垂直位移"(POSITION)旋钮旋至中间位置。

(2) "扫描方式"(SWEEP MODE)选择"自动"(AUTO)。

(3) "耦合"(COUPLING)选择"AC"。

(4) 模式(MODE)选择"叠加"(ADD)。

(5) 输入信号与水平、垂直放大器连接方式的选择开关(AC - GND - DC)都选择"AC"。

(6) "触发源"(INT TRIG)选择"LINE"。

（7）把“选择扫描时间”（TIME/DIV）旋钮逆时针旋至“$X-Y$”方式。

（8）适当调节示波器上 CH_1、CH_2 的“VOLTS/DIV”和低频信号发生器上信号源的“发射强度”。

3. 显示李萨如图形并测频

（1）各仪器都正常工作以后，先把和 CH_1 相连的低频信号发生器频率调节到自己预先设定的值，并设为已知值 f_x。

（2）结合已知值 f_x，按照公式(3.4.1)或(3.4.2)，估算需要显示的李萨如图形理论上的 f_y。

（3）将和 CH_2 相连的低频信号发生器频率调到估算值 f_y。

（4）仔细转动和 CH_2 相连的低频信号发生器“频率微调”旋钮，直到显示屏上出现图 3.4.12 所需的稳定的李萨如图形。

注意：李萨如图形是由 CH_2 通道输入到 Y 轴的信号电压 U_y 和 CH_1 通道输入到 X 轴电压 U_x 这两个互相垂直的简谐振动合成的。缓慢转动信号发生器的“频率微调”旋钮，改变信号发生器输出电压的频率，当 f_y 和 f_x 之比为简单的整数比时，屏幕上就会出现所需的稳定的李萨如图形（只能作频率调整，相位无法调整，观察到的李萨如图形为某一瞬间频率比的相对稳定图形，而相位仍在变动，图形在缓慢转动）。

（5）适当调节“水平位移”（POSITION）和“垂直位移”（POSITION）旋钮，使李萨如图形居中。

（6）适当调节示波器上 CH_1、CH_2 的“VOLTS/DIV”，使李萨如图形大小适中。

（7）给李萨如图形拍照，多拍几张，选择能清晰数出李萨如图形与水平边的切点个数 m、竖直边的切点个数 n 的照片，在原始数据表中描绘李萨如图形，从两台低频信号发生器分别读出 f_x、f_y 指示值，并填入表 3.4.1 中。

五、测量记录和数据处理

表 3.4.1　原始数据记录表

李萨如图形	m	n	指示值 f_x/Hz	指示值 f_y/Hz	测量值 f_y/Hz

数据处理提示：

设 f_x 已知，待测信号加在 Y 轴上，其频率计算公式为

$$f_y=\frac{m}{n}f_x$$

六、思考题

（1）观察李萨如图形时，如果图形不稳定，而且是一个形状不断变化的椭圆，那么图形

变化的快慢与这两个信号频率之差有什么关系？

(2) 观察李萨如图形时，要使显示屏上的图形居中，且图形的纵向和横向大小均合适，可调节哪些按钮？

3.4.3 声速的测定

声波是一种在弹性介质中传播的机械波，根据频率可分为三类：频率小于 20 Hz 的次声波，频率大于 20 kHz 的超声波，频率介于 20 Hz～20 kHz 之间的可闻声波。声波在介质中传播时，声速、声衰减等诸多参量都和介质的特性与状态有关，通过测量这些声学量可以探知介质的特性及状态变化。频率介于 20 kHz～50 MHz 的超声波具有波长短、易于定向发射、不会造成听觉污染等优点，所以，声速实验常采用的声波频率一般都在 20～60 kHz 之间。在此频率范围内，采用压电陶瓷换能器作为声波的发射器和接收器效果最佳。本实验就是在这样的条件下测定超声波在空气中的传播速度的。

一、实验目的

(1) 了解声速测定仪的结构和超声波的产生、接收原理。

(2) 学会用共振法测量频率。

(3) 学会用共振干涉法、相位比较法测量超声波波长和声速的方法，加深对波相位的理解。

(4) 进一步掌握示波器、低频信号发生器的使用方法。

二、实验仪器

本实验所用实验仪器包括 SV - DH 型声速测定仪、SY5 型声速测量专用信号源、cos5020B 型通用示波器。

1. SV - DH 系列声速测试仪

SV - DH 系列声速测试仪实验装置见图 3.4.13(a)，主要由两个压电陶瓷换能器和读数标尺组成。压电陶瓷换能器由压电陶瓷片和轻重两种金属组成。压电陶瓷片是由一种多晶结构的压电材料(如石英、锆钛酸铅陶瓷等)在一定温度下经极化处理制成的。它具有压电效应，即受到与极化方向一致的应力 F 时，在极化方向会产生一定的电场强度 E，且二者之间具有线性关系：$E=CT$；当与极化方向一致的外加电压 U 加在压电材料上时，材料的伸缩形变 S 与 U 之间有简单的线性关系：$S=KU$。其中，C 为比例系数；K 为压电常数，与材料的性质有关。由于 E 与 F、S 与 U 之间有简单的线性关系，因此可以将正弦交流电信号转变成压电材料纵向的长度伸缩，使压电陶瓷片成为超声波的波源，即压电换能器可以把电能转换为声能作为超声发射器；反过来也可以使声压变化转化为电压变化，即用压电陶瓷片作为声频信号接收器。即压电换能器可以把电能转换为声能作为声波发生器，也可把声能转换为电能作为声波接收器。压电陶瓷换能器的工作方式，可分为纵向(振动)换能器、径向(振动)换能器及弯曲振动换能器。图 3.4.13(b)为纵向换能器的结构图。

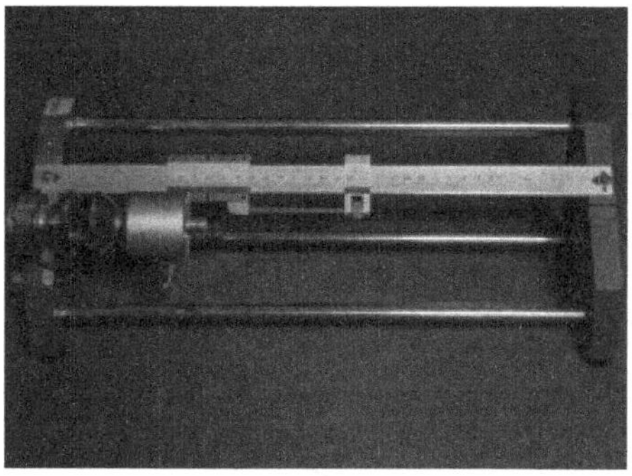

(a) 实验装置图

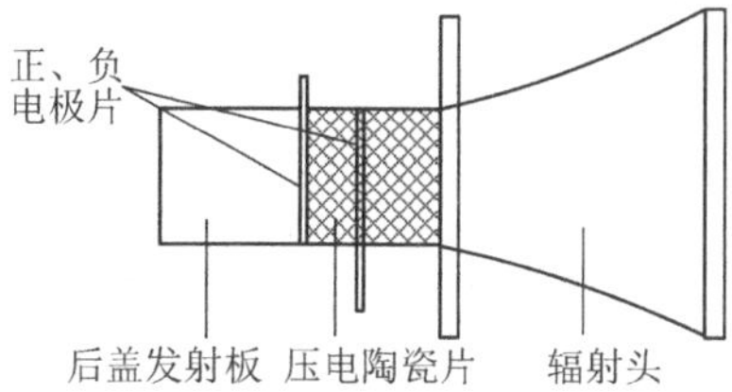

(b) 纵向换能器的结构图

图 3.4.13　SV-DH 系列声速测试仪

2. cos5020B 型通用示波器

cos5020B 型通用示波器的介绍见实验 3.4.1。

3. SY5 型声速测量专用信号源

SY5 型声速测量专用信号源的介绍见实验 3.4.1。

三、实验原理

根据波动理论，声波的传播速度 v、声波频率 f 以及声波在空气中的波长 λ 的关系为

$$v = \lambda f \tag{3.4.3}$$

只要精确测出声波的频率和其在空气中的波长，就可以求出声波在空气中的传播速度，即声速。

实验装置接线示意图见图 3.4.14，S_1 和 S_2 为压电陶瓷超声换能器。低频信号发生器输出的正弦交变电压信号，一边连接到示波器 CH_1 通道，另一边接到声速测试仪超声换能器 S_1 上，使 S_1 发出一列超声波，该超声波在空气中匀速直线传播距离 L 后，被 S_2 接收，再通过声电转换装置转换成电压信号，输入到示波器 CH_2 通道，故 S_1 是超声波的声源(发射换能器)，S_2 是超声波的接收器(接收换能器)。

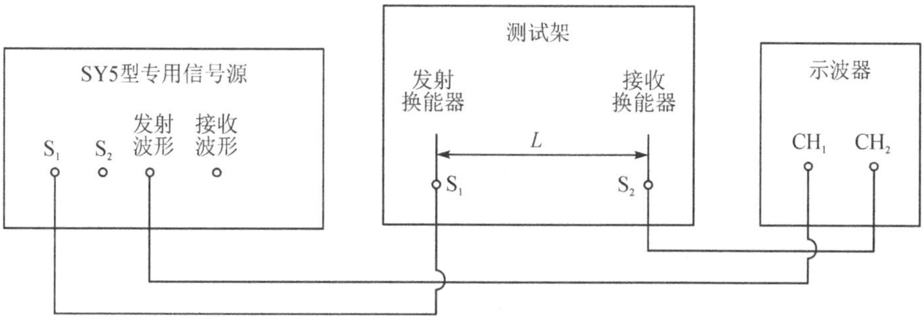

图 3.4.14　实验装置接线示意图

由于本实验使用交流电信号来激励发声换能器 S_1 产生声波，当交流电信号频率等于发声换能器 S_1 固有的振动频率时，发声换能器 S_1 的振动最强(共振)，声波的频率就是电信号与超声换能器 S_1 谐振时的频率。因此，可以用共振法测定超声波的振动频率 f。

声波的波长 λ 可以用相位比较法(行波法)、共振干涉法(驻波法)测量。

1. 相位比较法

当 S_1 发出的超声波通过空气媒质匀速直线传播到接收器 S_2 时，在发射波和接收波之间产生相位差，设 S_1 和 S_2 之间的距离为 L，则有

$$\Delta\varphi = \frac{2\pi}{\lambda}L \tag{3.4.4}$$

因此可以通过测量相位差 $\Delta\varphi$ 来求得波长，而 $\Delta\varphi$ 的值可由图 3.4.15 所示的两个频率相同且相互垂直的简谐振动合成的李萨如图形来测得。

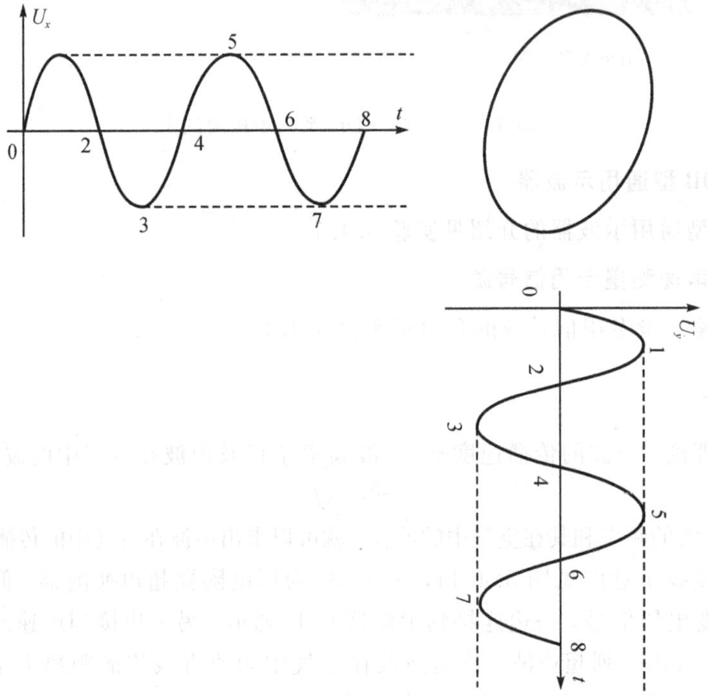

图 3.4.15　$\nu_y : \nu_x = 1:1$ 的李萨如图形的形成

设输入通道 CH_1(X 轴)的来自低频信号发生器的入射波振动方程为

$$x = A_1\cos(\omega t + \varphi_1) \tag{3.4.5}$$

输入通道 CH_2(Y 轴)的超声波是由 S_2 接收到的，其振动方程为

$$y = A_2\cos(\omega t + \varphi_2) \tag{3.4.6}$$

式(3.4.5)和式(3.4.6)中，A_1 和 A_2 分别为 X、Y 方向简谐振动的振幅，ω 为角频率，φ_1 和 φ_2 分别为 X、Y 方向简谐振动的初相位，则合振动方程为

$$\frac{x^2}{A_1^2} + \frac{y^2}{A_2^2} - 2\frac{x}{A_1}\frac{y}{A_2}\cos\Delta\varphi = \sin^2\Delta\varphi \tag{3.4.7}$$

此方程轨迹为椭圆，椭圆的方位由相位差 $\Delta\varphi = \varphi_2 - \varphi_1$ 决定。

当 $\Delta\varphi = \pm\pi/2$ 时，轨迹为图 3.4.16(b)、(d)所示的正椭圆，当 $\Delta\varphi = 0$ 时，由式(3.4.7)得 $y = (A_2/A_1)x$，即轨迹为处于第一和第三象限的一条直线，如图 3.4.16(a)所示；当 $\Delta\varphi = \pi$ 时，由式(3.4.7)得 $y = (-A_2/A_1)x$，即轨迹为处于第二和第四象限的一条直线，如图 3.4.16(c)所示；当 $\Delta\varphi$ 取其他值时，轨迹为斜椭圆。

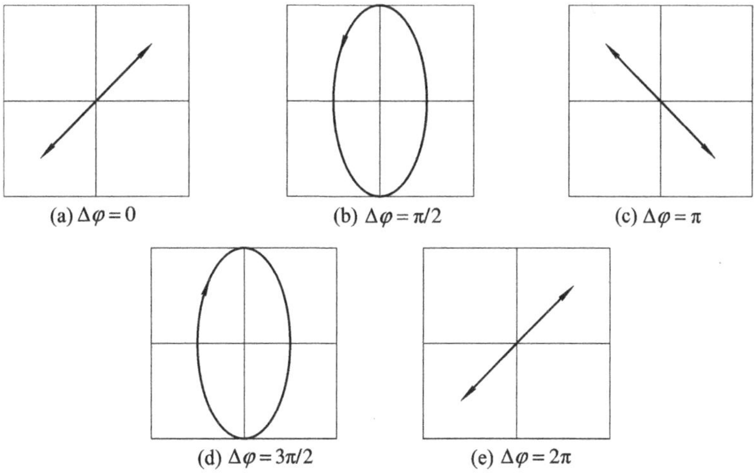

图 3.4.16　Δφ 对椭圆方位影响

移动 S_2，改变 S_1 和 S_2 之间的距离 L，相当于改变了发射波和接收波之间的相位差 $\Delta\varphi$，示波器显示屏上的图形也随 L 改变而不断变化。随着两简谐振动的相位差 $\Delta\varphi$ 从 $0\sim\pi$ 变化，李萨如图形也从斜率为正的直线(见图 3.4.16(a))变为椭圆，再变到斜率为负的直线(见图 3.4.16(c))。此时，两简谐振动的相位差改变了 π，由于 CH_1 通道(X 轴)的入射波振动相位不变，相当于由 S_2 接收并输入到 CH_2 通道(Y 轴)的电压信号的相位改变了 π。由式(3.4.4)可以求出，此时 S_1 和 S_2 之间的距离改变了半个波长。因此，S_2 每移动半个波长，就会重复出现斜率符号相反的直线，由此可测定超声波在空气中的波长 λ。

2. 共振干涉(驻波)法

实验装置连线示意图仍为图 3.4.14，S_1 发出一列超声波，在空气中匀速直线传播到 S_2 处，S_2 在接收超声波的同时还反射一部分超声波。这样，由 S_1 发出的超声波和由 S_2 反射的超声波在 S_1 和 S_2 之间产生共振干涉，从而形成驻波。不同相位差下 S_2 相对 S_1 的波形见图 3.4.17，所形成的驻波方程推导如下。

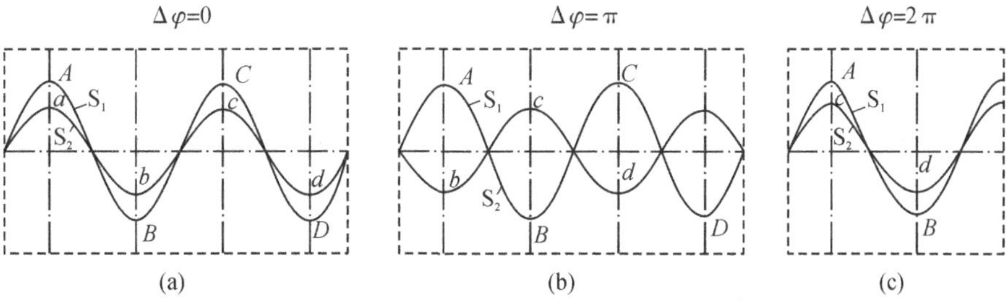

图 3.4.17　不同相位差下 S_2 相对 S_1 的波形

设媒质质点位置坐标为 x，沿 X 轴正向传播的入射波的波动方程为

$$y_1 = A\cos\left(\omega t - \frac{2\pi}{\lambda}x\right) \tag{3.4.8}$$

沿 X 轴负向传播的反射波的波动方程为

$$y_2 = A\cos\left(\omega t + \frac{2\pi}{\lambda}x\right) \tag{3.4.9}$$

二者叠加形成的驻波方程为

$$y = y_1 + y_2 = 2A\cos\frac{2\pi}{\lambda}x\cos\omega t \tag{3.4.10}$$

由驻波方程(3.4.10)可知，入射波和反射波叠加区域，有的介质质点合振动振幅最大，等于 $2A$，称为波腹；有的介质质点合振动振幅最小，始终为零，称为波节。对应的波腹、波节介质质点位置坐标分别为

$$x = 2k\frac{\lambda}{4},\ k = 0,\ 1,\ 2,\ 3,\ \cdots,\ \text{波腹} \tag{3.4.11}$$

$$x = (2k+1)\frac{\lambda}{4},\ k = 0,\ 1,\ 2,\ 3,\ \cdots,\ \text{波节} \tag{3.4.12}$$

可见，相邻波腹(或波节)的介质之间的距离为 $\lambda/2$。

当信号发生器的激励频率等于超声换能器 S_1 的固有振动频率时，S_1 将产生共振，此时，波腹处的振幅达到相对最大值。当激励频率偏离超声换能器 S_1 的固有振动频率时，驻波的形状不稳定，且驻波波腹的振幅比最大值小很多。故用驻波法测量超声波在空气中的波长时，必须使超声换能器 S_1 处于共振状态。

单向移动 S_2，改变 S_1 和 S_2 之间的距离 L，示波器上显示的驻波的信号幅度会从最大变到最小，再从最小变到最大。由式(3.4.11)可知，当 S_1 和 S_2 之间的距离 L 恰好等于半波长的整数倍时，即

$$L = k\frac{\lambda}{2},\ k = 0,\ 1,\ 2\cdots \tag{3.4.13}$$

示波器上可观察到最大幅度的信号，不满足这个条件时，观察到的信号幅度较小。依次记录驻波幅度最大时接收器 S_2 的坐标(波幅坐标)，由式(3.4.13)可知，任意相邻两驻波幅度最大时，对应的 S_2 的坐标差为 $\lambda/2$，由此可测超声波在空气中的波长。

四、实验步骤

1. 声速测定仪系统的连接

SV-DH 系列声速测试仪，与 SY5 型声速测量专用信号源、cos5020B 型通用示波器之间的连接如图 3.4.14 所示。信号源面板上的发射端发射波形 y_1，接至双踪示波器的 CH_1 通道，用于观察发射波形。信号源面板上的 S_1 端口，用于输出相应频率的功率信号，接至声速测试架左边的发射换能器。信号源面板上的接收端接收波形 y_2，接至示波器的 CH_2 通道，用于观察接收波形。在接通电源后，信号源自动工作在连续波方式，选择的介质为空气。打开信号源电源开关，仪器预热时间为 15 min。

2. 示波器的调节

(1) 打开示波器，先把“辉度”(INTEN)、“聚焦”(FOCUS)、“水平位移”(POSITION)和“垂直位移”(POSITION)旋钮旋至中间位置。

(2) “扫描方式”(SWEEP MODE)选择“自动”(AUTO)。

(3) “耦合”(COUPLING)选择“AC”。

(4) “模式”(MODE)选择“CH_2”。

(5) 输入信号与垂直放大器连接方式的选择开关(AC - GND - DC)选择“AC”。

(6) “内触发”(INT TRIG)选择“CH_2”。

(7) 把“选择扫描时间”(TIME/DIV)旋钮旋至“0.2 ms”附近，在“Y 方式”(VERT MODE)内，使 S_2 轻轻靠拢 S_1，然后缓慢移开 S_2，观察示波器的波形，而后 S_2 不动。适当调节示波器上的“VOLTS/DIV”或信号源上的“发射强度”，可以提高灵敏度。

3. 用共振法测压电陶瓷换能器的最佳工作频率

(1) 各仪器都正常工作以后，首先调节声速测试仪信号源“频率调节”旋钮，观察频率调整时接收波的振幅变化，直到某一频率点处的振幅最大。

(2) 转动声速测定仪手轮，移动 S_2，直到示波器上呈现出最大振幅时，再次微调信号频率，直到示波器上呈现的波形振幅真正达到最大，此频率即是与压电换能器 S_1、S_2 相匹配的最佳工作频率，从信号源读出，并记入表 3.4.2 中。

(3) 转动声速测定仪手轮，将声速测定仪接收端 S_2 移动到其他不同位置处。

(4) 重复步骤(2)，再次测定工作频率，如此重复，共测 5 次，计算待测频率的平均值 $\overline{f}$。

4. 用相位比较法测波长

(1) 把声速测试仪信号源调到最佳工作频率 $\overline{f}$。

(2) 将示波器“选择扫描时间”(TIME/DIV)旋钮逆时针旋至“$X-Y$”方式，“模式”(MODE)选择“ADD”，“内触发”(INT TRIG)选择“LINE”。

(3) 用实验 3.4.2 所讲方法，使示波器上出现 $f_y : f_x = 1 : 1$ 李萨如图形，将李萨如图形移到屏幕中心，适当调节其大小。

(4) 缓慢转动手轮，将 S_2 移近 S_1。

(5) 缓慢转动手轮，移开 S_2，观察示波器的波形变化。当示波器所显示的李萨如图形如图 3.4.16(a)所示时，记下接收端 S_2 的位置。

(6) 继续沿同一方向缓慢转动手轮，移动 S_2，当示波器上的波形由图 3.4.16(a)变为图 3.4.16(c)时，再次记录接收端 S_2 的位置。

(7) 重复(5)和(6)，连续记录 12 根直线对应的接收端 S_2 的位置 x_1，x_2，x_3，…，x_{12}，并记入表 3.4.3 中。

(8) 记录室温 t。

5. 用共振干涉法测波长(选做)

(1) 把声速测试仪信号源调到最佳工作频率 $\overline{f}$。

(2) 将示波器的触发源(SOURCE)选择“INT”，“选择扫描时间”(TIME/DIV)旋至 0.2 ms或其他非“$X-Y$”挡位，使图形稳定。

(3) 缓慢转动手轮，将 S_2 移近 S_1 处。

(4) 缓慢转动手轮，移开 S_2，当示波器上出现最大振幅时，记录接收端 S_2 的位置 x_1。

(5) 继续朝同一方向缓慢转动手轮，移开 S_2，依次记录各振幅最大时接收端 S_2 的位置 x_2，x_3，…，x_{12}，共记录 12 个值，并记入表 3.4.4 中。

(6) 记录室温 t。

五、测量记录和数据处理

室温 $t=$ ______ ℃

1. 共振法测陶瓷换能器最佳工作频率

表 3.4.2 陶瓷换能器最佳工作频率的测定

实验次序	1	2	3	4	5	平均值 $\overline{f}$
频率 f/kHz						

2. 相位比较法测波长

表 3.4.3 相位比较法测波长

接收端 S_2 位置坐标/mm		相距 3 个 λ 的距离/mm
$x_1=$	$x_7=$	$\Delta x_1=x_7-x_1=$
$x_2=$	$x_8=$	$\Delta x_2=x_8-x_2=$
$x_3=$	$x_9=$	$\Delta x_3=x_9-x_3=$
$x_4=$	$x_{10}=$	$\Delta x_4=x_{10}-x_4=$
$x_5=$	$x_{11}=$	$\Delta x_5=x_{11}-x_5=$
$x_6=$	$x_{12}=$	$\Delta x_6=x_{12}-x_6=$

3. 共振干涉法测波长

表 3.4.4 共振干涉法测波长

接收端 S_2 位置坐标/mm		相距 3 个 λ 的距离/mm
$x_1=$	$x_7=$	$\Delta x_1=x_7-x_1=$
$x_2=$	$x_8=$	$\Delta x_2=x_8-x_2=$
$x_3=$	$x_9=$	$\Delta x_3=x_9-x_3=$
$x_4=$	$x_{10}=$	$\Delta x_4=x_{10}-x_4=$
$x_5=$	$x_{11}=$	$\Delta x_5=x_{11}-x_5=$
$x_6=$	$x_{12}=$	$\Delta x_6=x_{12}-x_6=$

4 数据处理提示

已知声速在标准大气压下与传播介质空气的温度关系为

$$v_s = 331.45 + 0.59t = \underline{\qquad\qquad} \text{ m/s}$$

$$\Delta\bar{x} = \frac{1}{6}\sum_{i=1}^{6}\Delta x_i = \underline{\qquad\qquad} \text{ mm}$$

$$\bar{\lambda} = \frac{1}{3}\Delta\bar{x} = \underline{\qquad\qquad} \text{ mm}$$

$$v_{测量值} = \bar{\lambda}\bar{f} = \underline{\qquad\qquad} \text{ m/s}$$

$$\Delta v = | v_{测量值} - v_s | = \underline{\qquad\qquad} \text{ m/s}$$

$$E = \frac{\Delta v}{v_s} \times 100\% = \underline{\qquad\qquad} \%$$

$$v = v_{测量值} \pm \Delta v = (\underline{\qquad\qquad} \pm \underline{\qquad\qquad}) \text{ m/s}$$

六、注意事项

（1）测量数据时换能器的发射端与接收端之间的距离一般要在 5 cm 以上，同时保证 S_2 向一个方向移动，避免回程误差。距离近时可把信号源面板上的发射强度减小。

（2）测试最佳工作频率时，应把接收端放在不同的位置测量 5 次，取平均值。

（3）只有当换能器 S_1 和 S_2 发射面与接收面保持平行时才有较好的接收效果。

（4）为了得到较清晰的接收波形，应将外加的驱动信号频率调节到发射换能器 S_1 谐振频率点处，才能较好地进行声能与电能的相互转换，提高测量精度，以得到较好的实验效果。

（5）当使用液体作为介质测定声速时，先在测试槽中注入液体，直至把换能器完全浸没，但不能超过液面线。适当减小脉冲强度，即可进行测定，步骤相同。

七、思考题

（1）测量声速可以采用哪几种方法？

（2）如何判断测量系统是否处于共振状态？

（3）如何确定最佳工作频率？

（4）驻波中各质点振动时振幅与坐标有何关系？

3.5　液体表面张力系数的测定

液体跟气体接触的界面存在一个薄层，叫作表面层。表面层里的分子比液体内部稀疏，分子间的距离比液体内部分子间距大，分子间的相互作用表现为引力，这种引力使液体表面自然收缩，犹如张紧的弹性薄膜，由液体表面收缩而产生的沿着切线方向的力称为表面张力。设想在液面上有一条直线，表面张力就表现为直线两旁的液面以一定的拉力相互作用，该拉力存在于表面层，方向恒与直线垂直，大小与直线的长度成正比，比例系数叫作表面张力系数。因而，表面张力的大小可以用表面张力系数来描述，它表示单位长度线段两旁液面间的相互拉力，其值与液体的成分、温度以及纯度有关。测定液体表面张力的方法很多，常用的有拉脱法、毛细管升高法、液滴高度法、最大气泡压力法、U 形管法等。通过测量一个已知长度的金属片从待测液体表面脱离时需要的力，从而求得表面张力系数的实验方法称为拉脱法。本实验采用拉脱法测量液体的表面张力系数，它属于一种直接测定方法。

一、实验目的

(1) 学习用焦利秤测量微小力的原理和方法。

(2) 学会用拉脱法测定液体的表面张力系数。

(3) 进一步熟悉用逐差法处理实验数据。

二、实验仪器

本实验所用仪器包括焦利秤、一组小砝码、冂型金属丝框、烧杯、镊子。

焦利秤的结构如图 3.5.1 所示。在竖直的可以上下移动的金属杆 1 的横梁 2 上挂一个塔形弹簧 3，且弹簧的下端固定不动，所以，用焦利秤测力时，弹簧秤的伸长量是由弹簧上端的上升距离来确定的。

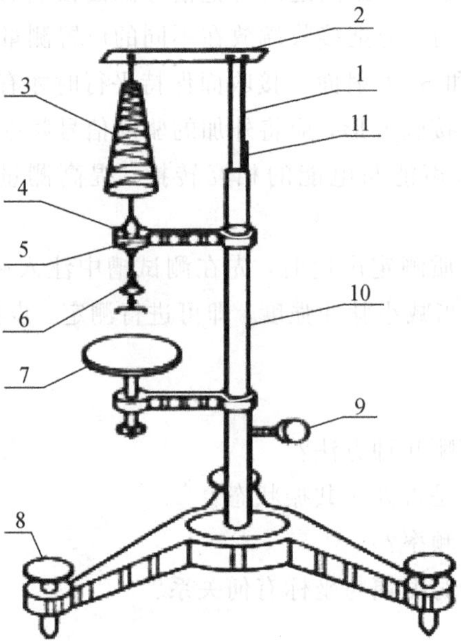

图 3.5.1 焦利秤结构图

弹簧的下端挂一面刻有水平线的小镜 4，小镜下端有一只挂钩，可以用来悬挂砝码盘 6，砝码盘的下端有一小钩，可以悬挂冂型金属丝框。小镜 4 悬于刻有水平线的玻璃管 5 的中间，带有毫米刻度尺的金属杆 1 被套在金属管 10 中，管 10 上边开口处附有“10 分度”的游标 11，管 10 上还装有可以上下调节的平台 7。转动旋钮 9 可使金属杆 1 上下移动，从而调节弹簧的升降。弹簧升降的距离，由主尺刻度(在金属杆 1 上)及游标刻度读出。

为了用弹簧上端的移动距离反映弹簧的伸长量，在使用焦利秤时，每一次读数都应在弹簧下端相对固定，即“三线重合”(小镜 4 上的水平刻线、玻璃管 5 上的水平刻线、玻璃管 5 上水平刻线在小镜 4 中的虚像线，互相重合)的情况下进行，弹簧的伸长可通过支架上端的主尺 1 和游标尺 11 读出。操作时，一方面用平台 7 使水杯下降(或上升)，让冂型金属丝框升出水面，产生表面张力，但这个力的方向是向下拉伸弹簧，为了保证“三线重合”；另一方面必须用旋钮 9 将弹簧向上提升(下降)，用以平衡向下的拉力。这一点在使用焦利秤时应特别注意。

三、实验原理

把金属丝弯成如图 3.5.2(a)所示的形状，即得实验所需的⊓型金属丝框，设其水平边长度为 l，直径为 d。将⊓型金属丝框悬挂在灵敏的测力计上，静置于空气中，此时，测力计的读数即为金属丝框重量 Mg。然后将其完全浸入于液体中，再缓慢提起测力计，金属丝框就会拉出一层与液体相连的液膜，由于表面张力的作用，测力计的读数将大于⊓型金属丝框本身重量。随着金属丝框缓慢上升，湿润角(在固液两相接触处，作液相的切线，其与固体壁面的夹角)逐渐趋于零，附着在金属丝框上的液膜逐渐趋于垂直，表面张力在垂直方向也趋向最大值，直到在液膜被拉断前一瞬间，表面张力达到最大值。此时，如果忽略附着在⊓型金属丝框上的液膜质量，对金属丝框作图 3.5.2(b)所示的受力分析，可知，测力计的读数 F 应当是金属丝框重力 Mg 与下部液膜对金属丝框上部液膜的拉脱力(表面张力 f)之和，故有

$$F = Mg + f \tag{3.5.1}$$

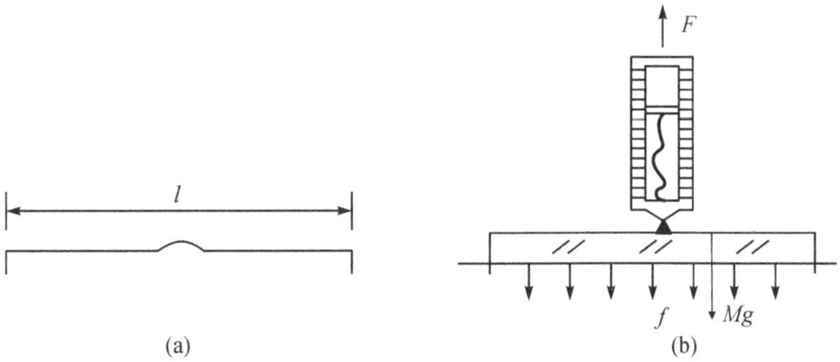

图 3.5.2　⊓型金属丝框受力分析

因液膜有两个表面，根据表面张力系数 α 的定义，作用在金属丝框的表面张力最大值为

$$f = 2(l + d)\alpha \tag{3.5.2}$$

本实验中所使用的金属丝框很细，$d \ll l$，略去 d，有

$$\alpha = \frac{f}{2l} \tag{3.5.3}$$

本实验采用焦利秤(一种倔强系数很小的弹簧秤)来测量表面张力 f。设焦利秤的倔强系数为 K，只在表面张力 f 作用下弹簧的伸长量为 Δn，则有

$$f = K\Delta n \tag{3.5.4}$$

由式(3.5.3)和式(3.5.4)可得

$$\alpha = \frac{K\Delta n}{2l} \tag{3.5.5}$$

只要测出了 l、K、Δn，就可求得液体表面张力系数 α。

空气与水的交界面的表面张力系数和温度的关系，见表 3.5.1。

表 3.5.1 空气与水的交界面表面张力系数

液体种类	t/℃	α/N·m^{-1}
水(与空气)	0	0.075 60
	10	0.074 22
	15	0.073 22
	18	0.073 00
	20	0.072 75
	25	0.071 97
	30	0.071 18
	50	0.067 90
	100	0.058 80

四、实验步骤

1. 焦利秤的调整

调支架垂直。调节图 3.5.1 中支架的三只底角螺钉 8，使金属杆 1 和 10 垂直，并确保小镜 4 不与玻璃管 5 在升降过程中相接触，以免产生摩擦而影响微小力的测量。

2. 校准焦利秤及测定焦利秤上塔形弹簧的倔强系数 K

(1) 将⌐型金属丝框悬挂于塔形弹簧下端，用旋钮 9 使金属杆向上移动，直到“三线重合”时，从支架上端的主尺 1 和游标尺 11 读取弹簧上端的位置坐标 h_1，记入表 3.5.2中。

(2) 在砝码盘 6 上，每次增加 0.5 g 的砝码，用旋钮 9 使金属杆向上移动，在“三线重合”的条件下，从游标卡尺读取弹簧上端位置坐标 h_2，h_3，h_4，…，h_{10}，记入表 3.5.2 中。

(3) 用逐差法处理数据，求出塔形弹簧的倔强系数 K。

3. 测定液体的表面张力系数 α

(1) 将⌐型金属丝框悬挂于焦利秤的塔形弹簧挂钩上，静置于空气中，此时，弹簧仅受⌐型金属丝框重力 Mg 作用。用旋钮 9 使金属杆向上移动，直到“三线重合”时，从游标卡尺读取弹簧上端的初位置 n_M，记入表 3.5.3 中。

(2) 在始终保持“三线重合”的条件下，将⌐型金属丝框完全浸入水面下约 1 cm 处，并使⌐型金属丝框长边与水平面平行。

(3) 在始终保持“三线重合”的条件下，将⌐型金属丝框缓慢升出水面，直到水膜完全破裂瞬间，记录弹簧上端游标卡尺的末位置 n_t，并记入表 3.5.3 中。

(4) 重复步骤(1)、(2)和(3)，共 4 次，将数据记入表 3.5.3 中。

五、测量记录与数据处理

1. 测定焦利称弹簧的侧强系数 K

表 3.5.2　测焦利秤塔形弹簧的侧强系数

次序	1	2	3	4	5	6	7	8	9	10
砝码质量 m/g	0.0	0.5	1.0	1.5	2.0	2.5	3.0	3.5	4.0	4.5
弹簧上端位置 h_i/mm										
每增 $5\Delta m=2.5$ g 砝码弹簧的伸长量 $\Delta h_i=(h_{i+5}-h_i)$/mm	$\Delta h_1=$		$\Delta h_2=$		$\Delta h_3=$		$\Delta h_4=$		$\Delta h_5=$	
$\overline{\Delta h}$/mm										

2. 测定液体的表面张力系数 α

⊓型金属丝框水平边长度 $l=$________ mm　　　$t=$________℃

表 3.5.3　液体的表面张力系数测定

次序	焦利秤读数		数据计算	
	初位置(金属框作用下) n_M/mm	末位置(水膜破裂时) n_f/mm	f 作用下弹簧伸长 $\Delta n=(n_f-n_M)$/mm	$\overline{\Delta n}$/mm
1				
2				
3				
4				
5				

3. 数据处理提示

查表 3.5.1，得

$$\alpha_{标}=\_\_\_\_\_\_\_\_\ \text{N/m}$$

$$K=\frac{5\Delta mg}{\overline{\Delta h}}=\_\_\_\_\_\_\_\_\ \text{N/m}$$

$$\alpha_{测量值}=\frac{K\ \overline{\Delta n}}{2l}=\_\_\_\_\_\_\_\_\ \text{N/m}$$

$$\Delta\alpha=|\alpha_{测量值}-\alpha_{标}|=\_\_\_\_\_\_\_\_\ \text{N/m}$$

$$E=\frac{\Delta\alpha}{\alpha_{标}}\times 100\%=\_\_\_\_\_\_\_\_\%$$

$$\alpha=\alpha_{测量值}\pm\Delta\alpha=(\_\_\_\_\_\_\_\_\pm\_\_\_\_\_\_\_\_)\ \text{N/m}$$

六、注意事项

(1) 焦利秤所用塔形弹簧很细软，所加砝码不得超过 10 g，不允许用它称较重的物体。

(2) 左右手协同调节平台 7 和弹簧的升降时，应始终保持“三线重合”，即随时保持冂型金属丝框处在对其提升的外力和表面张力大小相等的状态，是本实验操作的重点，应在反复操作中认真体会。

始终保持“三线重合”的操作技巧：用左手快速旋转平台 7 升降螺钉，使平台 7 和盛水的玻璃杯一起下降(应预先留够下降空间)或上升；同时，用右手缓慢调节旋钮 9，使弹簧上端升高或降低。在这一过程中，首先要保证三线始终重合，其次，调节平台 7 升降旋钮和塔形弹簧上端移动旋钮 9 的动作，一定要协调。

(3) 实验操作中，应始终保持冂型金属丝框水平，以减小实验误差。

七、思考题

(1) 说明用焦利秤测量微小力的原理。

(2) 什么是焦利秤的校准？如何校准？

(3) 使用焦利称时应注意些什么？

(4) 金属框浸在水面下的深度对测量数据是否有影响？若无影响，应怎样操作？

3.6 落球法测定液体的黏滞系数

在稳定液体中，如果平行于流动方向的各液层的流速不同，即任意两液层之间产生相对运动，流动较快的液层对流动较慢的液层施以沿切面向前的“拉力”，而流动较慢的液层对流动较快的液层施以向后的“阻力”，这一对力相当于固体间的动摩擦力。因其为液体内部不同部分之间的摩擦力，所以称为内摩擦力，又叫黏滞阻力。黏滞阻力 f 的大小与两液层接触面积 S 和垂直于流速方向的速度梯度 $\mathrm{d}v/\mathrm{d}t$ 成正比，即

$$f = \eta S\,\frac{\mathrm{d}v}{\mathrm{d}x}$$

式中：η 称为液体的黏度或黏滞系数，它与液体的性质和温度有关，随温度的升高而减小，η 的单位为牛顿·秒/米^2，即“帕斯卡·秒”(Pa·s)。测定液体的黏滞系数在生产和科研中有非常重要的意义。在物理实验中，常采用的测量方法有转桶法、毛细管法、落球法和落针法。本节介绍落球法，这一方法在获得理想实验条件时所采用的外推法值得借鉴，落球法一般用来测量黏性较大并有一定透明度液体的黏滞系数。

一、实验目的

(1) 学会用落球法测定液体的黏滞系数。

(2) 学习用外推法获得理想实验条件的思想方法。

(3) 了解斯托克斯定律。

二、实验仪器

本实验所用仪器包括黏度测定仪、液体(黏性较大且透明)、秒表、米尺、水银温度计、小钢球、游标卡尺、镊子、密度计。

三、实验原理

当一小球在液体中垂直下落时，黏附在小球表面的液层与相邻的液层之间产生内摩擦力，即黏滞阻力。因而，研究小球在液体中的落体运动，可以研究液体的黏滞性。实验表明，线度较小的物体，在无限广延的、黏性较大的流体中运动时，如果运动速度不大，运动过程中又不产生涡旋，则运动物体在液体内所受到的黏滞阻力 f 为

$$f = 6\pi\eta r v \tag{3.6.1}$$

式中：r 为小球的半径，v 为小球的运动速度。式(3.6.1)称为斯托克斯定律。

小球在液体中下落时，除了会受到向上的黏滞阻力 f 的作用外，还会受到如图 3.6.1 所示的向下的重力 G 和向上的浮力 $F_{浮}$ 的作用，即

$$F_{浮} = \frac{4}{3}\pi r^3 \rho_0 g \tag{3.6.2}$$

$$G = mg = \frac{4}{3}\pi r^3 \rho g \tag{3.6.3}$$

式中：ρ_0 为液体的密度，ρ 为小球的密度，$F_{浮}$ 为浮力，小球重力 mg 始终保持不变，而黏滞阻力却随小球下落速度 v 的增大而增大。也就是说，小球在液体中下落，在开始的一段为加速运动，当 $mg=f+F_{浮}$ 时，小球将做匀速运动，这时的速度称为收尾速度，通常以 v_0 表示。当小球做匀速直线运动时，有

$$\frac{4}{3}\pi r^3 \rho g - \frac{4}{3}\pi r^3 \rho_0 g - 6\pi\eta r v_0 = 0 \tag{3.6.4}$$

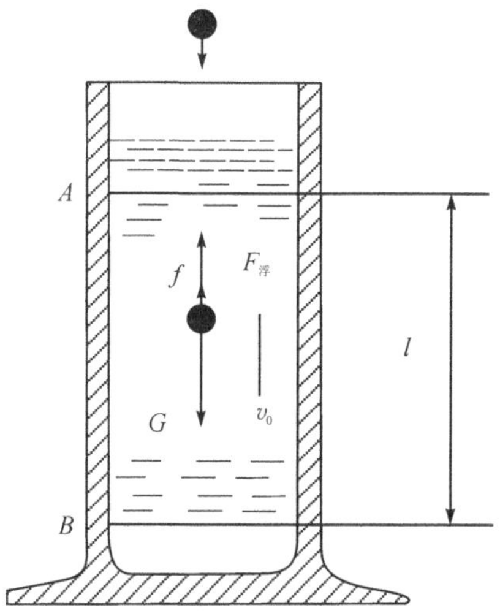

图 3.6.1 小球在液体中下落受力分析

由式(3.6.4)可得

$$\eta=\frac{4r^2(\rho-\rho_0)g}{18v_0}=\frac{(\rho-\rho_0)gd^2}{18v_0} \tag{3.6.5}$$

式中：d 为小球的直径。如果测得 ρ_0、d、ρ 和 v_0，即可根据式(3.6.5)计算出液体的黏滞系数。

从斯托克斯定律可知，式(3.6.4)和式(3.6.5)是在“无限广延”的液体中成立的，在实验室中要直接获得无限广延的液体是不可能的。通常采用外推法来满足无限广延的理想条件。

黏度测定仪见图3.6.2，它是由一组垂直安装在底板上的、内径不同的圆柱形玻璃管组成的。借助底板调节螺钉和水准器可以使底板水平，也就是各圆柱形玻璃管处于竖直状态。每个圆柱形玻璃管上均有两条刻线 A、B，设其距离为 l。上刻线 A 距液体顶面的高度不小于5 cm，以保证小球(d<3 mm)落至 A 面时达到匀速运动状态。

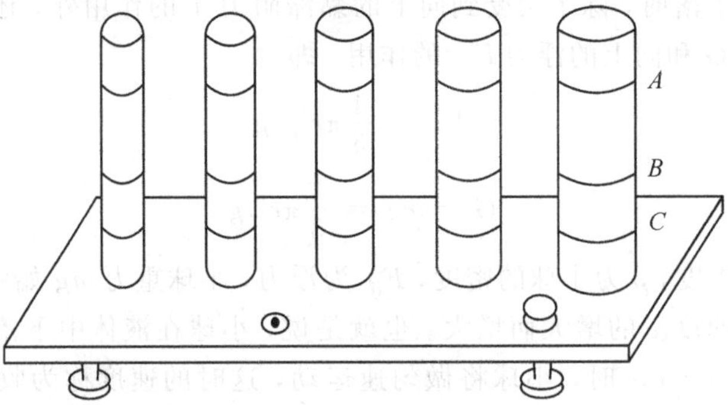

图3.6.2　黏度测定仪

设 D 为圆柱形玻璃管内径，t 为小球匀速经过距离 l 的时间。通过测量小球经过 A、B 两液面间的时间 t，可获得一组(D_i，t_i)值。实验结果表明，t 与 $1/D$ 呈线性关系。以 t 为纵轴，d/D 为横轴，将测得的各实验点平滑地连成直线，延长该直线与纵轴相交，其截距为 t_0。t_0 就是当 $D\to\infty$ 时，即在无限广延的液体中，小球匀速下落通过距离 l 所需的时间。进而计算出小球在“无限广延”液体中的收尾速度 v_0 为

$$v_0=\frac{l}{t_0} \tag{3.6.6}$$

将式(3.6.6)代入式(3.6.5)得

$$\eta=\frac{(\rho-\rho_0)gd^2}{18l}t_0 \tag{3.6.7}$$

式中：ρ 的数值由实验室给出，测出 d、l、ρ_0、(D_i，t_i)，用作图法的外推，可得到 $D\to\infty$ 时的 t_0，便可根据式(3.6.7)得到液体黏滞系数 η。

四、实验步骤

(1) 调节黏度测定仪底板螺钉，用气泡水准仪观察，使底板保持水平状态，以保证玻璃管中心轴线处于铅直状态。

(2) 在距离上液面、下液面各2 cm处，标记 A、B 位置，用米尺测 A、B 间的距离 l。

(3) 用游标卡尺在 5 个不同方位测量小球的直径 d，求平均值 $\overline{d}$，并记入表 3.6.1 中。

(4) 用米尺测量各圆柱形玻璃管的内径 D_1、D_2、D_3、D_4 和 D_5，并记入表 3.6.2 中。

(5) 用密度计测出液体的密度 ρ_0，用温度计测量液体温度 T。

(6) 用镊子夹起小球，先在液体中湿润小球，然后依次放入各圆柱形玻璃管中，用秒表分别测得小球在各管中匀速通过 A、B 间的时间 t_1、t_2、t_3、t_4、t_5，并记入表 3.6.2 中。

五、测量记录与数据处理

表 3.6.1　小 球 直 径

测量次序	1	2	3	4	5	$\overline{d}$/mm
钢球直径 d/mm						

表 3.6.2　小球在液体中匀速下落的时间

玻璃管代号	1 号	2 号	3 号	4 号	5 号
玻璃管内径 D_i/mm					
$\overline{d}/D_i$					
小球匀速下落时间 t_i/s					

A、B 间距离 l=________ cm　　　液体温度 T=________℃

小球密度 ρ=________ kg/m³　　　液体密度 ρ_0=________ kg/m³

数据处理提示：

(1) 自己查阅资料，得到所用液体在实验温度下的黏度系数理论值。

$$\eta_{理论值} = \_\_\_\_\_\_\_\_ \text{ Pa·s}$$

(2) 在直角坐标纸上，以 t 为纵轴，d/D 为横轴，作 $t-d/D$ 曲线，外推得 $D\to\infty$时的 t_0。

(3) 根据式(3.6.7)，计算液体的黏滞系数 η。

$$\eta_{测量值} = \frac{(\rho-\rho_0)gd^2}{18l}t_0 = \_\_\_\_\_\_\_\_ \text{ Pa·s}$$

(4) 与理论值进行比较，分析实验误差。

$$\Delta\eta = |\eta_{测量值} - \eta_{理论值}| = \_\_\_\_\_\_\_\_ \text{ Pa·s}$$

$$E = \frac{\Delta\eta}{\eta_{理论值}} \times 100\% = \_\_\_\_\_\_\_\_ \%$$

$$\eta = \eta_{测量值} \pm \Delta\eta = (\_\_\_\_\_\_\_\_ \pm \_\_\_\_\_\_\_\_) \text{ Pa·s}$$

六、注意事项

(1) 实验时，液体中应无气泡。小钢球要圆且洁净，实验前应干燥、无油污。

(2) 因液体的黏度随温度的变化较大，所以在实验过程中不要用手触摸管壁和小钢球。

(3) 若采用单管落球法测液体的黏度，式(3.6.7)必须进行修正，修正公式为

$$\eta=\frac{(\rho_0-\rho)gd^2}{18v_0\left(1+2.4\dfrac{d}{D}\right)}=\frac{(\rho_0-\rho)gd^2}{18l\left(1+2.4\dfrac{d}{D}\right)}t_0 \tag{3.6.8}$$

七、思考题

（1）多管落球法实验是如何满足无限广延条件的？

（2）用一直径较大的圆管测量液体的黏度，常用 $v_0=v\left(1+K\dfrac{d}{D}\right)$ 对测量速度 v 进行修正，试用你的实验数据确定修正公式中的 K 值。如果已知 $K=2.4$，试设计用单管测量液体黏度的方法。

（3）从实验操作的顺序看，如何注意温度对测量的影响？

第 4 章　电磁学实验

4.1　电位差计测电源电动势

伏特计可以测量电路中各部分的电压，但是，一旦伏特计与电源连接，组成如图 4.1.1 所示的闭合电路，回路上就有电流产生，该电流流经电源内阻时，会产生电压降落。根据闭合电路的欧姆定律，有

$$E = U + Ir$$

式中：E 为电源电动势，U 为电源的端电压，I 为闭合电路的电流，r 是电源的内电阻。显然，图 4.1.1 中伏特计的读数是端电压 U，它总是小于电源的电动势 E，因此，伏特计是无法精确测量电源的电动势的。

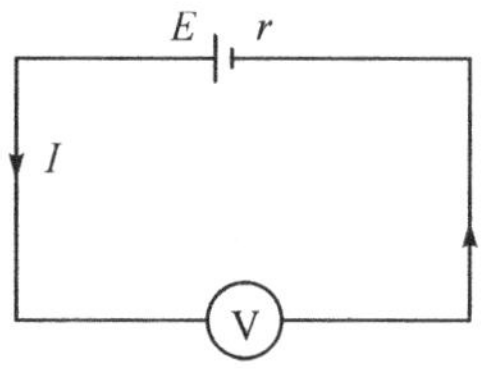

图 4.1.1　闭合回路

电位差计是通过将待测电源电动势与标准电源电动势进行比较，来测定未知电源电动势的一种仪器。电位差计电路中采用了补偿法，使被测电路在测量时无电流通过，测量电源电动势时，精密度较高，准确度可达 0.01%。电位差计不仅可用于精确测量电源电动势，也可以精确测量电压、电流、电阻等其他电学量，因而被广泛地应用在计量工作和其他精密测量中。本实验正是利用电位差计这一优点来完成对未知电源电动势的测量的。

一、实验目的

（1）了解电位差计的结构。

（2）理解补偿法。

（3）掌握用电位差计测电源电动势的原理和方法。

二、实验仪器

UJ24 型直流电位差计、FB204A 型标准电势与待测电势仪、AC5－7 型直流检流计。

1. 直流电位差计

图 4.1.2 所示为 UJ24 型直流电位差计面板，可精密测量直流电动势(或电压)，其测量范围为 0～1.611 10 V(配用分压箱扩大测量范围后，电位差计的测量上限可扩大至 600 V)，最小分度值为 10 μV，精度为 0.02 级，工作电流设定为 0.1 mA。UJ24 型电位差计配用标准电阻后，也可用于测量直流电流、电阻。

面板端钮及旋钮：

第一排共十二个端钮，可供接检流计、标准电势、被测电动势、工作电源及屏蔽用。

第二排六个旋钮分别为检流计开关、测量转换开关、温度补偿开关和设置有粗、中、细三个挡位的工作电流调节旋钮。当温度不同引起标准电池电动势变化时，通过调节温度补偿旋钮，可使工作电流保持不变。

第三和第四排，是五个测量盘调节旋钮。测量盘精度可达 0.000 01 V。

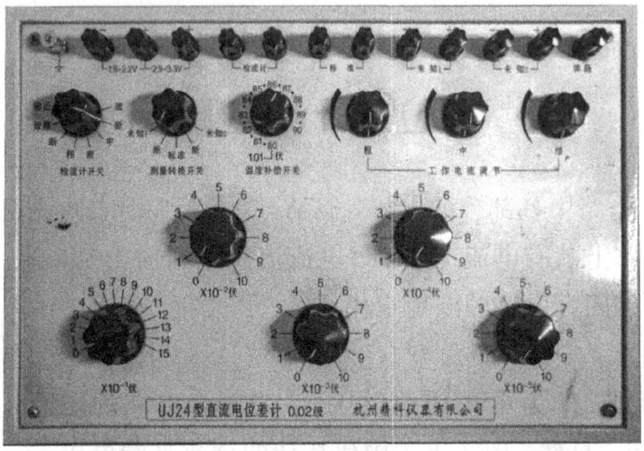

图 4.1.2 UJ24 型直流电位差计面板图

2. 标准电势与待测电势仪

图 4.1.3 为与电位差计外接的 FB204A 型标准电势与待测电势仪。它带有 3 V、6 V 的电位差计工作电源和 0～1.90 V 的待测电源电动势，其待测电势输出分别为 0.015 V、0.03 V、0.06 V、0.11 V、0.17 V、0.27 V、0.57 V、1.02 V、1.53 V、1.90 V，本实验的测量上限为 1.611 10 V。实验时将其被测电势、标准电势和电源输出，分别连接到电位差计未知 1、标准和工作电源上。该仪器与电位差计配套使用时非常方便。

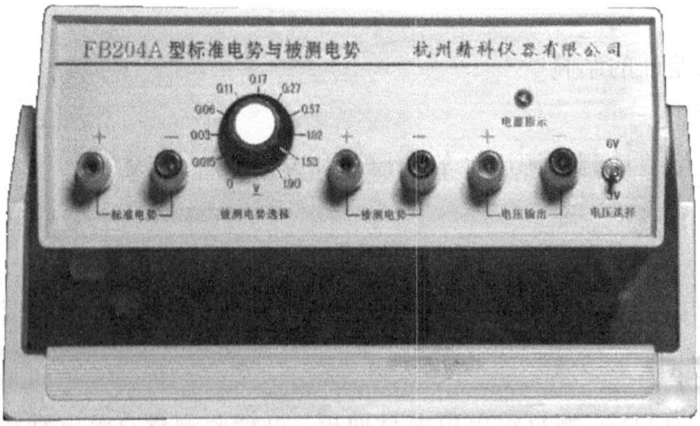

图 4.1.3 FB204A 型标准电势与待测电势仪

3. 直流检流计

图 4.1.4 是电位差计外接的 AC5－7 型直流检流计，它具有灵敏度高、过载能力强的特点，量程灵敏度分为三挡，最高挡为 4×10^{-9} A/格。

图 4.1.4　直流检流计

三、实验原理

将被测电动势 E_x 与已知电动势 E_s 同极性地连成一回路，在电路中串联一个检流计"G"，就组成了如图 4.1.5 所示的补偿电路。若两电源电动势不相等，即 $E_x \neq E_s$，则回路中必有电流，检流计指针偏转。如果电动势 E_s 可调并已知，那么改变 E_s 的大小，使电路满足 $E_x = E_s$，则回路中没有电流，检流计指示为零。这时待测电动势 E_x 得到已知电动势 E_s 的补偿，根据已知电动势值 E_s 就可以测出 E_x，这种方法叫作补偿法。按电压补偿原理构成的测量电动势的仪器称为电位差计。由上述补偿原理可知，采用补偿法测量未知电源电动势 E_x 时，对标准电源电动势 E_s 有以下两点要求：

(1) 可调。能使 E_s 和 E_x 满足补偿条件。

(2) 精确。能方便而准确地读出其电动势大小，且数值稳定。

按照图 4.1.5 设计的电位差计有两种，即箱式电位差计和板式电位差计，两者工作原理相同，这里就以板式电位差计为例，来阐述电位差计测电源电动势的原理。

板式电位差计测电源电动势的工作原理见图 4.1.6。图中 E_s 为标准电池电动势，E_x 为待测电源电动势，G 为检流计，MN 是一段粗细均匀的细电阻丝，其中 AD 段电阻用 R_{AD} 表示，A′D′段电阻用 $R_{A'D'}$ 表示，R 为限流电阻，调节 R 的值可改变工作电流 I 的大小。E 为工作电源，其电动势要大于 E_s 和 E_x。

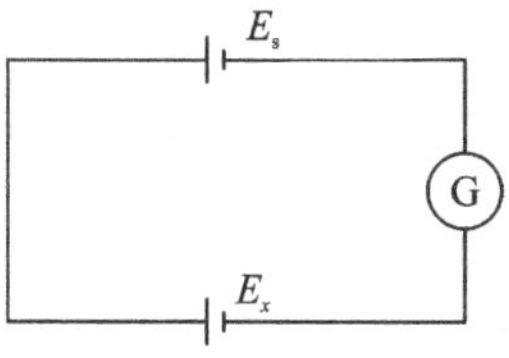

图 4.1.5　补偿电路

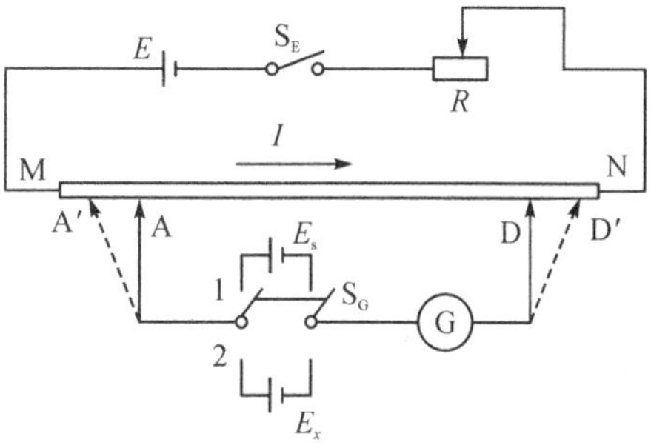

图 4.1.6　板式电位差计工作原理

测量时先将双刀双掷开关 S_G 扳向 1，把标准电池 E_s 接入，调节 R，改变 I，当检流计 G 指向零时，表明 E_s 恰好补偿了工作电流 I 在电阻 R_{AD} 上的电压降落，即

$$E_s = IR_{AD} \tag{4.1.1}$$

这一步骤称为校准工作电流。此后保持 R 不变，从而保证工作电流 I 不变。

然后将双刀双掷开关 S_G 扳向 2，接入待测电源电动势 E_x，一般由于 $E_x \neq IR_{AD}$，故检流计中将有电流流过。这时调节 A 和 D 在 MN 上的位置，如果分别调至 A′和 D′处时，G 中无电流流过，则表明 E_x 补偿了电流 I 在 A′D′段电阻丝上的电压降落，即

$$E_x = IR_{A'D'} \tag{4.1.2}$$

由于工作电流是校准过的，式(4.1.1)和式(4.1.2)中 I 保持不变，电阻丝 MN 又是粗细均匀的细电阻丝，故由式(4.1.1)和式(4.1.2)有

$$\frac{E_x}{E_s} = \frac{R_{A'D'}}{R_{AD}} = \frac{\rho\dfrac{L_{A'D'}}{S}}{\rho\dfrac{L_{AD}}{S}} = \frac{L_{A'D'}}{L_{AD}} \tag{4.1.3}$$

式中：S 为电阻丝横截面积，ρ 为电阻丝电阻率，L_{AD} 和 $L_{A'D'}$ 分别是电阻丝 AD 和 A′D′的长度。由式(4.1.3)有

$$E_x = \frac{L_{A'D'}}{L_{AD}}E_s \tag{4.1.4}$$

因此，只要测出 L_{AD} 和 $L_{A'D'}$，根据式(4.1.4)即可求出待测电源的电动势 E_x。

四、实验步骤

1. 仪器准备

(1) 测量前，将“检流计开关”“测量转换开关”置于“断”的位置，用导线将 FB204A 型标准电势与待测电势仪的“标准电势”“被测电势”“电源输出”分别与电位差计上的“标准”“未知 1”和“工作电源”端连接起来，注意极性不要接反。电位差计的工作电源为位于左上角地线右边的三个黑色接线柱，其中标有“—”的为负极，正极应该选择“2.9～3.3 V”接线柱，工作电源电压输出置于 3 V。将“被测电势选择”量程开关旋转到被测值所在位置上。

(2) 将 AC5－7 型直流检流计接入电位差计的检流计接线柱。检流计挡位开关置于 4×10^{-9} A/格，检流计机械调零。

(3) 将 UJ24 型直流电位差计 5 个测量盘均旋转到最小值，工作电流粗、中、细调节旋钮都逆时针旋到底。

(4) 将仪器电源开关打开，预热 15 min。

2. 测量 1.611 10 V 以下电动势(电压)的方法

1) 标准电池电动势的温度补偿

当外接标准电池时，调节工作电流前，应考虑标准电池的电动势受温度的影响。在某一温度下标准电池电动势可按下式计算，计算结果化整的位数为 0.000 01 V：

$$E_s = E_{20} - 0.0000406(t-20) - 0.00000095\,(t-20)^2$$

式中：E_s 为 t ℃时标准电池的电动势，E_{20} 为 +20 ℃时标准电池的电动势，t 为测量时室内环境温度。

计算后，在温度补偿盘上调整好相对应的数值。例如，通过计算得出 t ℃时标准电池的电动势为 1.018 75 V，应将 UJ24 型直流电位差计的温度补偿盘置于“75”位置。

当外接“FB204A 型标准电势与被测电动势”仪器时，可将 UJ24 型直流电位差计上的温度补偿盘示值置于 1.018 60 V 处(因为电位差计内部已设定该示值的电势，所以本实验可直接将温度补偿盘示值置于 1.018 60 V 处)。

2) 调节电位差计的工作电流

首先将“测量转换开关”置于“标准”位置，“检流计开关”置于“粗”的位置，依次调节工作电流调节旋钮的“粗”“中”“细”盘，使检流计指示为零。

再将“检流计开关”置于“细”的位置，再次调节工作电流调节旋钮的“中”“细”盘，使检流计再次指示为零，即可认为工作电流调节已完成。

最后将“检流计开关”置于“断”的位置。

3) 测量未知电源的电动势

当未知电源电动势接在“未知 1”端钮时，“测量转换开关”应置于“未知 1”位置(如未知电源电动势接在“未知 2”端钮，则“测量转换开关”应置于“未知 2”位置)，保持工作电流 I 不变(工作电流调节旋钮不动)，将“检流计开关”置于“粗”的位置，依次调节五个测量盘，使检流计指示为零。

再将“检流计开关”置于“细”的位置，依次调节测量盘“$\times10^{-3}$ V”“$\times10^{-4}$ V”和“$\times10^{-5}$ V”，使检流计再次指示为零。

此时，五个测量盘指示值之和即为被测电源电动势之值。

五、测量记录和数据处理

(1) 分别测量 0.57 V 和 1.53 V 两个挡位的被测电源电动势，各测量 5 次，记入表 4.1.1中。

表 4.1.1　未知电源电动势测量

测量次数 i	0.57 V 挡位被测电源电动势		1.53 V 挡位被测电源电动势	
	E_x/V	ΔE_x/V	E_x/V	ΔE_x/V
1				
2				
3				
4				
5				
平均值				

(2) 数据处理提示，以 0.57 V 被测电源电动势为例。

$$\overline{E_x} = \frac{1}{5}\sum_{i=1}^{5} E_{xi} = \underline{\qquad\qquad} \text{ V}$$

$$\overline{\Delta E_x} = \frac{1}{5}\sum_{i=1}^{5} \Delta E_{xi} = \frac{1}{5}\sum_{i=1}^{5} \mid E_{xi} - \overline{E_x} \mid = \underline{\qquad\qquad} \text{ V}$$

$$E = \frac{\overline{\Delta E_x}}{\overline{E_x}} \times 100\% = \underline{\qquad\qquad} \%$$

$$E_x = \overline{E_x} \pm \overline{\Delta E_x} = (\underline{\qquad\qquad} \pm \underline{\qquad\qquad}) \text{ V}$$

六、注意事项

(1) 每次重复测量时，都需重新校准工作电流，以保证测量的准确性。

(2) 在测量时，检流计出现大的冲击，应迅速按下短路按钮，待查明原因，也应将“检流计开关”置于“粗”的位置，观察检流计无大的偏转，再打向“细”的位置进行测量。

七、思考题

(1) 简述补偿法测量电源电动势的工作原理。

(2) 如果检流计指针始终偏向一边无法调节平衡，导致这一现象的主要因素有哪些？

4.2 惠斯通电桥测电阻

电阻按其阻值可分为高、中、低三大类，$R \leqslant 1\ \Omega$ 的电阻为低值电阻，$R > 1\ \text{M}\Omega$ 的电阻称为高值电阻，介于两者之间的电阻是中值电阻。电阻的测量是最基本的电学测量之一。用伏安法测电阻时，由于电表内阻的影响，总存在一定的系统误差，而用电桥法就可以很好地解决这一矛盾。电桥是一种用比较法进行测量的仪器，它的灵敏度高，测量精确。电桥可分为平衡电桥和非平衡电桥。平衡电桥又分为直流电桥和交流电桥两大类。直流电桥包括直流单臂电桥和直流双臂电桥，直流单臂电桥又称为惠斯通电桥，可用于精确测量阻值区间为 1 Ω～1 MΩ 的中值电阻。本实验使用箱式惠斯通电桥测中值电阻。

一、实验目的

(1) 了解惠斯通电桥的结构，掌握惠斯通电桥的工作原理。

(2) 学会使用直流单臂电桥测量电阻。

(3) 掌握惠斯通电桥灵敏度测量方法。

二、实验仪器

QJ23 型直流电阻电桥。

本实验主要仪器为待测电阻、QJ23 型直流电阻电桥。QJ23 型直流电阻电桥面板见图 4.2.1，它采用惠斯通电桥线路，具有内附检流计。仪器的整个测量元件安装在金属外壳内，轻巧且便于携带，适宜在实验室及现场使用。该仪器有市电型和电池型两种。市电型直流电阻电桥内附稳压电源，免用干电池，其测量范围为 1～9 999 000 Ω，精度为 0.2 级。

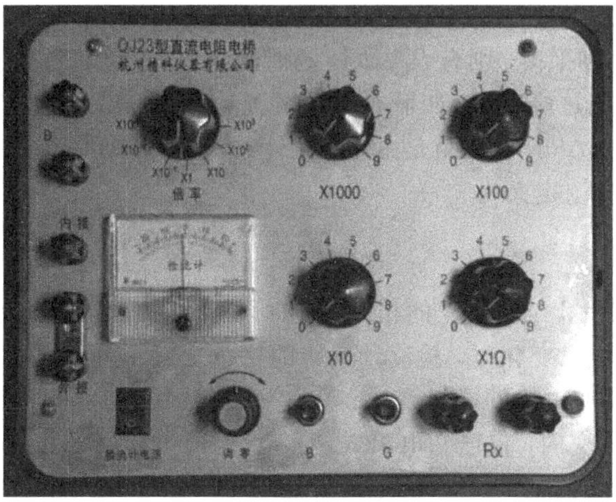

图 4.2.1　QJ23 型直流电阻电桥

三、实验原理

1. 惠斯通电桥测电阻

惠斯通电桥测电阻的原理见图 4.2.2。电桥由 4 个臂、电源和检流计三部分组成。将标准电阻 R_0、R_1、R_2 和待测电阻 R_x 连成四边形，每一条边称为电桥的一个臂。在对角 A 和 C 之间接工作电源 E，在对角 B 和 D 之间接检流计 G。当开关接通后，各支路中均有电流通过，检流计支路起了沟通 ABC 和 ADC 两条支路的作用，好像一座“桥”一样，故称为“电桥”。

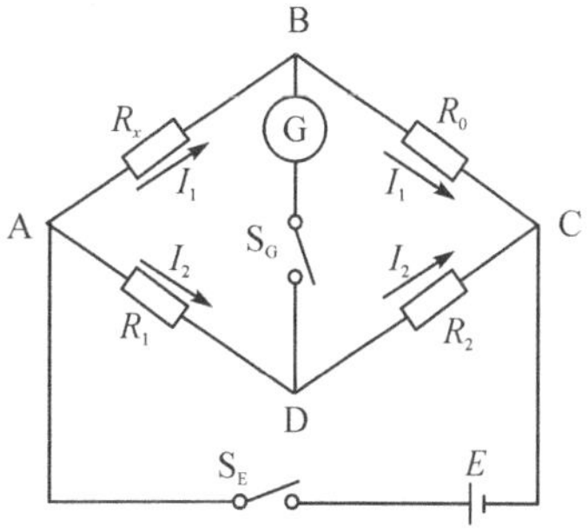

图 4.2.2　惠斯通电桥原理图

适当调节 R_0、R_1、R_2 的大小，可使桥上没有电流通过，即通过检流计的电流 $I_G=0$，这时，B、D 两点的电势相等，电桥的这种状态称为平衡状态。电桥平衡时，A、B 之间的电势差等于 A、D 之间的电势差，B、C 之间的电势差等于 D、C 之间的电势差。设 ABC 支路和 ADC 支路中的电流分别为 I_1 和 I_2，由欧姆定律，得

$$I_1R_x = I_2R_1 \tag{4.2.1}$$

$$I_1R_0 = I_2R_2 \tag{4.2.2}$$

两式相除，得

$$\frac{R_x}{R_0} = \frac{R_1}{R_2} \tag{4.2.3}$$

式(4.2.3)称为电桥的平衡条件。由式(4.2.3)可得

$$R_x = \frac{R_1}{R_2}R_0 = kR_0 \tag{4.2.4}$$

即待测电阻 R_x 等于 R_1/R_2 和 R_0 的乘积。通常将 R_1/R_2 称为比率臂，对 QJ23 型直流单双臂电桥，比率臂即是倍率开关 k，R_0 称为比较臂。

2. 电桥的灵敏度

电桥是否平衡，是由检流计有无偏转来判断的，而检流计的灵敏度总是有限的，假设电桥在 $R_1/R_2=1$ 时调到平衡，则有 $R_x=R_0$。这时若将 R_0 改变一个微小量 ΔR_0，则电桥失去平衡，从而有电流 I_G 流过检流计。如果 I_G 小到检流计觉察不出来，人们就会认为电桥是平衡的，因而得到 $R_x=R_0\pm\Delta R_0$，ΔR_0 就是由于检流计灵敏度不够而带来的测量误差 ΔR_x。

引入电桥的灵敏度，定义为

$$S=\frac{\Delta n}{\Delta R_x/R_x} \tag{4.2.5}$$

式中：Δn 为待测电阻发生 $\Delta R_x/R_x$ 的相对变化时，检流计偏转的格数。电桥灵敏度的意义为待测电阻发生单位相对变化时，检流计偏转的格数。ΔR_x 引起电桥偏离平衡时检流计的偏转格数 Δn 越大，说明电桥的灵敏度越高，由平衡判断带来的测量误差就愈小。实验时，由于电阻 R_x 是不可改变的，仅已知电阻 R_0 可调，因而可改用下式测量电桥的灵敏度：

$$S=\frac{\Delta n}{\Delta R_0/R_0} \tag{4.2.6}$$

假设 $S=100$ 格，通常人们可分辨出 1/10 格的偏转。当电桥平衡后，只要 R_0 相对变化 0.1%，就能判断电桥失去平衡，这种情况下，电桥由于灵敏度引起的测量误差小于 0.1%。

理论和实践都证明了，电桥灵敏度 S 与检流计的灵敏度 S_G($S_G=\Delta n/\Delta I_G$)成正比、与电源对角线两端的电压差成正比，并与各桥臂电阻的阻值和搭配方式都有关。一般情况下，通过选择合适的检流计灵敏度完全可以满足对电桥总灵敏度的要求。

四、实验步骤

1. 测电阻

(1) 将被测电阻 R_x 接在电桥未知(单)接线柱上，根据待测电阻的大概阻值范围按表 4.2.1选择合适的倍率开关 k。

(2) 把测量盘(比较臂)电阻 R_0 调到最大值。

(3) 打开检流计开关，检查仪表盘上检流计的指针是否指向“0”，如不指向“0”，可旋转机械调零旋钮，使指针准确指向“0”。

表 4.2.1　待测电阻与倍率及工作电源电压对应表

R_x/Ω	倍率 k	电源电压/V
$1<R_x\leqslant10$	$\times10^{-3}$	3.0
$10<R_x\leqslant10^2$	$\times10^{-2}$	3.0
$10^2<R_x\leqslant10^3$	$\times10^{-1}$	3.0
$10^3<R_x\leqslant10^4$	$\times1$	6.0
$10^4<R_x\leqslant10^5$	$\times10^1$	6.0
$10^5<R_x\leqslant10^6$	$\times10^2$	15.0
$10^6<R_x\leqslant10^7$	$\times10^3$	15.0

(4) 将内附检流计的灵敏度旋至最小值，按下"B"按钮，然后轻按"G"按钮，依次调节比较臂"×1000""×100""×10""×1"挡位，调节 R_0 的值，使检流计指针指向"0"，此时，电桥初步达到平衡状态。

(5) 再将检流计的灵敏度调到最大值，此时，检流计指针不再指向"0"，然后依次调节比较臂"×100""×10""×1"挡位，微调 R_0，使检流计指针重新指向"0"，直到电桥完全达到平衡状态。

(6) 将倍率开关 k 和比较臂 R_0 的值计入表 4.2.2 中。

(7) 重复步骤(2)到(6)，对同一电阻，反复测量 3 次。

(8) 按照步骤(1)到(7)，完成对其余电阻阻值的测量。

2. 测电桥灵敏度

(1) 选择一个电阻，先按照上述电桥测电阻的方法和步骤，将电桥调到完全平衡状态，将 R_0 的值记入表 4.2.3 中。

(2) 在保持内附检流计的灵敏度为最大值的条件下，依次调节比较臂"×10"和"×1"挡位，微调 R_0，使检流计指针相对"0"值向左偏转 1 小格，即 $\Delta n=0.1$，记下比较臂的值 R'_0。

(3) 按照步骤(1)和(2)，检流计指针相对"0"值分别向右偏转 1 小格、向左偏转 2 小格、向右偏转 2 小格(Δn 分别取 0.1、0.2、0.2)时，记下比较臂的值 R'_0。

五、测量记录和数据处理

1. 测电阻

表 4.2.2　惠斯通电桥测电阻

$R_{x\_标称值}/\Omega$	倍率 k	R_0 测量值/Ω			$\overline{R_0}/\Omega$
		第 1 次	第 2 次	第 3 次	

2. 测电桥灵敏度

表 4.2.3　电桥灵敏度测量

测量次序	倍率 k	R_0/Ω	R'_0/Ω	$\Delta R_0/\Omega$	Δn/格	S/格
1						
2						
3						
4						

3. 数据处理提示

对表 4.2.2 中每一个被测电阻：

$$\overline{R_{x\_测量值}} = k\overline{R_0} = \underline{\qquad\qquad}\ \Omega$$

$$\Delta R_x = |\overline{R_{x\_测量值}} - R_{x\_标称值}| = \underline{\qquad\qquad}\ \Omega$$

$$E = \frac{\Delta R_x}{R_{x\_标称值}} \times 100\% = \underline{\qquad\qquad}\ \%$$

$$R = \overline{R_{x\_测量值}} \pm \Delta R_x = (\underline{\qquad\qquad} \pm \underline{\qquad\qquad})\ \Omega$$

表 4.2.3 中，相关数据计算公式如下：

$$\Delta R_0 = R'_0 - R_0$$

$$S = \frac{\Delta n}{|\Delta R_0|/R_0}$$

$$\overline{S} = \frac{1}{4}\sum_{i=1}^{4} S_i = \underline{\qquad\qquad}\ 格$$

六、注意事项

(1) 测量时，当 R_x 的阻值超过 10 kΩ，或在测量时内附检流计灵敏度不够时，需外接灵敏检流计，以保证测量的可靠性(此时应将“G”三接线柱中间的接线柱与“内”接线柱短路，外接检流计接在中间的接线柱和“外”接线柱上)。

(2) 测量时，比较臂“×1000 ”的挡位不能为“0”，以保证测量的准确度。

(3) 测量时“B”“G”按钮按下后再旋转 90°即可锁住，但在实际操作中尽量不要锁住，而应间歇通、断使用，以免电流长时间流过电阻，使电阻元件发热，从而影响测量的准确性。

(4) 电桥使用完毕后，要关掉检流计电源开关。

七、思考题

(1) 试比较用伏安法和惠斯通电桥测电阻的优缺点。

(2) 电桥由哪几部分组成？电桥平衡的条件是什么？

(3) 若待测电阻的一个接头接触不良，电桥能否调至平衡？

(4) 如果某电桥的准确度等级已知，如何用灵敏度来校验该级别是否准确？

4.3 模拟法测绘静电场

静电场是静止电荷周围存在的一种特殊物质，在进行量化描述时使用电场强度和电势来描述它。电子管、示波管、电子显微镜等电子器件的研制，以及化学电镀、静电喷漆等工艺，均须了解带电体及电极间的静电场分布。对于几何形状简单且对称的带电体，可以通过理论计算来确定它们周围的静电场。在实际中经常遇到形状复杂或不对称的带电体，很难通过理论计算完全确定其电场分布，一般借助实验的方法来描述电场强度及其电势的空间分布。但是由于静电场中不存在电流，无法用磁电式电表直接测量，而用静电式仪表测量必须用金属探头，然而金属探头伸入静电场中会发生静电感应现象，产生感应电荷，感应电荷的电场叠加于被测的静电场中，改变了静电场原来的分布，导致测量误差极大。为此，人们找到了一种新的方法——模拟法，对静电场进行间接测量。本实验就是采用稳恒电流场来模拟静电场，从而间接地完成对静电场的测量。

一、实验目的

（1）掌握模拟法测绘静电场的原理和方法。

（2）根据实验室条件，用模拟法测绘长直同轴电缆、长直平行导线之间的静电场。

二、实验仪器

本实验所用实验仪器主要是 JDZ 模拟静电场描绘仪。JDZ 模拟静电场描绘仪由电源、电极架、电极板、水槽、同步探针等组成，实验装置见图 4.3.1。

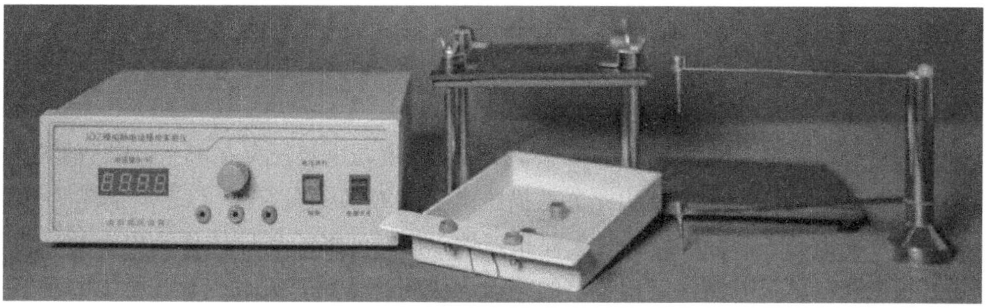

图 4.3.1　静电场模拟实验装置

电源是数字式交流电源，它可以提供 0～12.5 V 连续可调的电压，电压的大小完全由“电压调节”旋钮控制。当面板中间的开关扳向“电压调节”时，电压表指示值是电源的输出电压，当扳向“探测”时，电压表指示值是电流场中下探针处的电势。

电极架分为上下两层，上层是载纸板，固定好坐标纸后，可供模拟描迹用。下层左侧放置水槽和电极板，右侧放置同步探针座，并供探针座在水平面内移动。

本实验常用的电极板有同心圆电极、点状对电极、平行板电极、点与平板电极，外形见图 4.3.2。实验时，将极板放入盛有自来水的水槽中，水槽中不要加太多的自来水（水的深度不要超过电极高度），同时水也不能太少，以保证水槽内各处水的厚度均匀。

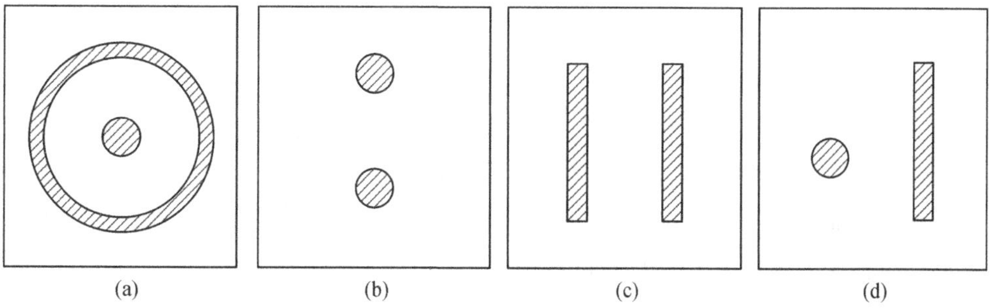

图 4.3.2　电极板

同步探针由装在探针座上的两根同样长短的弹性簧片及装在簧片末端的两根细而圆滑的钢针组成。两根探针通过两铜质弹板固定于同一个手柄座上，两根探针始终保持在同一铅垂线上，移动手柄座时，可保证两探针的运动轨迹是一样的。上探针置于记录纸上方，下探针深入水槽自来水中，当探针座在电极架下层右边的平板上自由移动时，下探针可探测水中电流场各等势点的电势数值，此时，用手指轻轻按下上探针上的按钮，上探针针尖就在坐标纸上打出相应的等势点。

三、实验原理

静电场和稳恒电流场本是两种性质完全不同的场，但是这两种场的场强和电势在一定条件下具有相似的数学表达式，其空间分布状况也很相似。比如，它们都遵守高斯定理，对静电场有

$$\oint_S \boldsymbol{E} \cdot \mathrm{d}\boldsymbol{S} = 0$$

对稳恒电流场，则有

$$\oint_S \boldsymbol{j} \cdot \mathrm{d}\boldsymbol{S} = 0$$

另外，它们也都引入了电势 U 的概念，且电场强度与电势又存在 $\boldsymbol{E}=-\nabla U$ 的关系，因此描绘出电势 U 的分布，即可利用此关系描绘出场强 $\boldsymbol{E}$ 的分布。

具体的做法就是：根据两种场的这种相似性，我们可将不良导体作为电介质，并使其与作为电极的良导体以及输出电压稳定的电源构成闭合电路，从而在不良导体中建立一个稳恒电流场。改变电极和介质的形状，使介质中电流场的电势分布与欲测量的静电场的电势分布完全相似，测出稳恒电流场的电势分布，即可间接得到相应的静电场的电势分布。根据该电势分布图，描绘出等势线(或等势面)图，再根据电力线与等势线(或等势面)正交且沿电力线方向电势降低的性质，画出电力线图，即可得到静电场的分布。

上述这种利用规律和形式上的相似性，由一种测量代替另一种测量的方法，就称为模拟法。电流场模拟静电场的条件如下：

(1) 电流场所用的电极系统应与被模拟的静电场的带电体的几何形状相似。

(2) 稳恒电流场中的导电物质应是不良导体，且电阻率分布均匀。

(3) 模拟场所用的电极系统应与被模拟的静电场的带电体的边界条件相同。

下面就以同轴圆电极间的电流场来模拟长直同轴电缆间的静电场为例来进行具体说明。

1. 长直同轴电缆间的静电场

设两无限长同轴圆柱面(同轴电缆)带有等量异号电荷，每单位长度圆柱面所带电荷密度为 λ，内、外圆柱面的半径为 a、b，外圆柱面接地，内圆柱面的电势为 U，如图 4.3.3 所示。由于电荷是轴对称的，因而电场也是轴对称的。作一横截面 M，由高斯定理可求出两圆柱面之间、与轴线的距离为 r 的 P 点的场强：

$$E = \frac{\lambda}{2\pi\varepsilon r} = k\,\frac{1}{r} \tag{4.3.1}$$

式中：$k=\lambda/(2\pi\varepsilon)$，为常数；$\varepsilon$ 为同轴电缆间介质的介电系数。

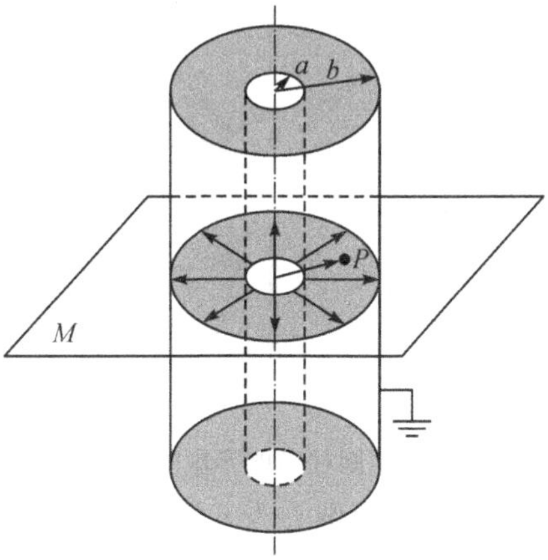

图 4.3.3　长直同轴电缆间的静电场

P 点的电势为

$$U_P=\int_a^b \boldsymbol{E}\cdot \mathrm{d}\boldsymbol{r}=\int_a^b k\,\frac{1}{r}\mathrm{d}r=k\ln\frac{b}{r} \tag{4.3.2}$$

当 $r=a$ 时，$U_P=U_a$，所以

$$U_a=\int_a^b k\,\frac{1}{r}\mathrm{d}r=k\ln\frac{b}{a} \tag{4.3.3}$$

由式(4.3.3)可得

$$k=\frac{U_a}{\ln\dfrac{b}{a}} \tag{4.3.4}$$

将式(4.3.4)代入式(4.3.2)中，得

$$U_P=U_a\,\frac{\ln\dfrac{b}{r}}{\ln\dfrac{b}{a}} \tag{4.3.5}$$

2. 圆柱形电容器间的电流场

对圆柱形电容器，当其圆柱的高度 $h\gg b$ 时，可将其视为两共轴无限长均匀带电圆柱体和圆柱筒。在盛放自来水的水槽中，同轴地放置一对圆柱形电极和圆环形电极，圆柱形电极的半径为 a，圆环形电极的内半径为 b，如图 4.3.4 所示，这正是同轴电缆被横截面 M 截得的形状。将圆柱形电极和圆环形电极分别与稳压电源的正极和负极连接。由于洁净的自来水的电导率分布是均匀的，电流将均匀地从圆柱形电极沿径向流向圆环形电极，所以电流密度 j 必然呈辐射状。由欧姆定律的微分形式 $\boldsymbol{j}=\gamma\boldsymbol{E}$ 可知，$\boldsymbol{E}$ 的方向与 $\boldsymbol{j}$ 相同，所以两电极之间在自来水内的场强 $\boldsymbol{E}$ 的电力线也必然呈辐射状，具有轴对称性。这种电场分布情况与前述同轴电缆之间静电场的分布情况相似，所不同的是静电场中只有电场，并无电流，而自来水中既有电场又有电流场，因此电场中各点(自来水中各点)的电势可以用电压表测出来。

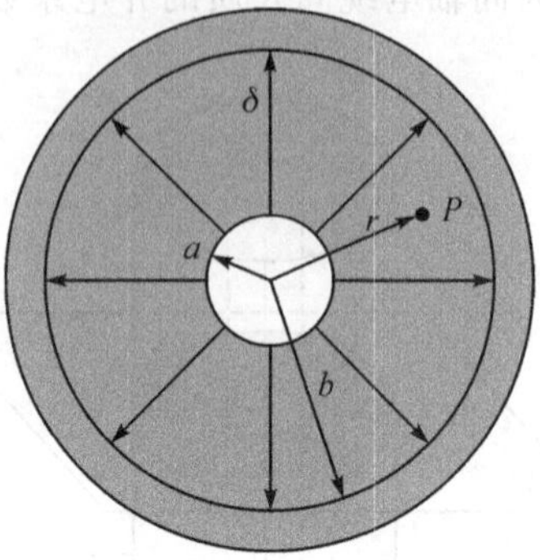

图 4.3.4　圆柱形电容器间的电流场

设两电极间自来水的厚度为 t，则距圆心为 r 的 P 点处的电流密度大小为

$$j=\frac{I}{S}=\frac{I}{2\pi rt}$$

由欧姆定律的微分形式 $\boldsymbol{j}=\gamma\boldsymbol{E}=\frac{\boldsymbol{E}}{\rho}$（电导率 $\gamma=1/\rho$，ρ 为电阻率）得

$$E=\rho j=\frac{I\rho}{2\pi rt}=k'\frac{1}{r} \tag{4.3.6}$$

式(4.3.6)中 $k'=\frac{I\rho}{2\pi t}$为不同于式(4.3.1)的常数。

P 点电势为

$$U_P=\int_a^b \boldsymbol{E}\cdot \mathrm{d}\boldsymbol{r}=\int_a^b k'\frac{1}{r}\mathrm{d}r=k'\ln\frac{b}{r} \tag{4.3.7}$$

当 $r=a$ 时，$U_P=U_a$（U_a 是稳压电源输出电压，即圆柱电极的电势），所以

$$U_a=\int_a^b k'\frac{1}{r}\mathrm{d}r=k'\ln\frac{b}{a} \tag{4.3.8}$$

由式(4.3.8)可得

$$k'=\frac{U_a}{\ln\frac{b}{a}} \tag{4.3.9}$$

将式(4.3.9)代入式(4.3.7)中，得

$$U_P=U_a\frac{\ln\frac{b}{r}}{\ln\frac{b}{a}} \tag{4.3.10}$$

将式(4.3.10)与式(4.3.5)、式(4.3.6)与式(4.3.1)进行对比，可以看出，该电流场的场强和电势与长直同轴电缆之间静电场的场强和电势具有相同的数学表达式，这就是我们用电流场模拟静电场的依据。

因此，我们只要测绘出该电流场的等势线(从而得到电场线)的分布，也就间接得出了长直同轴电缆之间静电场的等势线(从而得到电场线)的分布情况。该电流场称为“模拟电场”，产生这个电场的电极称为“模拟电极”，横截面 M 称为“模拟面”。用模拟法测绘静电场就是用模拟电极产生的电流场来代替被模拟的静电场。

同理，可用点状对电极的电流场模拟两长直平行导线之间的静电场。本实验常用的电极板的电场线和等势线的理论分布见图 4.3.5。

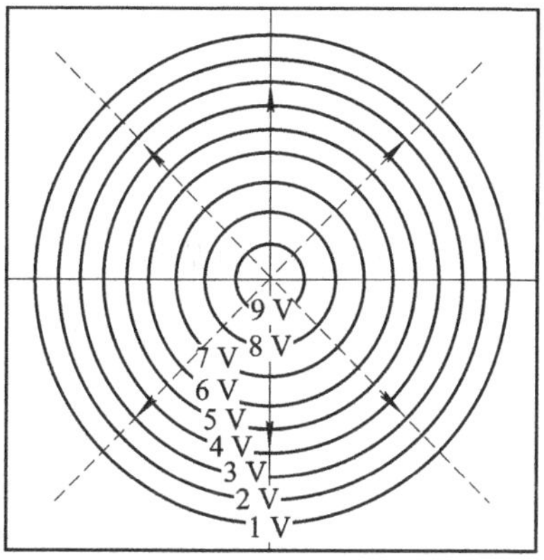

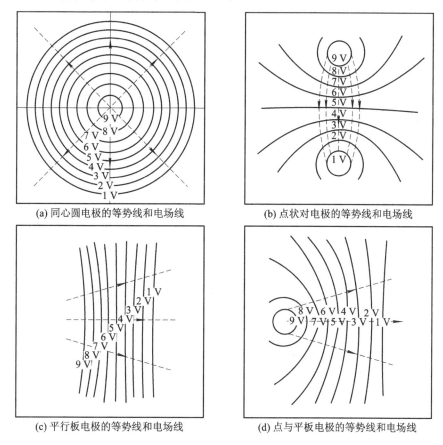

(a) 同心圆电极的等势线和电场线

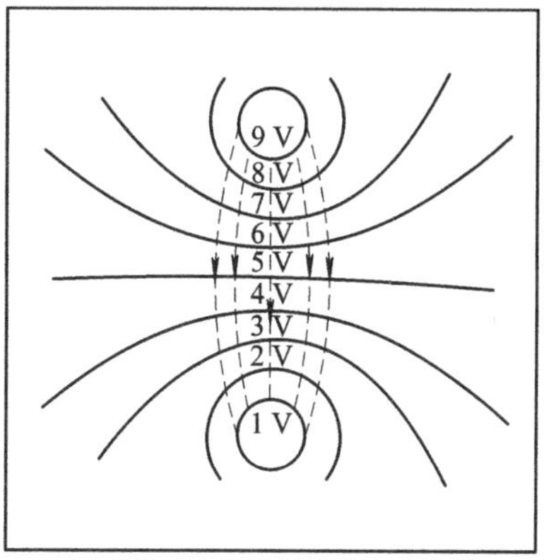

(b) 点状对电极的等势线和电场线

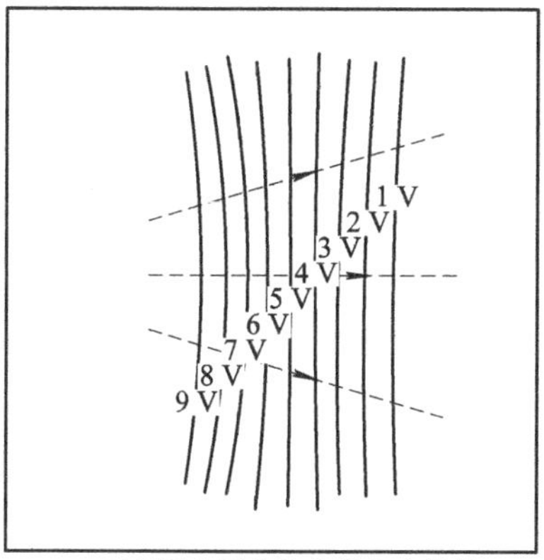

(c) 平行板电极的等势线和电场线

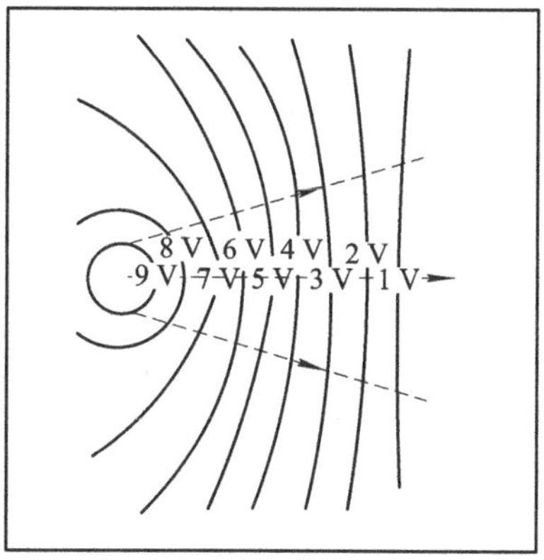

(d) 点与平板电极的等势线和电场线

图 4.3.5　常用电极板的电场线和等势线的理论分布

四、实验步骤

(1) 正确连接电路。将电源面板中“探针输入”端子(左侧红色接线柱)与探针相连。“电压输出”端子(右侧红色、蓝色接线柱)分别与电极板的正、负极相接。

(2) 将待测电极板放入电极架下层盛有自来水的水槽中，注意，水要洁净，且水的深度不要超过电极高度，水的深度又要满足下探针能没入水面下。

(3) 将坐标纸平铺于电极架的上层并夹紧。

(4) 打开测试电源通电。将面板选择开关置于“电压调节”，旋转“电压调节”旋钮选择输出电压。本实验中输出电压选择 10 V。

(5) 将面板选择开关置于“探测”。

(6) 沿电极边沿移动下探针，同步压下上探针，在坐标纸上打出正、负电极的俯视图形状，每个电极至少 8 个点，且要求 8 个点间距均匀。

(7) 移动下探针，选取其他等势点，并用上探针同步在坐标纸上打出所需的等势点。本实验要求测绘出 3 V、4 V、5 V、6 V、7 V 等势线，每条等势线不少于 8 个分散但间距又较为均匀的等势点，并标记上等势线的电势值。

(8) 测试结束时，关闭电源，整理好导线，将水槽中的水倒净，并将电极板和水槽倒扣于桌面，以防止电极腐蚀。

五、测量记录和数据处理

数据处理提示：

(1) 描出“+”“−”电极俯视图形状，标注电极电势值。

(2) 用虚线将各等势点平滑连接，得到各等势线，标注等势线电势值。

(3) 根据电场线和等势线的关系，画出相应的电场线(用带箭头的实线表示)，不少于8条。

(4) 标注图的名称。

六、注意事项

(1) 测量过程中要保持两电极间的电压不变。

(2) 实验时上下探针应保持在同一铅垂线上，否则图形会失真。

(3) 记录纸应保持平整，测量过程中，不能移动。

(4) 水质必须洁净，所加水的高度不能超过电极高度，下探针必须没入水中。

七、思考题

(1) 模拟法测绘静电场的依据是什么？

(2) 等势线和电场线之间有什么关系？

(3) 如果将电极间电压的正负极交换，等势线会有变化吗？电场线的形状和方向会改变吗？

4.4 磁聚焦法测定电子荷质比

带电粒子的电量与质量的比值称为荷质比，它是带电微观粒子的基本参量之一。荷质比的测定在近代物理学的发展中具有重大的意义，是研究物质结构的基础。1897 年，英国剑桥大学卡文迪许物理实验室汤姆逊教授(Joseph John Thomson)和他的学生用不同的阴极和不同的气体做“阴极射线实验”，测定带电粒子流的荷质比，由此证明了电子的存在。电子的发现，不仅使人类对电现象有了更本质的认识，还打破了原子是不可再分的最小单位的观点，汤姆逊因此获得了 1906 年的诺贝尔物理学奖。

测定电子荷质比可使用不同的方法，如磁聚焦法、磁控管法、汤姆逊法等。本实验介绍一种简便测定 e/m 的方法——纵向磁场聚焦法。它是将示波管置于长直螺线管内，并使两管同轴安装。当偏转板上无电压时，从阴极发出的电子经加速电压加速后，可以直射到荧光屏上打出一亮点。若在偏转板上加一交变电压，则电子将随之而偏转，在荧光屏上形成一条直线。此时，若给长直螺线管通以电流，使之产生一轴向磁场，那么运动电子处于磁场中，因受到洛伦兹力作用而在荧光屏上再度会聚成一亮点，这就叫作纵向磁场聚焦。由加速电压、聚焦时的励磁电流值等有关参量，便可计算出 e/m 的数值。

一、实验目的

(1) 理解电子在电场和磁场中的运动规律。

(2) 了解电子射线束磁聚焦的基本原理。

(3) 学习用磁聚焦法测定电子荷质比。

二、实验仪器

本实验所用实验仪器主要是 LB－EB3 型电子荷质比实验仪(见图 4.4.1)、长直螺线管、导线。

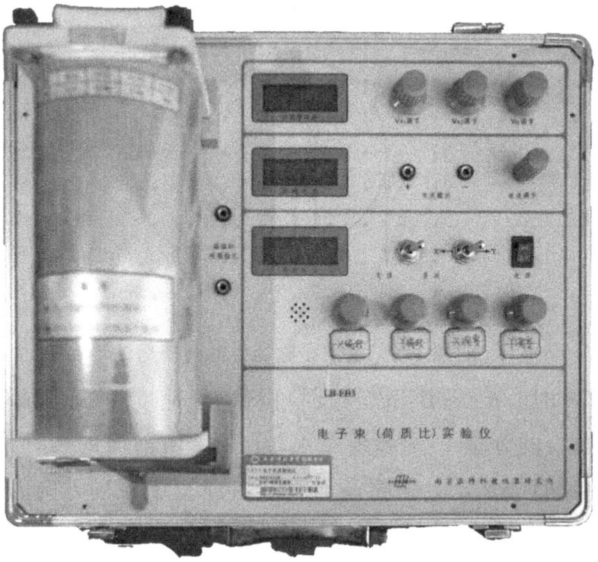

图 4.4.1　LB－EB3 型电子荷质比实验仪

三、实验原理

由电磁学知识可知，在均匀磁场 $\boldsymbol{B}$ 中，以速度 $\boldsymbol{v}$ 运动的电子会受到洛伦兹力的作用，其大小为

$$f = evB\sin\theta \tag{4.4.1}$$

式中：θ 是 $\boldsymbol{v}$ 与 $\boldsymbol{B}$ 之间的夹角。

下面分情况讨论电子在均匀磁场中的运动。

(1) 当 $\sin\theta=0$ 时，$f_{\min}=0$，说明电子的运动不受磁场影响，这时电子将沿磁场方向做匀速直线运动。

(2) 当 $\sin\theta=1$ 时，$f_{\max}=evB$，且洛伦兹力的方向垂直于由 $\boldsymbol{v}$ 和 $\boldsymbol{B}$ 组成的平面，这时电子将在垂直于磁场方向的平面内做匀速圆周运动。

因此，由

$$f_{\max} = evB = m\frac{v^2}{R} \tag{4.4.2}$$

得电子做匀速圆周运动的半径(回旋半径)为

$$R=\frac{v}{\frac{e}{m}B} \tag{4.4.3}$$

电子运动一周的时间(回旋周期)为

$$T=\frac{2\pi R}{v}=\frac{2\pi}{\frac{e}{m}B} \tag{4.4.4}$$

式(4.4.4)说明电子做圆周运动的周期与电子速度的大小无关。也就是说，当 $\boldsymbol{B}$ 一定时，尽管从同一点出发的所有电子各自的速度大小不同，但它们运动一周的时间却是相同的。因此，这些电子在旋转一周后，都同时回到了原来的位置，如图 4.4.2 所示。

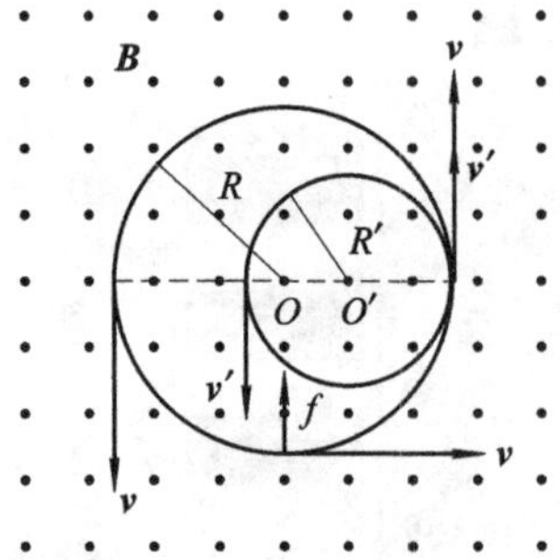

图 4.4.2　电子在磁场中的圆周运动

(3) 当 $0<\sin\theta<1$ 时，$f=evB\sin\theta$，这时可将电子速度 $\boldsymbol{v}$ 分解成与磁场方向平行的分量 $v_{/\!/}$ 及与磁场方向垂直的分量 $v_{\perp}$，如图 4.4.3 所示。由前面的两种情况可知，分量 $v_{/\!/}$ 使电子沿磁场方向做匀速直线运动，分量 $v_{\perp}$ 使电子在垂直于磁场方向的平面内做匀速圆周运动。因此，当电子的运动方向与磁场方向斜交时，电子的运动状态实际上是这两种运动的合成，导致电子沿螺旋线向前运动，如图 4.4.4 所示。

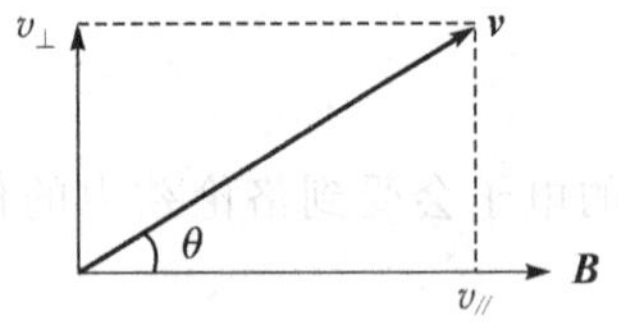

图 4.4.3　电子运动方向与磁场斜交

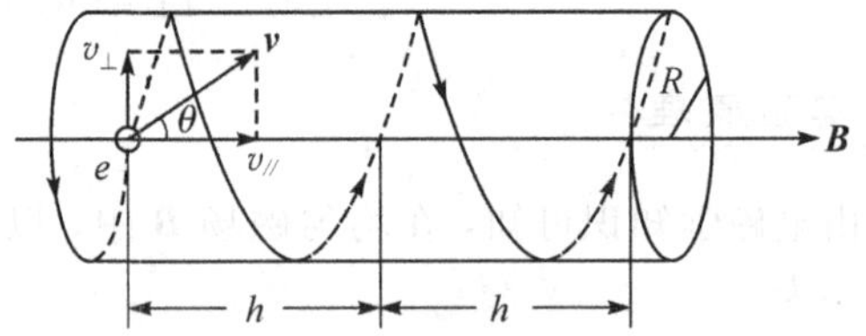

图 4.4.4　电子在磁场中的螺旋运动

由式(4.4.3)得，螺旋线的半径为

$$R=\frac{v_{\perp}}{\frac{e}{m}B} \tag{4.4.5}$$

周期为

$$T=\frac{2\pi R}{v_{\perp}}=\frac{2\pi}{\frac{e}{m}B} \tag{4.4.6}$$

螺距(电子在一个周期内沿磁场方向前进的距离)为

$$h = v_{/\!/} T = \frac{2\pi v_{/\!/}}{\frac{e}{m}B} \tag{4.4.7}$$

由以上三式可见，对于同一时刻电子流中沿螺旋轨道运动的电子，由于 $v_\perp$ 不同，它们的螺旋轨道各不相同，但只要磁场 **B** 一定，那么所有电子绕各自的螺旋轨道运动一周的时间 T 却是相同的，与 $v_\perp$ 的大小无关。如果它们的 $v_{/\!/}$ 也相同，那么这些螺旋轨道的螺距 h 也相同。如图 4.4.5 所示的通电螺线管的磁场中，一束电子从 A 点出发，各自沿不同的轨迹一边沿螺线管的轴线方向前进，一边绕此轴线旋转，经过一个周期后又会聚于同一个点 A'，这就是用纵向磁场使电子束聚焦的原理。

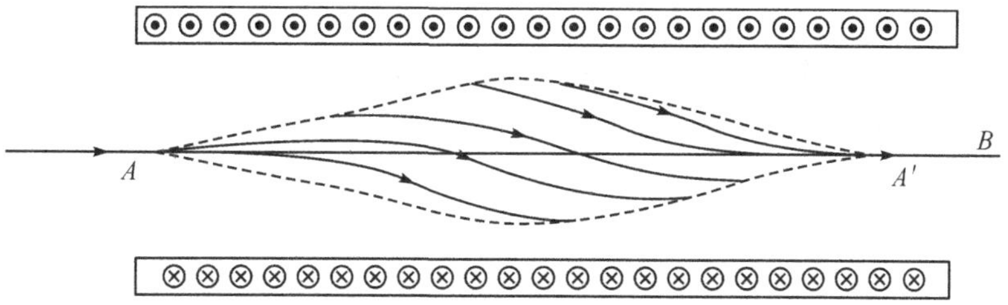

图 4.4.5　磁聚焦的原理图

根据这一原理，我们将阴极射线示波管安装在长直螺线管内部，并使两管的中心轴重合。当给示波管灯丝通电加热时，阴极发射的电子经加在阴极与阳极之间直流高压 U 的作用，从阳极小孔射出时可获得一个与管轴平行的速度 v_1，若电子的质量为 m，则根据功能原理有 $\frac{1}{2}mv_1^2 = eU$，所以电子的轴向速度大小为

$$v_1 = \sqrt{\frac{2eU}{m}} \tag{4.4.8}$$

实际上，电子在穿出示波管的第二阳极后，形成了一束高速电子流，它射到荧光屏上，就打出一个光斑。为了使这个光斑变成一个明亮、清晰的小亮点，必须将具有一定发射程度的电子束沿示波管轴向汇聚成一束很细的电子束(称为“聚焦”)，这就要调节聚焦电极的电势，以改变该区域的电场分布。这种靠电场对电子的作用来实现聚焦的方法，称为静电聚焦，可调节“聚焦”旋钮来实现。

若在 Y 轴偏转板上加一交变电压，则电子束在通过该偏转板时即获得一个垂直于轴向的速度 v_2。由于两极板间的电压是随时间变化的，因此，在荧光屏上将观察到一条直线。

由上可知，通过偏转板的电子，既具有平行于管轴的速度 v_1，又具有垂直于管轴的速度 v_2，这时若给螺线管通以励磁电流，使其内部产生磁场(近似认为长直螺线管中心轴附近的磁场是均匀的，大小为 $B = \frac{\mu_0 NI}{\sqrt{L^2 + D^2}}$)，则电子将在该磁场作用下做螺旋运动。

这与前面讨论(3)的情况完全相同，这里的 v_1 就相当于 $v_{/\!/}$，v_2 相当于 $v_\perp$。由式(4.4.7)可推得 $\frac{e}{m}$ 的表达式，并代入式(4.4.8)，运算化简后，有

$$\frac{e}{m} = \frac{8\pi^2 U}{h^2 B^2} = \frac{8\pi^2 U(L^2 + D^2)}{(\mu_0 NIh)^2} = \frac{8\pi^2 (L^2 + D^2)}{(\mu_0 Nh)^2} \cdot \frac{U}{I^2} \tag{4.4.9}$$

式中：真空中的磁导率 $\mu_0=4\pi\times10^{-7}$ H/m，N、L、D 分别为螺线管的总匝数、长度、直径。式中的 N、L、D、h 的数值由实验室给出，因此，测得 I、U 后，就可以求得电子荷质比 $\frac{e}{m}$ 的值。

四、实验步骤

(1) 将螺线管南北放置，调节"电流调节"旋钮至最小值，打开电源预热 5 min。

(2) 将"交流—直流"选择开关扳到接"直流"一边，适当调节 U_{A1} 和 U_{A2}，进行电聚焦，然后调节 U_G(辉度)，使荧光屏上出现一明亮的细点。

(3) 将"X—Y"选择开关扳到接"X"一边，进行 X 调零，并调节 X 偏转，再调到"Y"处，分别进行 Y 调零和 Y 偏转的调节，使亮点处于中心位置。

(4) 将"交流—直流"选择开关扳到接"交流"一边，调节 Y 偏转，使屏幕上的亮线长度适中(2/3 屏幕直径左右)。

(5) 调节励磁电流的"电流调节"旋钮，从零逐渐增加螺线管中的电流强度 I，使荧光屏上的直线光迹一面旋转一面缩短，当电流(磁场)增强到某一程度时，又聚集成一细点。第一次聚焦时，螺旋轨道的螺距 h 恰好等于 Y 偏转中点至荧光屏的距离。记下聚焦时电流表的读数。

(6) 重复以上测量过程 3 次，列表记录励磁电流和示波管电压的数值。

(7) 记录螺线管的 N、L、D 及螺距 h 的值。

(8) 根据式(4.4.9)计算出电子荷质比的平均值 $\overline{\left(\frac{e}{m}\right)}$(将实验值与公认值 $\left(\frac{e}{m}\right)_0=1.758\,804\,7\times10^{11}$ C/kg 进行比较)。

五、测量记录和数据处理

本次实验使用的螺线管：总匝数 $N=1160$ 匝，长度 $L=0.205$ m，直径 $D=0.090$ m，螺旋轨道的螺距 $h=0.148$ m。

将实验中测得的数据记入表 4.4.1 中。

表 4.4.1 励磁电流与示波管电压测量

测量次数	励磁电流 I/A	示波管电压 U_{A2}/V
1		
2		
3		
平均值		

根据式(4.4.9)计算：

$$\overline{\left(\frac{e}{m}\right)}=\frac{8\pi^2(L^2+D^2)}{(\mu_0 Nh)^2}\cdot\frac{\overline{U}_{A2}}{\overline{I}^2}=\_\_\_\_\_\_\_\_\text{ C/kg}$$

$$\Delta\left(\frac{e}{m}\right)=\left|\overline{\left(\frac{e}{m}\right)}-\left(\frac{e}{m}\right)_0\right|=\_\_\_\_\_\_\_\_\text{ C/kg}$$

$$\frac{e}{m}=\overline{\left(\frac{e}{m}\right)}\pm\Delta\left(\frac{e}{m}\right)=\underline{\qquad\qquad}\pm\underline{\qquad\qquad}\ \mathrm{C/kg}$$

$$E=\frac{\left|\overline{\left(\frac{e}{m}\right)}-\left(\frac{e}{m}\right)_0\right|}{\left(\frac{e}{m}\right)_0}\times 100\%=\underline{\qquad\qquad}\%$$

六、注意事项

（1）螺线管应南高北低放置，聚焦光点应尽量细小，但不要太亮，以免难以判断聚焦的好坏。

（2）在打开电源前，应先调节励磁电源输出为“零”或最小，测量完毕时要把励磁电流调到最小，再关电源，不要让螺线管长时间地处于大电流通电状态，防止螺线管过热烧毁。

七、思考题

（1）调节螺线管中的电流强度 I 的目的是什么？

（2）静电聚焦($B=0$)后，加偏转电压时，荧光屏上呈现的是一条直线而不是一个亮点，为什么？

（3）加上磁场后，磁聚焦时，如何判定偏转板到荧光屏间是 1 个螺距，而不是 2 个、3 个或更多？

4.5　利用霍尔效应测磁场

霍尔效应是导体和半导体中运动的带电粒子在磁场中受洛伦兹力作用而引起的偏转。当带电粒子(电子或空穴)被约束在导体和半导体材料中时，这种偏转就导致在垂直电流和磁场的方向上产生正负电荷的聚积，从而形成附加的横向电压，即霍尔电压。霍尔效应(Hall effect)作为一种磁电效应，它是 1879 年由美国物理学家霍尔(E. H. Hall)发现并以此命名的。利用霍尔效应原理可以测量磁场和半导体中载流子的浓度，也可判别材料的导电类型。还可利用霍尔效应制成多种测量器件，称为霍尔器件，例如测量磁感应强度的特斯拉计、测量电流的电流计、测量电功率的瓦特计、测量磁场方向的磁罗盘等。根据霍尔效应原理制成的传感器在非电量的测量中也有广泛的应用。本实验利用霍尔效应测有限长直螺线管轴线上的磁场分布。

一、实验目的

（1）了解霍尔效应产生的机理。

（2）掌握用霍尔效应测磁场的原理和方法。

二、实验仪器

本实验所用实验仪器主要是 LB－SM 螺线管磁场测量仪。LB－SM 螺线管磁场测量仪面板见图 4.5.1，它选用了 SS495A 型高灵敏度集成线性霍尔传感器代替一般霍尔元件来测量弱磁场，再将输出信号经信号放大器放大归一，在三位半数字显示面板上直接显示出所测磁场强度(真空中，等于磁感应强度)的大小。

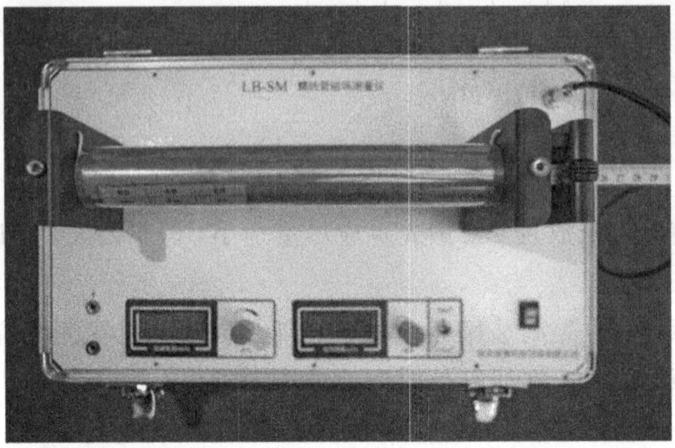

图 4.5.1　LB－SM 型螺线管磁场测量仪面板

SS495A 传感器由霍尔元件、放大器和薄膜电阻制成的剩余电压补偿器组成。SS495A 实际测量时输出信号大，不必考虑剩余电压的影响。SS495A 传感器的基本参数为：低功耗 7 mA×5 V_{DC}；磁场范围为－67～＋67 mT，零点电压为(2.500±0.075) V，灵敏度 $K=(31.25\pm1.25)$ mV/mT，测量精度线性误差为－1%，温度误差为±0.06%℃。

LB－SM 螺线管磁场测量仪的主要技术参数如下：

(1) 励磁恒流源 0～0.8 A，调节细度＜1 mA，稳定度＜10，三位半 LED 数显，工作电流 I_s 为默认值。

(2) 磁场强度显示分二挡：20 mT 挡，分辨率为 0.01 mT；200 mT 挡，分辨率为 0.1 mT。三位半 LED 数显。

(3) 有限长直螺线管长 L 为 260 mm，内径 D 为 25 mm，总匝数为 3000 匝。

三、实验原理

1. 霍尔效应测磁场

对于图 4.5.2(a)所示的 N 型半导体试样，设试样的宽度为 b，厚度为 d，若在 X 方向通以工作电流 I_s，载流子(电子 e)浓度为 n，载流子速率为 v，则

$$I_s = nevbd \tag{4.5.1}$$

若在该 N 型半导体试样 Z 方向加磁场 B，此时，试样中的载流子(电子)将受逆 Y 方向的洛伦兹力的作用，其大小为

$$F_g = evB \tag{4.5.2}$$

在洛伦兹力作用下，电子流发生偏转，聚积到薄片的横向端面 A 上，而使横向端面 A′上出现了剩余正电荷。由此在逆 Y 方向形成了一个横向附加电场 E_H，称为霍尔电场，方向由 A′指向 A(电场的指向取决于试样的导电类型，对图 4.5.2(b)所示的 P 型半导体试样，霍尔电场沿 Y 方向)。电场对载流子产生一个方向与洛伦兹力相反的静电力，其大小为

$$F_E = eE_H \tag{4.5.3}$$

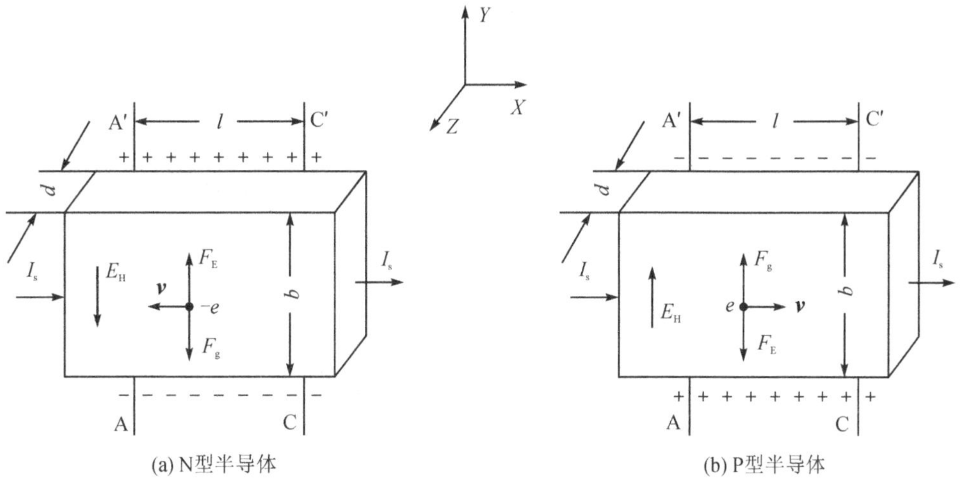

图 4.5.2　实验原理图

随着载流子的横向迁移过程的进行，聚积到薄片横向端面 A、A′上的电荷量增加，逆 Y 方向形成的横向附加电场 E_H 增大，载流子所受电场力变大。最终载流子所受的横向电场力与洛伦兹力会相等，即样品两侧电荷的积累会达到动态平衡。此时，有

$$eE_H = evB \tag{4.5.4}$$

这时，A、A′间的霍尔电压为

$$U_H = E_H b = vbB \tag{4.5.5}$$

由式(4.5.1)、式(4.5.4)和式(4.5.5)可得

$$U_H = \frac{1}{ne}\frac{I_s B}{d} = \frac{R_H}{d}I_s B = K_H I_s B \tag{4.5.6}$$

通常，将式(4.5.6)中 $R_H=1/(ne)$ 定义为霍尔系数，$K_H=1/(ned)=R_H/d$ 称为霍尔元件的灵敏度，它们都是反映材料霍尔效应强弱的重要参数，大小与材料特性和几何尺寸有关。

由式(4.5.6)可得

$$B = \frac{U_H}{K_H I_s} \tag{4.5.7}$$

其中，霍尔元件的灵敏度 K_H 的值由实验室提供，只需从电流表、电压表分别读出样品两侧电荷的积累达到动态平衡时的工作电流 I_s 和霍尔电压 U_H 的值，就可算出磁场 B 的大小，这便是利用霍尔效应测磁场的原理。

2. 有限长直螺线管轴线上磁场的理论分布

有限长直螺线管是由绕在圆柱面上的导线构成的，密绕的直螺线管可以看成一系列有共同轴线的圆形线圈的并排组合。因此，载流有限长直螺线管轴线上任意一点的磁感应强度，可以从对各圆形电流在轴线上该点所产生的磁感应强度进行叠加得到，轴线上的磁感应强度理论值为

$$B_{理} = \frac{\mu_0 N I_m}{2L}\left(\frac{x}{\sqrt{x^2+D^2/4}} + \frac{L-x}{\sqrt{(L-x)^2+D^2/4}}\right)$$

其中，真空磁导率 μ_0 为 $4\pi\times10^{-7}$ T·m/A，L 为螺线管长度，D 为螺线管直径，x 为螺线管轴线上任意一点的位置坐标，N 为螺线管单位长度的线圈匝数，I_m 为线圈的励磁电流。

有限长直螺线管的磁力线分布见图 4.5.3。由此可知，管中部内腔磁力线是平行于轴线的直线，渐近两端口时，这些直线变为从两端口离散的曲线，说明内部的磁场是均匀的，仅在靠近两端口时，才呈现出明显的不均匀性。根据理论计算，长直螺线管一端的磁感应强度为管中部内腔磁感应强度的 1/2。

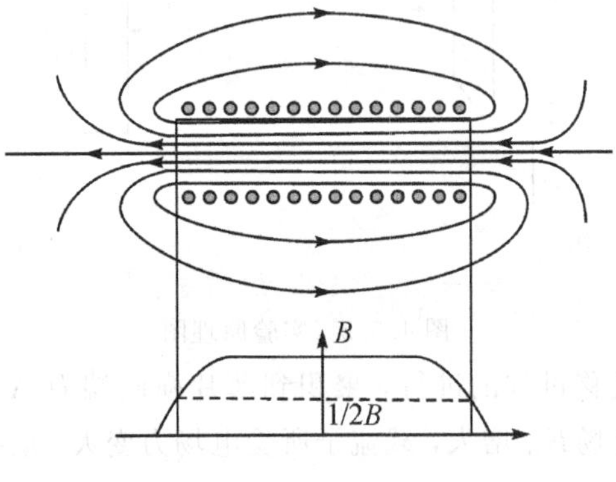

图 4.5.3　有限长直螺线管磁场分布

四、实验步骤

(1) 把励磁电流 I_m 接到螺线管输入端，测量霍尔探头数据线接到面板接口。

(2) 调零。将励磁电流 I_m 调节旋钮置于零，使输出处于最小状态(逆时针旋到底)；将磁场强度档位开关调到 20 mT，用磁场调零旋钮将磁场强度调零。开机预热 10 min。

(3) 磁感应强度 B 与直螺线管励磁电流 I_m 的关系。将测量霍尔探头移到直螺线管轴线中心 O 点，即刻度尺读数为 130 mm 处，分别将励磁电流 I_m 调节到 0 A、0.05 A、0.10 A、0.15 A、…、0.50 A(每次增加 0.05 A)，测量 O 点的磁场强度(空气中与磁感应强度 B 近似相等)，记录在表 4.5.1 中，在直角坐标纸上作 $B-I_m$ 关系曲线。

(4) 螺线管轴线上磁场的分布。由于直螺线管轴线上磁场的分布关于螺线管中心 O 点是对称的，故可以从螺线管中心 O 点开始，只测螺线管右侧的磁场分布。调节励磁电流 I_m 为 0.05 A，将测量霍尔探头移到螺线管轴线中心 O 点，即刻度尺读数为 130 mm 处，测量螺线管轴线中心 O 点处的磁场强度。然后依次右移霍尔探头到表 4.5.2 所示的直螺线管轴线 x 处，测量各位置坐标对应的磁场强度(空气中与磁感应强度 B 近似相等)，记入表 4.5.2 中。绘制螺线管内轴线上右侧的磁感应强度随位置坐标变化的 $B-x$ 关系曲线。

(5) 将 $z_m=0$，关闭电源。

五、测量记录和数据处理

霍尔传感器灵敏度 $K=31.25$ mV/mT。

(1) 直螺线管轴线中心 O 点($x=130$ mm)磁感应强度 B 与励磁电流 I_m 的关系。

表 4.5.1 螺线管轴线中心 $B-I_m$ 关系

励磁电流 I_m/A	直螺线管轴线中心处磁感应强度 B/mT
0	
0.050	
0.100	
0.150	
0.200	
0.250	
0.300	
0.350	
0.400	
0.450	
0.500	

(2) 螺线管轴线上 $B-x$ 关系(螺线管左端点 $x=0$，$I_m=0.050$ A)。

表 4.5.2 螺线管轴线上 $B-x$ 关系

霍尔探头位置 x/mm	直螺线管轴线上磁感应强度 B/mT
130	
140	
150	
160	
170	
180	
190	
200	
210	
220	
230	
240	
250	
260	
265	
270	
275	
280	

(3) 数据处理提示：

① 根据表 4.5.1 中的数据，以磁感应强度 B 为纵坐标，以励磁电流 I_m 为横坐标，在直角坐标纸上打点，并作出 $B-I_m$ 关系曲线。

② 根据表 4.5.2 中的数据，以磁感应强度 B 为纵坐标，以 x 为横坐标，在直角坐标纸上打点，并作出 $B-x$ 关系曲线。

六、注意事项

(1) 注意极性，正确接线，先接线，后加电！

(2) 加电前，必须先使 I_m 调节旋钮置于零，使输出处于最小状态(逆时针旋到底)！

(3) 霍尔器件严禁触摸、扭动！磁线圈严禁扭动！

(4) 加电后，预热数分钟后即可进行实验。

(5) 关机前，应将“I_m 调节”旋钮按逆时针方向旋到底，使其输出电流趋于零。

七、思考题

(1) 霍尔效应为什么在半导体中的作用特别显著？

(2) 已知霍尔样品的工作电流 I_s 及磁感应强度 B 的方向，如何判断样品的导电类型？

(3) 为什么每次测量前都必须断电调零？

第 5 章　光 学 实 验

5.1　干涉法测定透镜的曲率半径

要观察到光的干涉图像，如何获得相干光就成了重要的问题。利用普通光源获得相干光的方法是把由光源上同一点发出的光设法分成两部分，然后再使这两部分叠加起来。由于这两部分光的相应部分实际上都来自同一发光原子的同一次发光，所以它们将满足相干条件而成为相干光。获得相干光的方法有两种：一种叫分波阵面法，另一种叫分振幅法。

牛顿环是一种用分振幅方法实现的等厚干涉现象，最早为牛顿所发现，所以叫牛顿环。牛顿环在科学研究和工业技术中有着广泛的应用，如测量光波的波长，精确地测量长度、厚度和角度，检验试件表面的光洁度，研究机械零件内应力的分布以及在半导体技术中测量硅片上氧化层的厚度等。

一、实验目的

（1）了解读数显微镜的结构和使用方法。

（2）理解牛顿环的干涉原理。

（3）掌握用干涉法测透镜曲率半径的方法。

二、实验仪器

本实验所用仪器包括 KF - JCD3 读数显微镜、牛顿环仪、钠灯。

1. KF - JCD3 读数显微镜

读数显微镜是将测微螺旋和显微镜组合起来用于精确测量长度的仪器。它结构简单，操作方便，除了可以精确测量长度外，还可以作为一般观察的显微镜使用。其测长原理和方法与螺旋测微计类似。

本实验所用的 KF - JCD3 型读数显微镜的构造如图 5.1.1 所示。

目镜 2 插在目镜筒 1 内，3 是目镜止动螺旋，可以固定目镜。转动调焦手轮 4，可以使物镜上下移动进行调焦，使待观测物成像清晰。松开底座手轮 8，可以上下调节支架 7。

移动读数显微镜，使其从左右两个方向对准同一目标，理论上两次读数应该相同，但实际上由于螺杆和螺套不可能完全密切接触，螺旋转动方向改变时它们的接触状态也将改变，两次读数将会不同，由此产生的测量误差称为回程误差。为了避免回程误差，使用读数显微镜时，应沿同一方向移动读数显微镜，使叉丝对准各个目标。

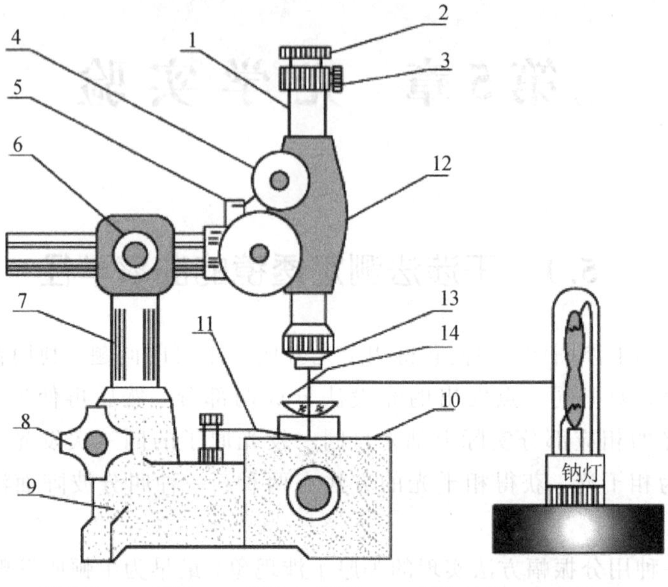

1—目镜筒；2—目镜；3—目镜止动螺旋；4—调焦手轮；5—标尺；
6—锁紧手轮；7—支架；8—底座手轮；9—底座；10—工作台面；
11—弹簧片；12—读数鼓轮；13—物镜；14—反光镜

图 5.1.1　读数显微镜的构造

2. 牛顿环仪

在一块水平的玻璃片 B 上，放一曲率半径 R 很大的平凸透镜 A，把它们装在框架 D 中，这样就组成了牛顿环仪，如图 5.1.2 和图 5.1.3 所示。框架上有三个螺丝 C，用来调节 A 和 B 的相对位置，以改变牛顿环的形状和位置。

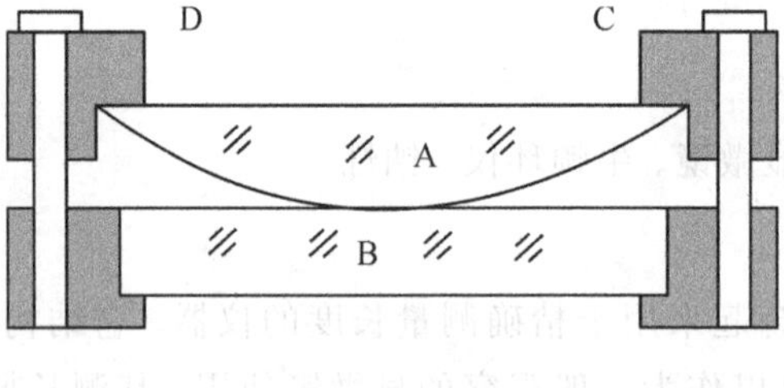

图 5.1.2　牛顿环仪的结构

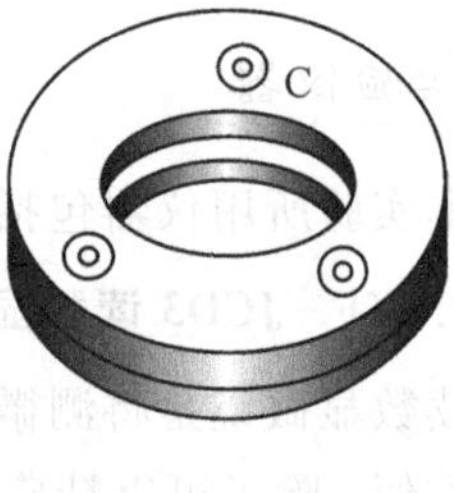

图 5.1.3　牛顿环仪

3. 钠灯

钠灯是实验室中最重要的单色光源之一。钠灯分为低压钠灯和高压钠灯两种，其工作原理与汞灯相似，都属于金属蒸气弧光放电。钠灯工作时，在可见光区发射出两条极强的黄色谱线(又称 D 双线)，它们的波长分别为 589.0 nm 和 589.6 nm，通常取它们的平均值 589.3 nm 作为黄光的标准参考波长，许多光学常数常以它作为基准。

实验室中常用低压钠灯，它的构造如图 5.1.4 所示。钠灯的工作电路如图 5.1.5 和图 5.1.6 所示。常用钠灯的主要参数如表 5.1.1 所示。

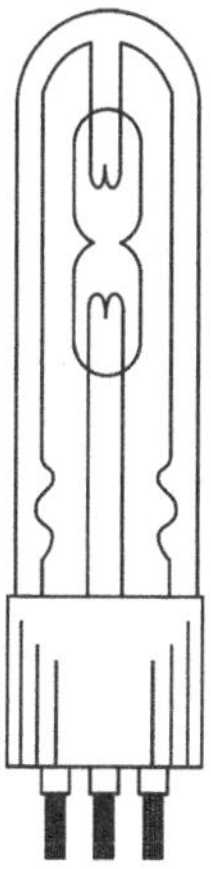

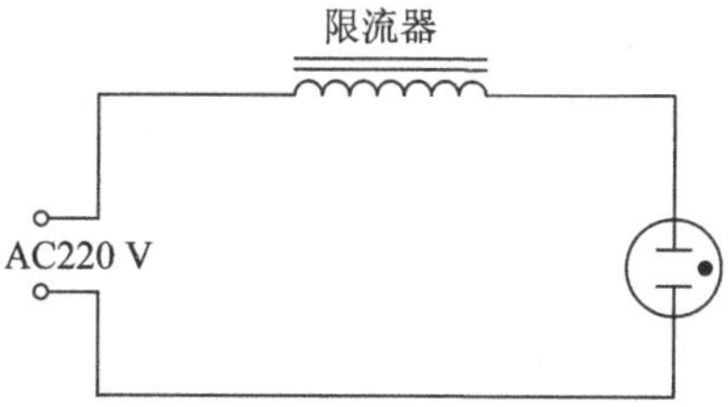

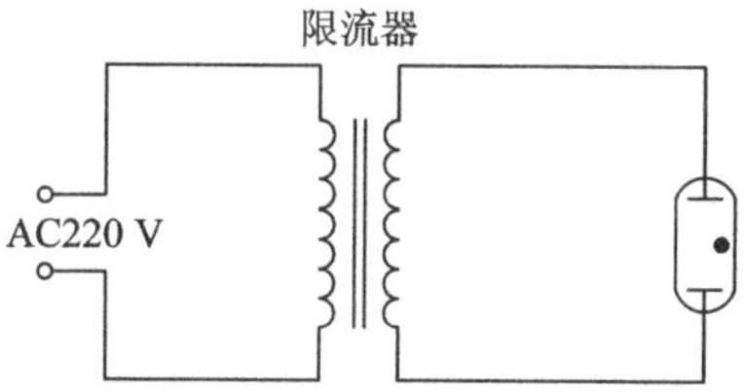

图 5.1.4　低压钠灯　图 5.1.5　GP20 型钠灯的工作电路　图 5.1.6　Ns、Ng、Nu 型钠灯的工作电路

表 5.1.1　常用钠灯的主要参数

型号	功率/W	工作电压/V	工作电流/A	启动电压/V	极间距/mm
GP20	20	20	1.3	220	
N_{45}	45	80	0.6	470	26.0
N_{75}	75	120	0.6	470	
N_{140}	140	160	0.9	470	81.0

上述钠灯如果充以其他金属蒸气，例如镉、铊、锌、铯、钾等蒸气，就可以制成各种金属蒸气弧光灯。镉灯有条很锐细的红色特征谱线(643.8 nm)，曾被采用作为波长的原始标准，现在仍常常用于定标。

三、实验原理

在牛顿环仪中，A、B 之间形成了一楔形空气薄膜。如图 5.1.7 所示，当平行单色光垂直照射牛顿环仪时，由于透镜下表面所反射的光和平面玻璃上表面所反射的光发生干涉，因此在平凸透镜下表面将呈现干涉条纹，这些干涉条纹都是以平凸透镜和平面玻璃片的接触点 O 为中心的一系列明暗相间的同心圆环。这些干涉环就称为牛顿环。

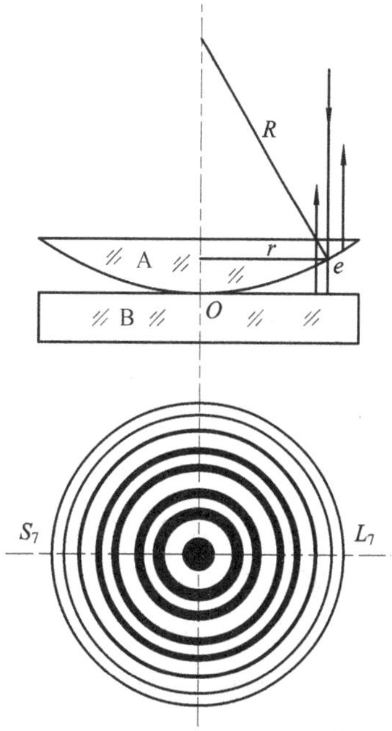

图 5.1.7　牛顿环

设透镜的曲率半径为 R，与接触点 O 距离为 r 处的空气薄膜的厚度为 e，由于平面玻璃上表面的反射光线有半波损失，因此空气薄膜上、下表面反射光

之间的光程差为

$$\begin{cases}\delta = 2e + \dfrac{\lambda}{2} = k\lambda & k = 1,\ 2,\ 3,\ \cdots,\ \text{明环} \\ \delta = 2e + \dfrac{\lambda}{2} = (2k+1)\,\dfrac{\lambda}{2} & k = 0,\ 1,\ 2,\ \cdots,\ \text{暗环}\end{cases} \tag{5.1.1}$$

由图 5.1.7 中的直角三角形得

$$r^2 = R^2 - (R-e)^2 = 2Re - e^2$$

由于 R 一般为几十厘米至数米，而 e 最大不超过几毫米，所以 $2Re \gg e^2$，将 e^2 从上式中略去，得

$$e = \frac{r^2}{2R} \tag{5.1.2}$$

将式(5.1.2)代入式(5.1.1)，求得反射光中明环和暗环的半径分别为

$$\begin{cases}r = \sqrt{(2k-1)R\,\dfrac{\lambda}{2}} & k = 1,\ 2,\ 3,\ \cdots,\ \text{明环} \\ r = \sqrt{kR\lambda} & k = 0,\ 1,\ 2,\ \cdots,\ \text{暗环}\end{cases} \tag{5.1.3}$$

显然，若能测得第 k 级干涉圆环半径 r，则由式(5.1.3)很容易算出透镜的曲率半径 R。但实际上，由于平凸透镜和平面玻璃在接触时发生弹性形变，接触处还可能有灰尘，使得接触处不可能是一个理想的几何点，因此测定环心的确切位置存在困难。为此，我们测量同一圆环直径两端的坐标 S 和 L，则该环的直径为

$$d = S - L$$

为了减少由于平面玻璃和平凸透镜表面的缺陷以及读数显微镜的刻度不均匀而引起的系统误差，在数据处理时采用逐差法，即用第 k 环和第 j 环直径的平方差来计算 R。另外，由于测量暗环的位置比较准确，因此利用暗环来测量 R。

由式(5.1.3)知：

$$r_k^2 = \frac{d_k^2}{4} = kR\lambda,\ r_j^2 = \frac{d_j^2}{4} = jR\lambda$$

两式相减得

$$R = \frac{d_k^2 - d_j^2}{4(k-j)\lambda} = \frac{\Delta d^2}{4(k-j)\lambda} \tag{5.1.4}$$

此外，由式(5.1.2)可以看出，e 和 r 的平方成正比，即离开牛顿环中心越远，光程差增加越快，干涉条纹将会越细、越密。

四、实验步骤

(1) 调节牛顿环仪。在眼睛仔细观察的同时，反复耐心地调节牛顿环仪的三个螺丝，直至出现清晰的同心圆环且位于中心。

(2) 通过转动调焦手轮 4，使显微镜下降。将牛顿环仪置于工作台面上，使其正对着显微镜，即同心圆环的中心应尽可能与物镜的中心处于同一条垂直线上。这在显微镜与牛顿环仪比较接近时才容易做到。然后提升显微镜，用弹簧片 11 把牛顿环仪轻轻压住。

(3) 把钠灯放在显微镜正前方约 20 cm 处如图 5.1.8 所示的摆放位置。打开钠灯开关，

预热 10 min。待钠灯发出明亮的黄光后，调节物镜下方的反光镜方向，当在读数显微镜的视场中看到明亮的黄光时，就表明有一束平行单色光垂直照射到牛顿环仪上。

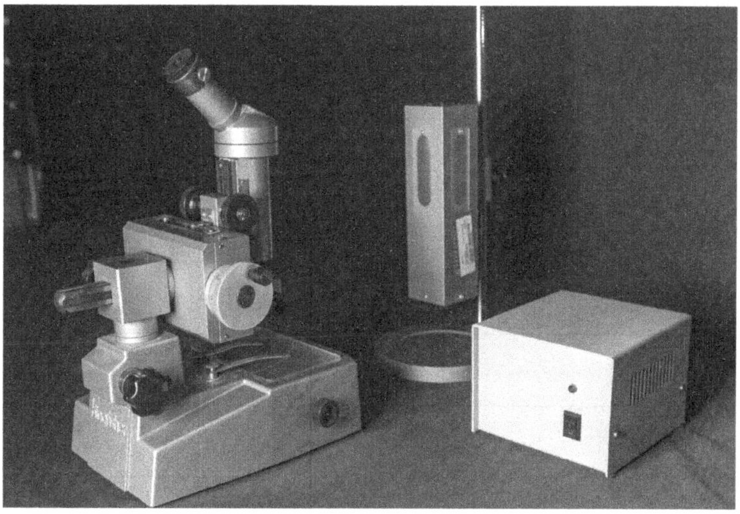

图 5.1.8 读数显微镜和钠灯

(4) 缓缓旋动目镜 2，使镜筒内的十字叉丝清晰可见。

(5) 一边通过目镜观察牛顿环仪形成的牛顿环，一边缓缓转动调焦手轮 4，使干涉条纹清晰(不要让物镜触及待测物，以免压坏物镜)。若看到的牛顿环中心与十字叉丝中心不重合，则可轻轻移动牛顿环仪，使二者重合。

(6) 转动读数鼓轮 12，使十字叉丝向右移动，直到十字叉丝对准第 25 暗环的中心为止。然后反转读数鼓轮，使十字叉丝对准第 20 暗环的中心，读记该环直径的右端坐标 L_{20}。读数方法是：在标尺 5 上，读取整数(单位为毫米)，在读数鼓轮上读取小数，此两数之和即为 L_{20}。鼓轮周边分为 100 小格，它转动一周，测微螺杆带动显微镜平移 1 mm，故鼓轮每旋转 1 小格，显微镜平移 0.01 mm。再估读十分之一小格，故可以读出 0.001 mm。

(7) 沿相同方向，继续转动读数鼓轮，使十字叉丝依次对准第 19，18，17，16，15，10，9，8，7，6，5 暗环的中心，读记各环直径的右端坐标 L_{19}，L_{18}，…，L_5。

(8) 沿相同方向继续转动读数鼓轮，使十字叉丝通过环心后，依次对准第 5，6，7，8，9，10，15，16，17，18，19，20 暗环的中心，读记各环直径的左端坐标 S_5，S_6，…，S_{20}。

(9) 求出各暗环直径。例如：

$$d_i = S_i - L_i$$

$$d_{20} = S_{20} - L_{20}$$

$$d_{19} = S_{19} - L_{19}$$

(10) 用逐差法，求相距 10 个暗环的 6 个 Δd^2 的值，即 $\Delta d_1^2 = d_{20}^2 - d_{10}^2$，$\Delta d_2^2 = d_{19}^2 - d_9^2$，$\Delta d_3^2 = d_{18}^2 - d_8^2$，$\Delta d_4^2 = d_{17}^2 - d_7^2$，$\Delta d_5^2 = d_{16}^2 - d_6^2$，$\Delta d_6^2 = d_{15}^2 - d_5^2$，将它们的平均值代入式(5.1.4)，计算透镜的曲率半径的平均值 $\bar{R}$。

(11) 计算出 $\bar{R}$ 的标准误差 $S_{\bar{R}}$ 和相对误差 E。

五、测量记录和数据处理

(1) 已知钠黄光的波长 $\lambda=589.3\ \text{nm}=5.893\times10^{-4}\ \text{mm}$。

(2) 测量牛顿环各暗环直径 d_k 两端的坐标，将所测的各数据记入表 5.1.2 中。

表 5.1.2　牛顿环各暗环测量数据

左端 S_k/mm	右端 L_k/mm	$d_k=\|S_k-L_k\|$/mm	d_k^2/mm^2	Δd_i^2/mm^2
$S_{20}=$	$L_{20}=$	$d_{20}=$	$d_{20}^2=$	
$S_{19}=$	$L_{19}=$	$d_{19}=$	$d_{19}^2=$	
$S_{18}=$	$L_{18}=$	$d_{18}=$	$d_{18}^2=$	
$S_{17}=$	$L_{17}=$	$d_{17}=$	$d_{17}^2=$	
$S_{16}=$	$L_{16}=$	$d_{16}=$	$d_{16}^2=$	
$S_{15}=$	$L_{15}=$	$d_{15}=$	$d_{15}^2=$	
$S_{10}=$	$L_{10}=$	$d_{10}=$	$d_{10}^2=$	$\Delta d_1^2=$
$S_9=$	$L_9=$	$d_9=$	$d_9^2=$	$\Delta d_2^2=$
$S_8=$	$L_8=$	$d_8=$	$d_8^2=$	$\Delta d_3^2=$
$S_7=$	$L_7=$	$d_7=$	$d_7^2=$	$\Delta d_4^2=$
$S_6=$	$L_6=$	$d_6=$	$d_6^2=$	$\Delta d_5^2=$
$S_5=$	$L_5=$	$d_5=$	$d_5^2=$	$\Delta d_6^2=$

(3) 计算：

$$\overline{\Delta d^2}=\frac{1}{6}\sum_{i=1}^{6}\Delta d_i^2=\underline{\qquad\qquad}\ \text{mm}^2$$

$$S_{\overline{\Delta d^2}}=\sqrt{\frac{\sum_{i=1}^{6}(\Delta d_i^2-\overline{\Delta d^2})^2}{n(n-1)}}=\underline{\qquad\qquad}\ \text{mm}^2$$

$$\bar{R}=\frac{\overline{\Delta d^2}}{4\times10\lambda}=\underline{\qquad\qquad}\ \text{mm},\ E=\frac{S_{\bar{R}}}{\bar{R}}\times100\%=\frac{S_{\overline{\Delta d^2}}}{\overline{\Delta d^2}}\times100\%=\underline{\qquad\qquad}\ \%$$

$$S_{\bar{R}}=\bar{R}\cdot E=\underline{\qquad\qquad}\ \text{mm},\ R=\bar{R}\pm S_{\bar{R}}=(\underline{\qquad\qquad}\pm\underline{\qquad\qquad})\ \text{mm}$$

例如，选用 4 号待测透镜。测量数据如表 5.1.3 所示，

表 5.1.3　4 号待测透镜的测量数据

左端 S_k/mm	右端 L_k/mm	$d_k=\|S_k-L_k\|$/mm	d_k^2/mm²	Δd_i^2/mm²
$S_{20}=27.821$	$L_{20}=21.132$	$d_{20}=6.689$	$d_{20}^2=44.74$	
$S_{19}=27.742$	$L_{19}=21.212$	$d_{19}=6.530$	$d_{19}^2=42.64$	
$S_{18}=27.660$	$L_{18}=21.295$	$d_{18}=6.365$	$d_{18}^2=40.51$	
$S_{17}=27.578$	$L_{17}=21.379$	$d_{17}=6.199$	$d_{17}^2=38.43$	
$S_{16}=27.492$	$L_{16}=21.468$	$d_{16}=6.024$	$d_{16}^2=36.29$	
$S_{15}=27.409$	$L_{15}=21.550$	$d_{15}=5.859$	$d_{15}^2=34.33$	
$S_{10}=26.905$	$L_{10}=22.044$	$d_{10}=4.861$	$d_{10}^2=23.63$	$\Delta d_1^2=21.11$
$S_9=26.799$	$L_9=22.158$	$d_9=4.641$	$d_9^2=21.54$	$\Delta d_2^2=21.10$
$S_8=26.676$	$L_8=22.270$	$d_8=4.406$	$d_8^2=19.41$	$\Delta d_3^2=21.10$
$S_7=26.550$	$L_7=22.399$	$d_7=4.151$	$d_7^2=17.23$	$\Delta d_4^2=21.20$
$S_6=26.425$	$L_6=22.530$	$d_6=3.895$	$d_6^2=15.17$	$\Delta d_5^2=21.12$
$S_5=26.289$	$L_5=22.674$	$d_5=3.615$	$d_5^2=13.07$	$\Delta d_6^2=21.26$

计算相距 10 个暗环 Δd^2 的平均值$\overline{\Delta d^2}$和$\overline{\Delta d^2}$的标准误差 $S_{\overline{\Delta d^2}}$：

$$\overline{\Delta d^2}=\frac{1}{6}\sum_{i=1}^{6}\Delta d_i^2=21.15\ \text{mm}^2$$

$$S_{\overline{\Delta d^2}}=\frac{S}{\sqrt{n}}=\sqrt{\frac{\sum\limits_{i=1}^{6}(\Delta d_i^2-\overline{\Delta d^2})^2}{n(n-1)}}=\sqrt{\frac{221\times10^{-4}}{6\times(6-1)}}=0.03\ \text{mm}^2$$

因此

$$\Delta d^2=\overline{\Delta d^2}\pm S_{\overline{\Delta d^2}}=(21.15\pm0.03)\ \text{mm}^2$$

计算透镜的平均曲率半径 $\bar{R}$ 和 $\bar{R}$ 的标准误差 $S_{\bar{R}}$：

$$\bar{R}=\frac{\overline{\Delta d^2}}{4\times10\lambda}=\frac{21.15}{4\times10\times5.893\times10^{-4}}=897.3\ \text{mm}$$

因为

$$R=\frac{\Delta d^2}{4\times10\lambda}$$

所以

$$\ln R=\ln\frac{\Delta d^2}{40\lambda}$$

$$\frac{\partial\ln R}{\partial\Delta d^2}=\frac{1}{\overline{\Delta d^2}}$$

$$E=\frac{S_{\overline{R}}}{\overline{R}}=\sqrt{\left(\frac{\partial \ln R}{\partial \Delta d^2}\right)^2 S_{\Delta d^2}^2}=\frac{S_{\Delta d^2}}{\Delta d^2}=\frac{0.03}{21.15}=0.14\%$$

$$S_{\overline{R}}=\overline{R}\cdot E=897.3\times 0.14\%=1.3\ \mathrm{mm}$$

因此透镜的曲率半径：

$$R=\overline{R}\pm S_{\overline{R}}=(897.3\pm 1.3)\ \mathrm{mm}$$

$$E=0.14\%$$

注意：这里求得的误差没有考虑系统误差，所以，实际的测量误差要比它大得多。

六、思考题

(1) 试述牛顿环的干涉原理。

(2) 实验中为什么要测量多组数据？采用什么方法处理这些数据？

(3) 在反射光中牛顿环中央是暗点还是亮点？各级条纹粗细是否一致？条纹间隔是否相同？为什么靠近中心的相邻两暗条纹之间的距离比边缘的大？

(4) 如果在反射光中观察到牛顿环中央不是暗斑，而是亮斑，这种现象如何解释(提示：从平凸透镜与平面玻璃之间的接触情况及接触处有无灰尘等方面考虑)？这对实验有无影响？

5.2 分光仪的调整与使用

5.2.1 分光仪的调整

分光仪是一种精确地测量光线偏转角度的光学仪器，可以用来观察光谱，以及测量光谱波长、偏转角、棱镜角等与角度有关的光学量。许多光学仪器的基本结构都是以分光计为基础的。现代的 X 射线、γ 射线分光仪已用于分析各种物质的成分和放射性剂量的测定。分光仪比较精密，操作控制部件较多且复杂，使用时必须按一定的规则严格调整，方能获得较高精度的测量结果。

分光仪作为基本的光学仪器之一，它是精确测定光线偏转角的仪器，也称为测角仪。光学中很多基本量(如反射角、折射角、衍射角等)都可以由它直接测量。因此，分光仪可以用来测定物质的有关常数(如折射率、光栅常数、光波波长等)，或研究物质的光学特性(如光谱分析)。应用分光仪必须经过一系列仔细调整，才能得到准确的结果。因此，在学习使用过程中，要做到严谨、细致，才能正确掌握。

分光仪的调整思想、方法与技巧，在光学仪器中有一定的代表性，学习它的调节和使用方法，有助于掌握更为复杂的光学仪器的使用。

一、实验目的

(1) 了解分光仪的结构。

(2) 掌握望远镜聚焦于无穷远处的调节方法。

(3) 掌握望远镜光轴与分光仪中心转轴相垂直的调节方法。

(4) 掌握平行光管光轴与分光仪中心转轴相垂直的调节方法。

二、实验仪器

本实验所用仪器包括 JJY1′型分光仪、平行平面镜、三棱镜、光栅、钠灯或低压汞灯，如图 5.2.1 所示。

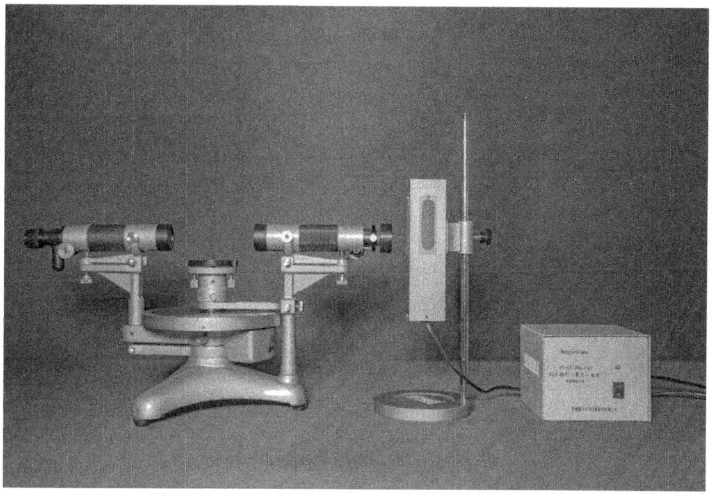

图 5.2.1　JJY1′型分光仪和低压汞灯

分光仪是精确测定光线偏转角度的一种光学仪器，也是摄谱仪等专用光学仪器的基础。分光仪的型号很多，但基本结构都是相同的。JJY1′型分光仪的结构如图 5.2.2 所示。

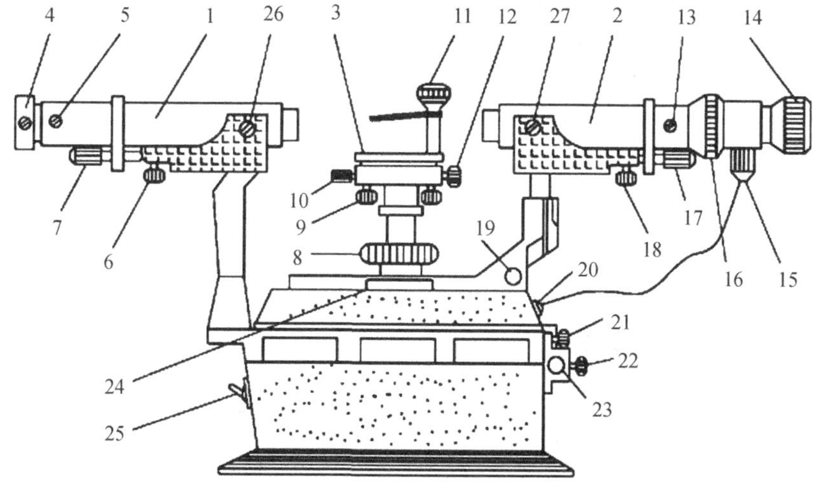

1—平行光管；2—望远镜；3—平台；4—狭缝调节螺丝；5—狭缝体固定螺丝；
6—平行光管倾斜度调节螺丝；7—平行光管锁紧螺丝；8—平台升降固定螺母；
9—平台台面调节螺丝(三只)；10—平台锁紧螺丝；11、12—被测物压紧装置；
13—目镜筒锁紧螺丝；14—目镜；15—灯座；16—望远镜调焦螺丝；
17—望远镜锁紧螺丝；18—望远镜倾斜度调节螺丝；19—望远镜和游标盘微动螺丝；
20—双芯插头；21—望远镜和游标盘锁紧螺丝；22—度盘锁紧螺丝；23—度盘微动螺丝；
24—读数窗(左右各一个)；25—电源开关；26—平行光管固定螺丝；27—望远镜固定螺钉

图 5.2.2　JJY1′型分光仪的结构

JJY′型分光仪由望远镜、游标度盘、平行光管、平台等组成，如图 5.2.3 所示。

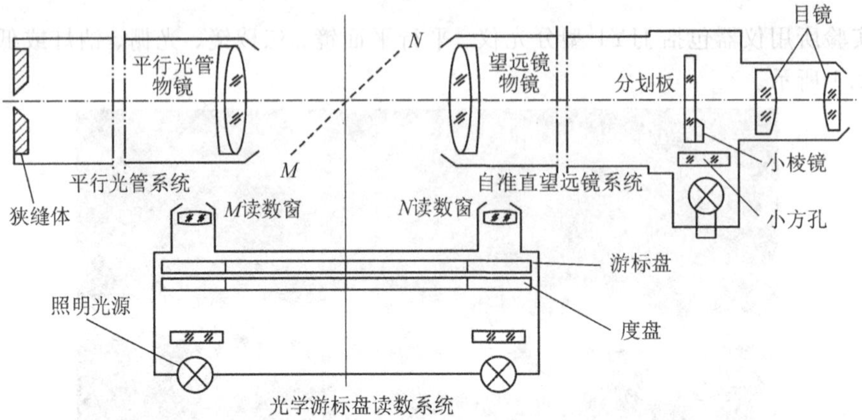

图 5.2.3　望远镜、游标度盘和平行光管

1. 望远镜

望远镜用来观察光谱和确定光线行进的方向，它由目镜、分划板(分划板上刻有十字线)和物镜组成。调节目镜 14，可以改变目镜与分划板之间的距离，当分划板位于目镜的焦平面上时，通过目镜就能看到清晰的十字叉丝。调节望远镜调焦螺丝 16，可以改变物镜与目镜(连同分划板)之间的距离，当分划板位于物镜的焦平面上时，望远镜就能接收平行光，看清无穷远处的物体。

在目镜和分划板之间装有小棱镜，小棱镜上刻有十字透光窗，照明灯泡发出的光线通过小孔，经小棱镜反射后，透过十字透光窗，再通过物镜射出。在物镜前放一平行平面镜(见图 5.2.4)，通过物镜射出的光线就会由平行平面镜反射回来，如果能在分划板十字线中央形成清晰的十字反射像(见图 5.2.5)，则表示望远镜已能接收平行光。

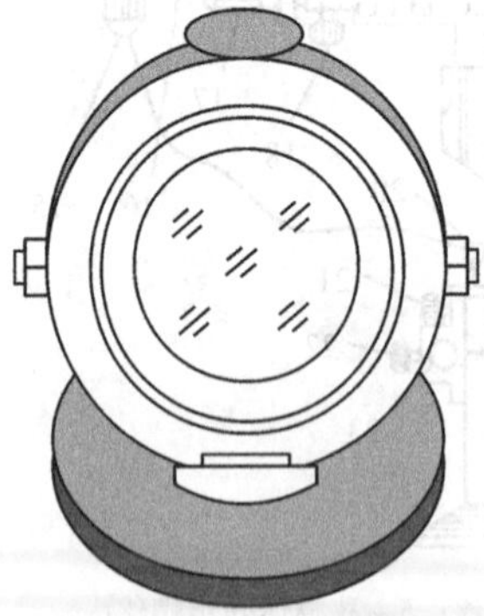

图 5.2.4　平行平面镜(连架)

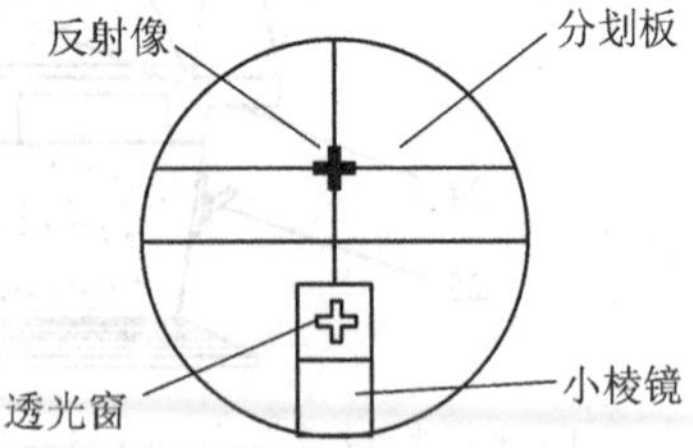

图 5.2.5　十字透光窗和反射像

调节望远镜倾斜度调节螺丝 18，可以改变望远镜的倾斜度；拧紧望远镜锁紧螺丝 17，可以固定望远镜的方位；松开望远镜和游标盘锁紧螺丝 21，望远镜和游标盘可以一起绕仪器转轴转动；拧紧望远镜和游标盘锁紧螺丝 21，望远镜即被固定，这时调节望远镜和游标盘微动螺丝 19，可以使望远镜转动很小的角度，以便进行精密测量。注意：在望远镜和游标盘锁紧螺丝 21 锁紧时，切勿硬性扳动望远镜，以免损坏分光仪转轴，使测量值的误差

增大。

2. 游标度盘(简称度盘)

利用分光仪测角度，实际上就是利用望远镜瞄准，读出望远镜转过的角度。望远镜转过的角度可以由游标度盘读出。度盘和游标盘表面涂有金属薄膜。度盘圆周分为 360°，每度又分为 3 小格，所以度盘上每小格为 20′。20′以下的角度由游标盘读出，其原理和读数方法与游标卡尺类似：将度盘上的 39 小格在游标盘上分为 40 小格，故游标盘上的每小格比度盘的每格小 $20' - \frac{20' \times 39}{40} = 0.5' = 30''$。

度盘上的长刻线读出的值为度，短刻线读出的为 20′的 1 倍或 2 倍。游标盘上的长刻线读出的为分，短刻线读出的为 30″。

在度盘下面装有照明灯泡，所以度盘和游标盘上的刻线(透光线)十分清晰。读数时，以游标盘上的“0”线为准，先在度盘上读数，再找出游标盘上与度盘上某条刻线对齐的刻线，这时两条对齐的刻线连成一条亮线(其他刻线由于互相遮挡，光线透不过来而断开)，在该条光线处读记游标盘读数。度盘的读数和游标盘的读数相加，即为待测角度。例如，图 5.2.6 上部所示的角度为

$$\theta = 250°20' + 2'0'' = 250°22'0''$$

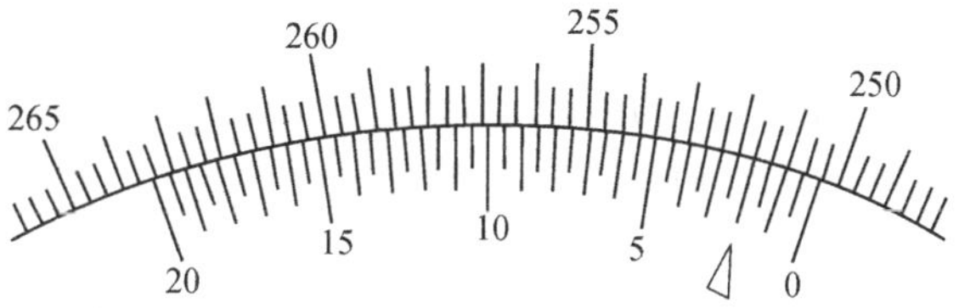

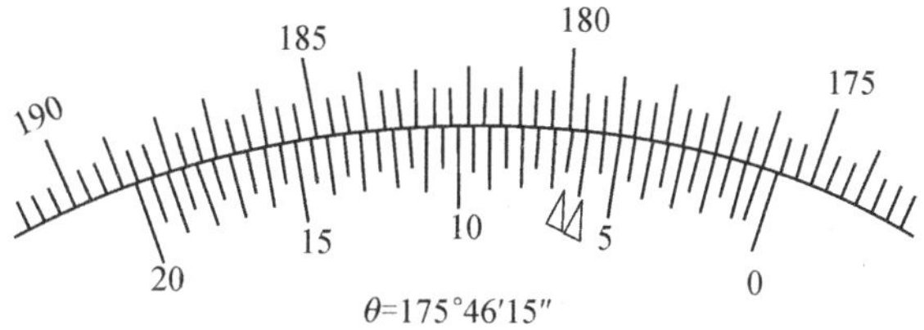

图 5.2.6　角度的读法

由于度盘上每小格的值和游标盘上每小格的值不等，是一个“渐变”关系，因此游标盘上与度盘上对齐的刻线(亮线)有时会出现相邻的两条，在这种情况下，就取半条刻线，即 15″。例如，图 5.2.6 下部所示的角度为

$$\theta = 175°40' + 6'15'' = 175°46'15''$$

为了消除度盘中心与仪器转轴之间的偏心差，应从两个读数窗中同时读数，望远镜转过的角度为

$$\varphi = \frac{1}{2}[(\theta'_1 - \theta_1) + (\theta'_2 - \theta_2)]$$

当 $\theta'_1 < \theta_1$ 时，$\theta'_1 - \theta_1 = \theta'_1 - \theta_1 + 360°$；同样，当 $\theta'_2 < \theta_2$ 时，$\theta'_2 - \theta_2 = \theta'_2 - \theta_2 + 360°$。

例如，望远镜在初始位置时，两个读数窗中的读数为

$$\theta_1 = 335°5'30''$$
$$\theta_2 = 155°2'0''$$

望远镜转过 φ 角后，两个读数窗中的读数为

$$\theta'_1 = 95°7'30''$$
$$\theta'_2 = 275°6'0''$$

则望远镜转过的角度为

$$\begin{aligned}\varphi &= \frac{1}{2}[(\theta'_1 - \theta_1) + (\theta'_2 - \theta_2)] \\ &= \frac{1}{2}[(95°7'30'' + 360° - 335°5'30'') + (275°6'0'' - 155°2'0'')] \\ &= \frac{1}{2}(120°2'0'' + 120°4'0'') \\ &= 120°3'0''\end{aligned}$$

有时为了简便，也可以只从一个读数窗中读数，则望远镜转过的角度为

$$\varphi = \theta' - \theta$$

注：由于实验室仪器的新旧更替，大部分高校物理实验室里既存在游标度盘精确度为30″的分光仪，也存在游标度盘精确度为1′的分光仪，其读数方法类似，需留心区分。

3. 平行光管

平行光管一端是狭缝，另一端是物镜，调节狭缝调节螺丝 4，可以改变狭缝的宽度；松开狭缝体固定螺丝 5，可以使狭缝体前后移动，以改变狭缝与物镜之间的距离。如果将钠灯放在狭缝前，当狭缝位于物镜的焦平面上时，平行光管就能发出平行光。调节平行光管倾斜度调节螺丝 6，可以改变平行光管的倾斜度；拧紧平行光管锁紧螺丝 7，可以固定平行光管的方位。

4. 平台

平台用来放置平行平面镜、光栅等元件。调节平台台面调节螺丝 9(3 只)，可以改变平台的倾斜度。松开平台锁紧螺丝 10，可使平台绕仪器转轴转动；拧紧平台锁紧螺丝 10，可以固定平台，如要升降平台，可先拧紧度盘锁紧螺丝 22，然后逆时针松开平台升降固定螺母 8，用手升降平台，使之处于适当的高度，再顺时针拧紧平台升降固定螺母 8，使平台与转轴一起联动。

三、实验步骤

1. 调整分光仪

为了进行精密测量，必须将分光仪调整好。调整要求：① 使平行光管能发出平行光；② 使望远镜能接收平行光；③ 使平行光管和望远镜的光轴垂直于分光仪的转轴。

1）调整准备

对照图 5.2.2 和图 5.2.3，逐一缓慢转动各个螺丝，了解各个螺丝的作用。

2）目视准备

转动望远镜，使望远镜对准平行光管，用眼睛仔细审视它们的倾斜度，调节望远镜倾斜度调节螺丝 18 和平行光管倾斜度调节螺丝 6，使望远镜和平行光管的光轴垂直于仪器转轴，这一步很重要。目视粗调比较好的话，可以大大缩短调整时间。

3）调整望远镜

（1）打开电源开关 25，3 个照明灯泡亮（注意：插入或拔出双芯插头 20 时，应先关闭电源开关 25，否则易烧毁保险丝）。一边从目镜中观察分划板上的十字线，一边缓慢地调节目镜 14，直到能清楚地看到十字线为止。

（2）调节平台台面调节螺丝 9，使平台升高约 1 mm（只要 3 只螺丝等高，平台就基本上垂直于仪器转轴）。然后将平行平面镜放置在其中两只螺丝 Z_1、Z_2 的中垂直线上，如图 5.2.7 所示。调节 Z_1（或 Z_2），即可改变望远镜光轴的倾斜度。

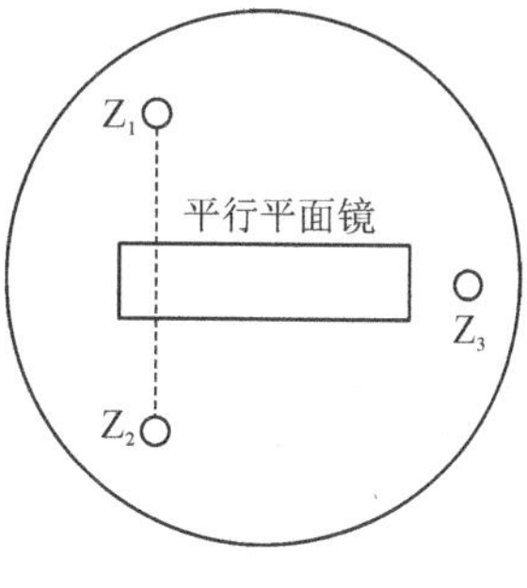

图 5.2.7　镜面处于 Z_1Z_2 的中垂线上

（3）转动平台，用眼睛估计，使镜面垂直于望远镜的光轴。然后缓慢地向左右转动平台，从望远镜中寻找绿色（或黄色）十字反射像，若找不到，则说明镜面的倾斜度不适当，应仔细调节 Z_1（或 Z_2），直到找到十字反射像为止。如果目视粗调比较好的话，这一步容易成功。如果目视粗调不佳，转动平台就不能找到十字反射像（成像在视场之外）。"盲目"大幅度调节很难奏效，最好重新进行目视粗调。

（4）调节望远镜调焦螺丝 16，从目镜中能清晰地看到十字反射像，再上下移动眼睛。若发现十字反射像与分划板十字线有相对位移（即有视差），应反复微微调节目镜 14 和望远镜调焦螺丝 16，直到无视差为止，这时望远镜已能接收平行光。

（5）调节 Z_1（或 Z_2），使十字反射像的水平线与分划板上部的十字线的水平线重合。

（6）将平台（连同平行平面镜）旋转 180°，这时十字反射像的水平线一般不会再与十字线的水平线重合，如图 5.2.8(a)所示。这表明望远镜的光轴还没有垂直于仪器转轴。此时应按"1/2 逼近法"仔细调节：先调节 Z_1（或 Z_2）使十字反射像向水平线移近一半的距离，如图 5.2.8(b)所示；再调节望远镜倾斜度调节螺丝 18，使十字反射像的水平线与十字线的水平线重合，如图 5.2.8(c)所示。

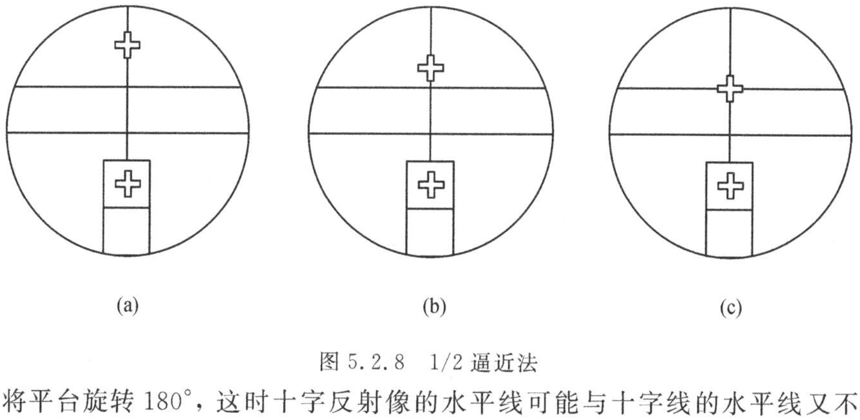

图 5.2.8　1/2 逼近法

（7）将平台旋转 180°，这时十字反射像的水平线可能与十字线的水平线又不重合了。按上述"1/2 逼近法"反复调节，直到平行平面镜的任意一面对着望远镜时，十字反射像的水平线都与十字分划板上部的十字线的水平线重合，这时望远镜的光轴已垂直于分光仪的转轴。拧紧望远镜锁紧螺丝 17，固定望远镜的方位。

2. 调整平行光管

(1) 用钠灯照亮狭缝，取下平行平面镜，将望远镜对准平行光管。

(2) 由于望远镜的光轴已垂直于分光仪的转轴，因此只要使平行光管的光轴平行于望远镜的光轴，则平行光管的光轴必垂直于分光仪的转轴。调节狭缝调节螺丝 4，使从目镜中看到的狭缝像约为 1 mm 宽(严禁将狭缝完全合拢)。松开狭缝体固定螺丝 5，前后移动狭缝体，使从目镜中看到的狭缝十分清晰。这时平行光管已能发出平行光。

(3) 转动狭缝体，使狭缝像平行于十字线的水平线。调节平行光管倾斜度调节螺丝 6，使狭缝像与十字线的下面一个水平线重合，如图 5.2.9 所示。拧紧平行光管锁紧螺丝 7，固定平行光管的方位，这时平行光管的光轴已垂直于分光仪的转轴。

(4) 转动狭缝体和望远镜，使狭缝的像与十字线的竖直线重合，如图 5.2.10 所示。拧紧狭缝体固定螺丝 5，把狭缝体固定。至此，分光仪已基本调整完毕。若在平台上放置测试用的光学元件(例如光栅、三棱镜等)，则还应仔细地调整平台。

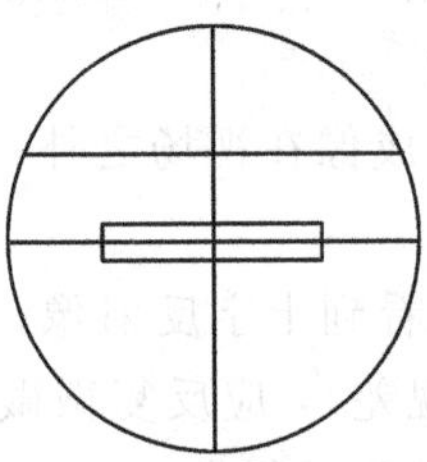

图 5.2.9　狭缝像与水平线重合

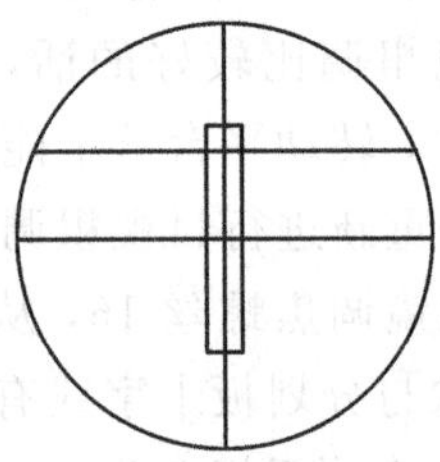

图 5.2.10　狭缝像与竖直线重合

5.2.2　玻璃折射率的测定

一、实验目的

(1) 熟悉分光仪的结构及其基本原理。

(2) 掌握分光仪的调节方法。

(3) 学会用反射法测三棱镜的顶角。

(4) 学会最小偏向角的判定和测量。

二、实验仪器

本实验所用仪器包括 JJY1′型分光仪、平行平面镜、三棱镜、钠灯。

三、实验原理

当光线从一种介质进入另一种介质时，在两种介质的分界面上会发生反射和折射现象。对于两种给定的介质，不管入射角 i 怎样改变，入射角 i 的正弦与折射角 γ 的正弦之比是一常数，即

$$\frac{\sin i}{\sin\gamma}=n_{21} \tag{5.2.1}$$

n_{21}称为第二种介质相对于第一种介质的折射率。某种介质相对于真空的折射率称为该种介质的绝对折射率(简称折射率)，用 n 表示。表 5.2.1 列出了几种物质的折射率(对 $\lambda=589.3$ nm 的钠光)。

表 5.2.1　几种物质的折射率

物质	折射率	物质	折射率
空气	1.000 292 6	冕牌玻璃	1.511 10
水	1.3330	火石玻璃	1.605 51
酒精	1.3614	重火石玻璃	1.755 00
甲醇	1.3288	金刚石	2.149

由于介质相对于空气的折射率与相对真空的折射率相差很小，因此一般测量光线从空气进入介质时的入射角 i 和折射角 γ，这时该介质的折射率为

$$n=\frac{\sin i}{\sin\gamma} \tag{5.2.2}$$

折射率是透明物质的一个重要光学常数，在生产和科学研究中，往往要测量某种物质的折射率。玻璃的折射率可用玻璃三棱镜(见图 5.2.11)来测定。

如图 5.2.12 所示，三棱镜(简称棱镜)的横截面一般是等腰三角形(或等边三角形)，BC 面是棱镜的毛玻璃面，不透光。角 A 称为棱镜的顶角，光线 PO 以入射角 i_1 射到 AB 面上，经棱镜两次折射后，以角 γ_2 从 AC 面射出。入射光线与出射光线之间的夹角 δ 称为偏向角。可以证明(参考文献[47]中给出了详细证明)：当入射线 PO 与出射线 $O'P'$ 处于光路对称的情况下，即当 $i_1=\gamma_2$ 时，偏向角最小，称为最小偏向角，并且

$$n=\frac{\sin\frac{1}{2}(A+\delta_{\min})}{\sin\frac{A}{2}} \tag{5.2.3}$$

式中：A 为棱镜的顶角，$\delta_{\min}$为最小偏向角。因此，只要用分光仪测定棱镜的顶角 A 和最小偏向角 $\delta_{\min}$，即可根据式(5.2.3)求出玻璃的折射率 n。

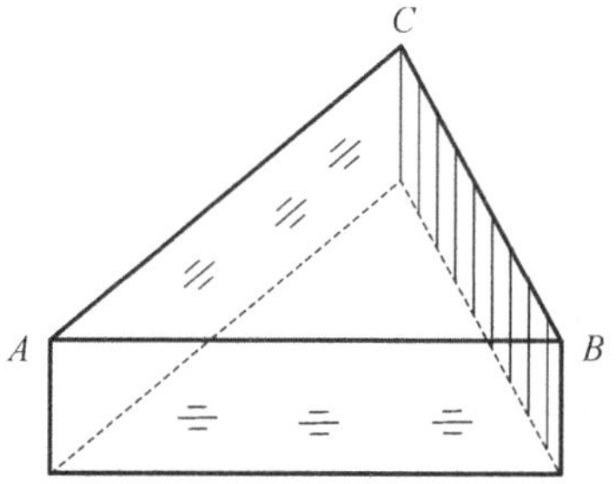

图 5.2.11　三棱镜

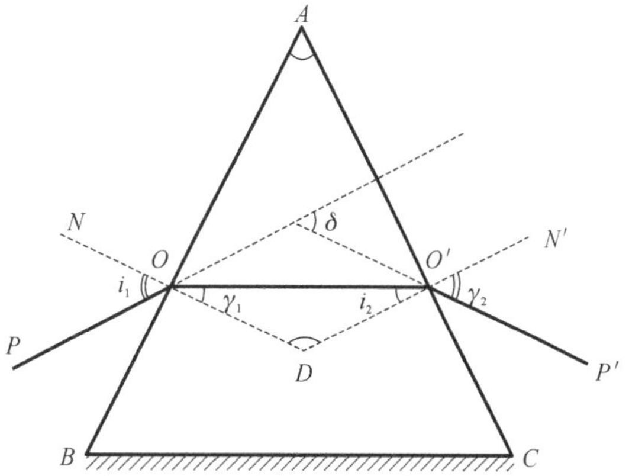

图 5.2.12　用三棱镜测定玻璃的折射率

因为透明材料的折射率是光波波长的函数，同一棱镜对不同波长的光具有不同的折射率，所以复色光经棱镜折射后，不同波长的光将发生不同方向的偏转而被分散开来，形成棱镜色散光谱。通常在不考虑色散的情况下，棱镜的折射率是对钠光 $\lambda=589.3$ nm 而言的。

四、实验步骤

(1) 按照分光仪的调整要求调整好分光仪。

(2) 测定三棱镜的顶角 A。三棱镜顶角 A 的测量有自准直法和反射法，本书采用反射法。

① 如图 5.2.13 所示，将三棱镜放置在平台上，使底边垂直于平行光管的光轴，顶角 A 位于平台的中心(否则由棱镜两折射面反射的光将不能进入望远镜)，由平行光管射出的平行光束被三棱镜的两个折射面分成两部分。用被测物压紧装置 11 将棱镜轻轻压住。调节平台锁紧螺丝 10 将平台锁紧。

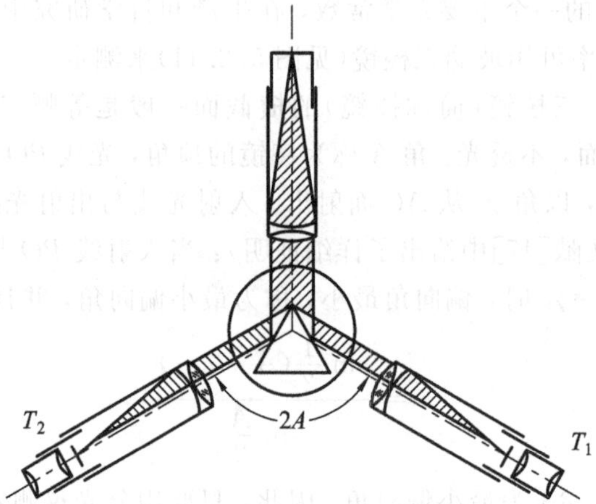

图 5.2.13 测定三棱镜的顶角 A

② 将望远镜转到 T_1 位置，使十字线的竖直线对准狭缝像，从左右两个读数窗口中读记游标度盘的读数 θ_1 和 θ_2。

③ 将望远镜转到 T_2 位置，使十字线的竖直线对准狭缝像，从左右两个读数窗口中读记游标度盘的读数 θ'_1 和 θ'_2。

④ 重测 5 次，则得三棱镜顶角的平均值为

$$\bar{A}=\frac{1}{2}\times\frac{1}{2}[(\overline{\theta'_1}-\overline{\theta_1})+(\overline{\theta'_2}-\overline{\theta_2})]$$

注意：当望远镜从 T_1 位置转到 T_2 位置时，游标度盘的 0 刻度线经过了刻度盘的 0°(即 360°)，则望远镜转过的角度会出现 $\overline{\theta'_1}<\theta_1$ 或 $\overline{\theta'_2}<\theta_2$，我们在运算时要把 360°加上，即

$$\overline{\theta'_1}-\overline{\theta_1}=\overline{\theta'_1}-\overline{\theta_1}+360^\circ$$

或

$$\theta'_2-\theta_2=\theta'_2-\theta_2+360^\circ$$

(3) 测定最小偏向角 δ_{min}。

① 将三棱镜放置在平台上，如图 5.2.14 所示。注意：顶角 A 应靠近平台中心。

② 将望远镜转到 T_1 位置，找到出射光谱线，将平台向左右稍微转动，观察谱线往何方向移动。

③ 缓慢地转动平台，使光谱线往 T_2 方向移动，即向偏向角 δ 减小的方向移动，同时转动望远镜跟踪此光谱线。当平台转到某一位置时，光谱线突然反向移动，将平台向左右稍微转动，找到光谱线反向移动的确切位置，这个位置就是最小偏向角的位置，使十字线的竖直线对准谱线中央。

④ 从左右两个读数窗中读记游标度盘的读数 θ_1 和 θ_2。

⑤ 重测 5 次。

⑥ 取下三棱镜，将望远镜转到 T_2 位置，使十字线的竖直线对准狭缝像的中央，从左右两个读数窗中读记游标度盘的读数 θ'_1 和 θ'_2。

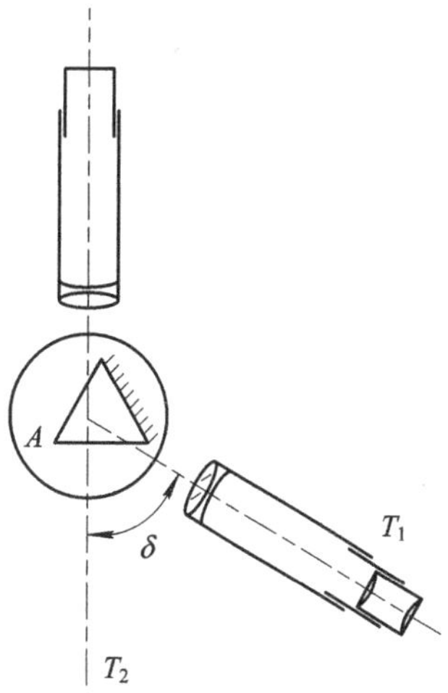

图 5.2.14　测定最小偏向角 δ_{min}

⑦ 重测 5 次，则最小偏向角的平均值 $\overline{\delta_{min}}=\frac{1}{2}[(\overline{\theta'_1}-\overline{\theta_1})+(\overline{\theta'_2}-\overline{\theta_2})]$。

(4) 根据式(5.2.3)计算出玻璃的平均折射率 $\bar{n}$。

(5) 计算 $\bar{n}$ 的标准误差 $\sigma_{\bar{n}}$ 和相对误差 E。

五、测量记录和数据处理

(1) 将所测的数据记入表 5.2.2 和表 5.2.3 中。

表 5.2.2　测定三棱镜的顶角 A

实验次序	T_1 位置		T_2 位置	
	θ_1(左)	θ_2(右)	θ'_1(左)	θ'_2(右)
1				
2				
3				
4				
5				
6				
平均值				
平均值的标准误差				

表 5.2.3　测定最小偏向角 $\delta_{\min}$

实验次序	T_1 位置		T_2 位置	
	θ_1(左)	θ_2(右)	θ'_1(左)	θ'_2(右)
1				
2				
3				
4				
5				
6				
平均值				
平均值的标准误差				

(2) 计算:

$$\bar{A}=\frac{1}{2}\times\frac{1}{2}[(\overline{\theta'_1}-\overline{\theta_1})+(\overline{\theta'_2}-\overline{\theta_2})]=\_\_\_\_\_\_\_\_$$

$$\sigma_{\bar{A}}=\frac{1}{2}\times\frac{1}{2}\sqrt{\sigma_{\overline{\theta_1}}^2+\sigma_{\overline{\theta_2}}^2+\sigma_{\overline{\theta'_1}}^2+\sigma_{\overline{\theta'_2}}^2}=\_\_\_\_\_\_\_\_$$

$$\overline{\delta_{\min}}=\frac{1}{2}[(\overline{\theta'_1}-\overline{\theta_1})+(\overline{\theta'_2}-\overline{\theta_2})]=\_\_\_\_\_\_\_\_$$

$$\sigma_{\bar{\delta}}=\frac{1}{2}\times\frac{1}{2}\sqrt{\sigma_{\overline{\theta_1}}^2+\sigma_{\overline{\theta_2}}^2+\sigma_{\overline{\theta'_1}}^2+\sigma_{\overline{\theta'_2}}^2}=\_\_\_\_\_\_\_\_$$

$$\bar{n}=\frac{\sin\frac{1}{2}(\bar{A}+\overline{\delta_{\min}})}{\sin\frac{\bar{A}}{2}}=\_\_\_\_\_\_\_\_$$

$$\sigma_{\bar{n}}=\sqrt{\left(\frac{\partial n}{\partial A}\right)^2\sigma_{\bar{A}}^2+\left(\frac{\partial n}{\partial \delta}\right)^2\sigma_{\bar{\delta}}^2}=\_\_\_\_\_\_\_\_$$

$$n=\bar{n}\pm\sigma_{\bar{n}}=\_\_\_\_\_\_\_\_\pm\_\_\_\_\_\_\_\_$$

$$E=\frac{\sigma_{\bar{n}}}{\bar{n}}\times 100\%=\_\_\_\_\_\_\_\_\%$$

六、思考题

(1) 分光仪由哪几个主要部件组成? 各部件的作用是什么? 分光仪的调整要求是什么? 试阐述分光仪的调整步骤。

(2) 从分光仪的左右两个读数窗中读记游标度盘的读数有何优点? 总结读出读数及计算角度的规则。

(3) 什么叫最小偏向角？它与三棱镜材料的折射率 n 和三棱镜的顶角 A 有何关系？在实验中如何确定最小偏向角的位置？

(4) 在本实验中怎样测定三棱镜的顶角 A？

(5) 在用反射法测定三棱镜的顶角 A 时，望远镜从图 5.2.13 中的 T_1 位置转到 T_2 位置时的读数如下：

T_1 位置		T_2 位置	
θ_1(左)	θ_2(右)	θ'_1(左)	θ'_2(右)
330°5′30″	150°4′15″	90°6′15″	270°5′30″

试计算三棱镜顶角 A 为多少度(列出算式)。

5.2.3　利用光栅测量低压汞灯的波长

光栅是根据多缝衍射原理制成的一种分光元件，常用来准确测定光波波长及进行光谱分析。光栅分为透射式和反射式两类。本实验使用的是透射式光栅，它是利用全息照相原理制成的，其透视缝的宽度是相等的，缝的间距也是相等的，缝宽和缝的间距之和称为光栅常数。对于一个给定的光栅，可以根据已知波长去测定它的光栅常数，也可以根据已经给出或测定的光栅常数去测定未知的光波波长，但不管采用哪种测定，都要知道光线的衍射角。可以用分光仪测量光线的衍射角。

一、实验目的

(1) 进一步熟悉分光仪的使用方法。

(2) 了解光栅的衍射原理。

(3) 掌握用光栅测量低压汞灯光波波长的方法。

二、实验仪器

本实验所用仪器包括 JJY1′型分光仪、低压汞灯、平行平面镜、光栅。图 5.2.15 所示为分光仪和光栅的实物图。

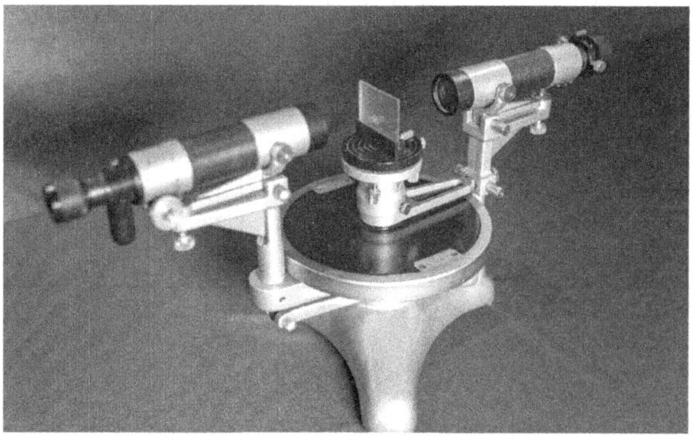

图 5.2.15　分光仪和光栅

三、实验原理

透射光栅是在玻璃片上刻上许多条等宽、等间距的平行刻痕制成的，相当于一组数目很多的平行狭缝。

如图 5.2.16 所示，S 是位于透镜 L_1（相当于平行光管的物镜）焦平面上的狭缝光源，G 为光栅，它的缝宽为 a，相邻狭缝间不透光部分的宽度为 b，$a+b$ 称为光栅常数（本实验所用的光栅是把光栅的塑料复制品贴在平面玻璃片上制成的，每厘米长度上有 3000 条刻痕，所以光栅常数 $a+b=\dfrac{1.000\times10^{-2}}{3000}=3.333\times10^{-6}\ \text{m}=3.333\times10^{3}\ \text{nm}$）。自 L_1 射出的波长为 λ 的单色平行光垂直地照射在光栅 G 上。透镜 L_2（相当于望远镜的物镜）将与光栅法线成 φ 角的光线会聚在焦平面（相当于分划板）上的 P 点。当衍射角 φ 符合条件

$$(a+b)\sin\varphi = k\lambda,\ k = 0,\ \pm1,\ \pm2,\ \cdots$$

时，由于所有相邻狭缝上的对应点发出的光线的光程差是波长的整数倍，因此相互加强，形成亮条纹。因为亮条纹是一些锐细的亮线，所以又称为光谱线。上式称为光栅方程。

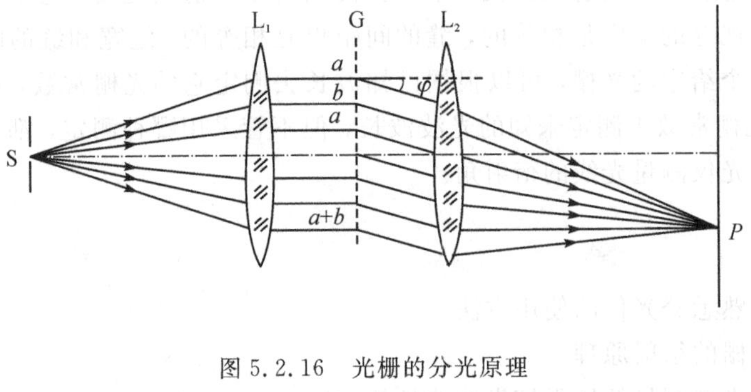

图 5.2.16　光栅的分光原理

如果用复色光（由各种波长组成的光）垂直照射在光栅 G 上，则当 $k=0$ 时各种波长的光均满足光栅方程，即在 $\varphi=0$ 的方向上，各种波长的光谱线重叠在一起，重现为复色光，形成中央谱线（零级光谱）。当 $k=\pm1,\ \pm2,\ \cdots$ 时，不同波长的光谱线出现在不同的方向上（φ 角不同），因而不同波长的光谱线将按波长长短在中央谱线两侧展开成两组谱线，称为衍射光谱。所有 $k=\pm1$ 的谱线组成一级衍射光谱，所有 $k=\pm2$ 的谱线组成二级衍射光谱，以此类推。图 5.2.17 为汞灯的一级衍射光谱（只画出可见光区较亮的光谱线）。

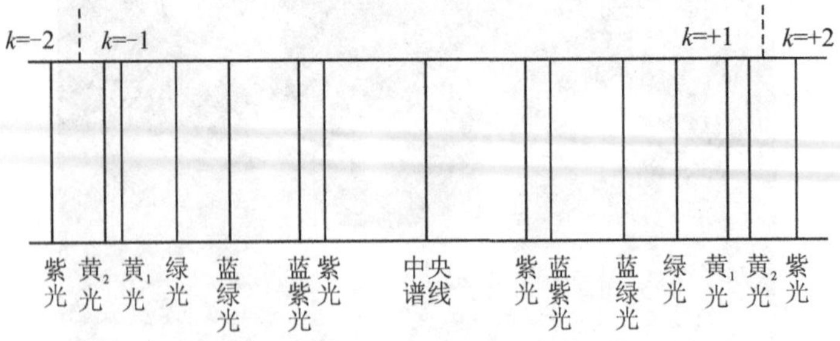

图 5.2.17　汞灯的一级衍射光谱

已知光栅常数 $a+b$，只要测出 k 级衍射光谱中某谱线的衍射角 φ，即可根据光栅方程

求出该谱线的波长 λ；反之，如果已知波长 λ，则可求出光栅常数 $a+b$。

四、实验步骤

(1) 按分光仪的调整要求，将分光仪调整好(参见实验 5.2.1)。

(2) 调整光栅，使光栅平面垂直于平行光管的光轴，并使光栅刻痕与狭缝平行。

① 适当拧紧望远镜和游标盘锁紧螺丝 21，再一边调整望远镜和游标盘微动螺丝 19，一边从目镜中观察，使十字线的竖直线对准狭缝像的中央。

② 将光栅(见图 5.2.18)放置在平台上，如图 5.2.19 所示。转动平台，用眼睛估计，使光栅平面垂直于望远镜的光轴。

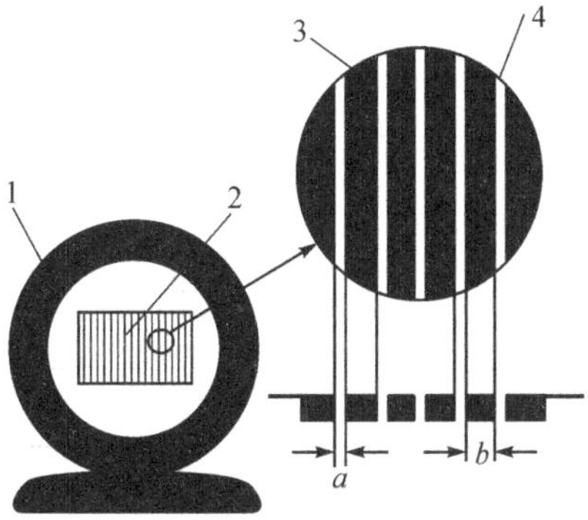

图 5.2.18　光栅结构图

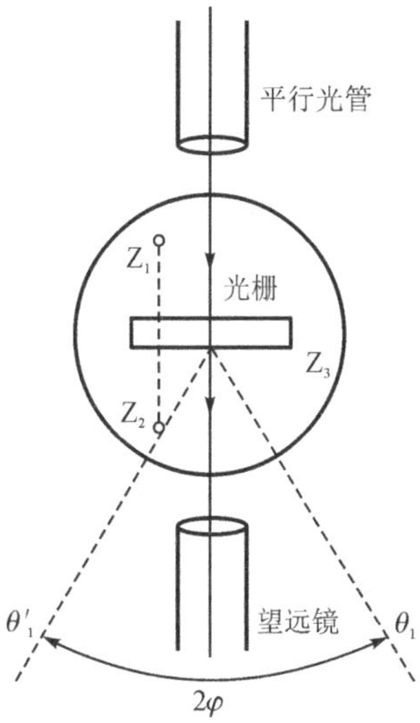

图 5.2.19　用光栅测定光波的波长

③ 缓慢地左右转动平台，从望远镜中寻找从光栅平面反射回来的十字反射像，再调节 Z_1(或 Z_2)，使十字反射像的水平线与分划板上部的十字线的水平线重合。

④ 稍微转动平台，使十字反射像位于上面一个十字线中央，这时光栅平面已垂直于平行光管和望远镜的光轴。拧紧分光仪的平台锁紧螺丝 10，把平台固定。

⑤ 松开分光仪上的望远镜和游盘锁紧螺丝 21，向左、向右转动望远镜，从望远镜中观察汞灯的一级衍射光谱和二级衍射光谱。若中央谱线右侧的光谱线高(或低)于左侧的光谱线，则是由于光栅刻痕与狭缝不平行所致的，调节 Z_1，使两侧的光谱线等高。

(3) 测量衍射角 φ。

① 向左转动望远镜，一般可以依次看到紫光、蓝紫光、蓝绿光、绿光、黄$_1$光和黄$_2$光 6 条谱线。然后仔细调节狭缝位置和宽度，使黄$_1$ 光和黄$_2$ 光这两条谱线清晰且分立。继续向左转动望远镜，观察汞灯的二级衍射光谱。

② 将望远镜转到中央谱线处，然后缓慢地向右转动望远镜，使十字线的竖直线对准一级紫光谱线(先适当拧紧望远镜和游盘锁紧螺丝 21，再调节望远镜和游标盘微动螺丝 19，使十字线的竖直线对准光谱线中央)。从一个游标盘中读记游标度盘的读数 θ_1。

③ 继续缓慢地向右转动望远镜，依次对准其他颜色的一级衍射光谱，从同一个游标盘

中读记游标度盘的读数。

④ 向左缓慢地转动望远镜，越过中央谱线，依次对准一级衍射光谱中的各条谱线，从同一游标盘中读记游标度盘的读数 θ'_1。同一颜色谱线左右读数之差除以 2 即为该谱线的衍射角 φ。

⑤ 根据光栅方程计算出各条谱线波长，并求出相对误差 E。

五、测量记录和数据处理

光栅常数 $a+b=3.333\times10^3$ nm，谱线级数 $k=1$，将所测的各数据记入表 5.2.4 中。

表 5.2.4　测量数据

谱线	游标度盘读数		$\varphi=\frac{\lvert\theta'_1-\theta_1\rvert}{2}$	$\lambda=\frac{(a+b)\sin\varphi}{k}$/nm	标准值 λ_0/nm	$E=\frac{\lvert\lambda-\lambda_0\rvert}{\lambda_0}\times100\%$
	θ_1	θ'_1				
紫光					404.7	
蓝紫光					435.8	
蓝绿光					491.6	
绿光					546.1	
黄$_1$光					577.0	
黄$_2$光					579.1	

六、思考题

(1) 在汞灯的一级衍射光谱中，为什么紫光离中央谱线最近，黄$_2$光离中央谱线最远？

(2) 如果用白光作光源，那么中央谱线应是什么颜色？两侧应是什么样的光谱？

(3) 用光栅测量波长时，为什么要把光栅面放置在两只平台台面调节螺丝的中垂线上？

(4) 在什么情况下，游标度盘的读数应记录为读数＋360°？望远镜由 $\theta=330°0'0''$ 经 360°转到 $\theta=30°1'15''$，望远镜转过的角度 $\varphi=$？写出计算 φ 的通用公式。

5.3　单缝衍射的光强分布

光的衍射现象是光波动性的一种表现。研究光的衍射现象不仅有助于加深对光的本性的理解，也是近代光学技术，如光谱分析、晶体分析、全息技术和光学信息处理等技术的实验基础。衍射使光强在空间重新分配，利用光的衍射方法，采用光电元件测量光强的相对变化，是近代工程技术中常用的光强测量方法之一。

光的衍射方法在工农业生产和科学研究方面都得到了广泛的应用，比如纺织工业上实时监测纤维直径，工业生产中测量烟尘颗粒度等。

一、实验目的

(1) 观察单缝衍射现象，加深对衍射理论的理解。

(2) 学会用光电元件测量单缝衍射的相对光强分布，掌握其分布规律。

(3) 学会用衍射法测量微小量。

二、实验仪器

本实验所用仪器包括 WGZ - IIA 型光导轨、半导体激光器、二维支架可调宽狭缝、硅光电池(光电探头)、一维光强测量装置、WJF 型数字检流计、钢卷尺、小孔光屏和小手电筒，如图 5.3.1 所示。

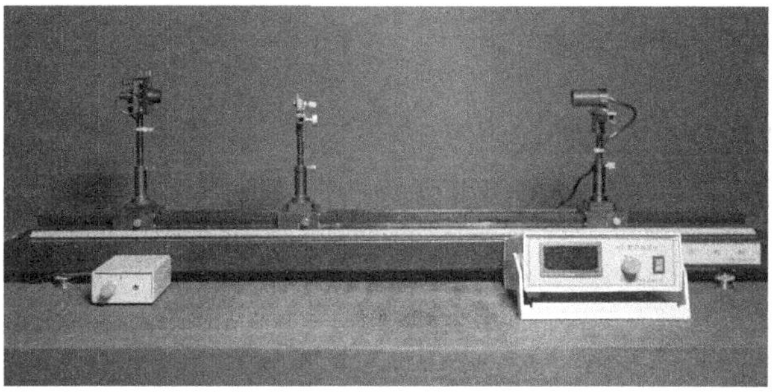

图 5.3.1　单缝衍射光强的测量装置

三、实验原理

1. 单缝衍射的光强分布

当光在传播过程中经过障碍物，如不透明物体的边缘、小孔、细线、狭缝等时，一部分光会传播到几何阴影中去，产生衍射现象。如果障碍物的尺寸与波长相近，这样的衍射现象就比较容易观察到。

单缝衍射有两种：一种是菲涅耳衍射，单缝距光源和接收屏均为有限远，或者说入射波和衍射波都是球面波；另一种是夫琅禾费衍射，单缝距光源和接收屏均为无限远或相当于无限远，即入射波和衍射波都可看作平面波。

用散射角极小(小于 0.002 rad)的激光器产生激光束，通过一条很细(0.1～0.3 mm 宽)的狭缝，在狭缝后大于 0.5 m 的位置摆放观察屏，就可看到衍射条纹，它实际上就是夫琅禾费衍射条纹，如图 5.3.2 所示。

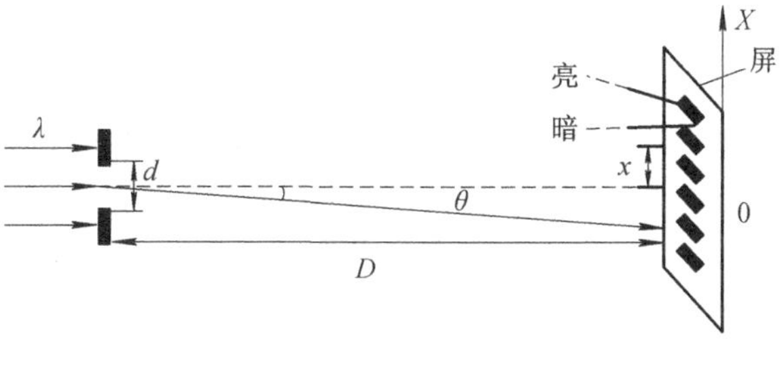

图 5.3.2　单缝夫琅禾费衍射

当激光照射在单缝上时，根据惠更斯-菲涅耳原理，单缝上每一点都可看成是向各个方向发射球面子波的新波源。由于子波叠加的结果，在屏上可以得到一组平行于单缝的明暗相间的条纹。

激光的方向性极强，可视为平行光束；宽度为 d 的单缝产生的夫琅禾费衍射图样，其衍射光路图满足近似条件：

$$D \gg d,\quad \sin\theta \approx \theta \approx \frac{x_k}{D}$$

产生暗条纹的条件为

$$d\sin\theta = k\lambda \quad (k = \pm 1, \pm 2, \pm 3, \cdots) \tag{5.3.1}$$

暗条纹的中心位置为

$$x_k = k\frac{D\lambda}{\mathrm{d}} \tag{5.3.2}$$

两相邻暗条纹之间的中心是明纹中心。

由理论计算可得，垂直入射于单缝平面的平行光(入射光强为 I_0)经单缝衍射后，光强分布的规律为

$$I = I_0\left(\frac{\sin u}{u}\right)^2$$

$\left(\frac{\sin u}{u}\right)^2$ 称为单缝衍射因子。

其中：

$$u = \frac{\pi d \cdot \sin\theta}{\lambda} \approx \frac{\pi d \cdot x_k}{\lambda D} \tag{5.3.3}$$

式中，d 是狭缝宽，λ 是波长，D 是单缝位置到光电池位置的距离，x_k 是从衍射中央明条纹的中心位置到测量点之间的距离，其相对光强分布如图 5.3.3 所示，曲线相对于纵轴是对称分布的。

当 u 相同，即 x_k 相同时，光强相同，所以在屏上得到的光强相同的图样是平行于狭缝的条纹。当 $u=0$ 时，$\sin\theta=0$，$x_k=0$，$I=I_0$，在整个衍射图样中，此处光强最强，称为中央主极大；中央明条纹最亮、最宽，它的宽度为其他各次级明条纹宽度的两倍。

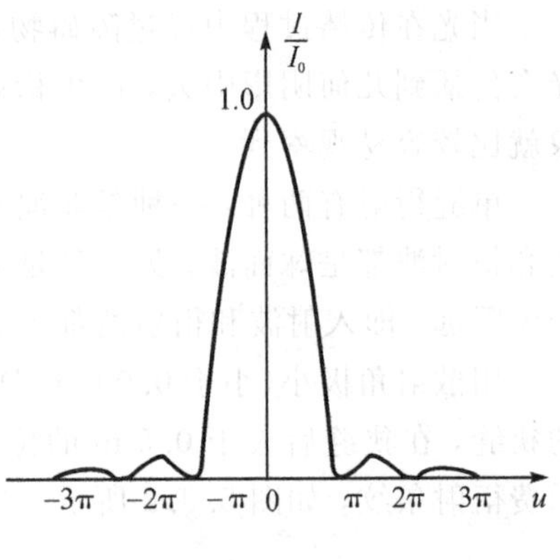

图 5.3.3 相对光强分布

当 $u = k\pi$ ($k=\pm 1, \pm 2, \pm 3, \cdots$)，即 $\sin\theta = k\lambda/D$时，$I=0$，在这些地方光强度为 0，是暗条纹。暗条纹以光轴为对称轴，呈等间隔、左右对称的分布。中央明条纹的宽度 Δx 可用 $k=\pm 1$ 的两条暗条纹的间距确定，$\Delta x = 2D\lambda/d$；某一级暗条纹的位置与缝宽 d 成反比，d 越宽，x_k 越小，各级衍射条纹向中央收缩；当 d 宽到一定程度时，衍射现象便不再明显，只能看到中央位置有一条亮线，这时可以认为光线是沿几何直线传播的。

各次级明条纹的近似位置与中央明条纹的相对光强分别为

$$u = (2k+1)\frac{\pi}{2} \quad k = \pm 1, \pm 2, \pm 3, \cdots$$

$$\frac{I}{I_0} = 0.047, 0.017, 0.008, \cdots \tag{5.3.4}$$

显然，各次级明条纹的强度是迅速减小的，光能量的绝大部分(80%以上)集中在中央

明纹上。

2. 衍射障碍宽度(d)的测量

已知光波长 λ，可得单缝的宽度计算公式为

$$d = k\frac{D\lambda}{x_k} \quad (k = \pm 1, \pm 2, \cdots) \tag{5.3.5}$$

因此，如果测到了第 k 级暗条纹中心的位置 x_k，用光的衍射就可以测量细缝的宽度 d。反之，如果已知单缝的宽度 d，则可以测量未知的光波长 λ。

3. 技术应用

依据上述原理，当光束照射在微孔(或细丝)上时，其衍射效应和狭缝一样，在接收屏上将得到同样的明暗相间的环形衍射条纹。于是，利用上述分析就可以测量微孔(或细丝)直径($2a$)及其动态变化，如图 5.3.4 所示。

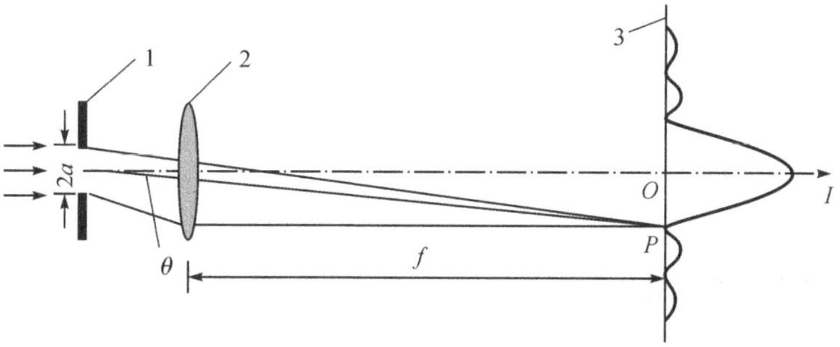

1—微孔屏； 2—汇聚透镜； 3—观察屏

图 5.3.4　圆孔衍射示意图

4. 光电检测

光的衍射使光强在空间重新分布，利用光电元件测量光强的相对变化，也是光学精密测量的常用方法。

(1) 如果在小孔屏位置处放置硅光电池和一维光强读数装置，与数字检流计(也称光点检流计)相连的硅光电池可沿衍射展开方向移动，那么数字检流计所显示出来的光电流的大小就与落在硅光电池上的光强成正比。如图 5.3.5 所示为光电检测原理图。

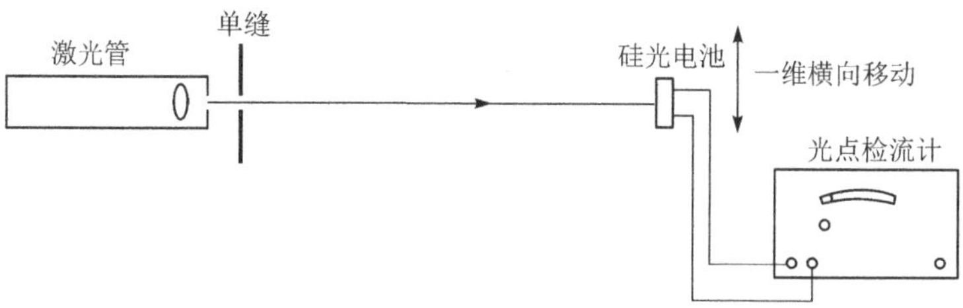

图 5.3.5　光电检测原理图

根据硅光电池的光电特性可知，光电流和入射光能量成正比，只要工作电压不太小，光电流与工作电压就无关，光电特性是线性关系。所以当光电池与数字检流计构成的回路内电阻恒定时，光电流的相对强度就直接表示光的相对强度。

由于硅光电池的受光面积较大，而实际要求测出各个点位置处的光强，因此在硅光电池前装一细缝(0.5 mm)光栏，用以控制受光面积，并把硅光电池装在带有螺旋测微装置的底座上，可沿横向方向移动，这就相当于改变了衍射角。

(2) 数字检流计的量程分为四挡，用以测量不同的光强范围，读数形式为＃＃＃×10^{-7} A。数字检流计使用前应先预热 5 min。

先将量程选择开关置于"1"挡，"衰减"旋钮置于校准位置(即顺时针转到头，置于灵敏度最高位置)，调节"调零"旋钮，使数据显示为"－.000"(负号闪烁)。

如果被测信号大于该挡量程，则仪器会有超量程显示，即显示"]"或"E"，其他三位均显示"9"，此时可调高一挡量程；当数字显示小于"190"，小数点不在第一位时，一般应将量程减小一挡，以充分利用仪器的分辨率。

测量过程中，如果需要将某数值保留下来，可开"保持"开关(灯亮)，此时无论被测信号如何变化，前一数值都保持不变。

由于激光衍射所产生的散斑效应，光电流显示的值将在约 10%范围内上下波动，属正常现象，实验中可根据判断选一中间值。

四、实验步骤

1. 观察单缝衍射的光强分布

(1) 在光导轨(1.2 m)上正确地安置好各实验装置(建议激光器与单缝间距约为 20 cm，组合光栅片与光强测量装置间距约为 80 cm)，各仪器装置保持在同一水平线上，如图 5.3.6 所示。打开激光器，用小孔屏(白屏，有 5 mm 小孔)调整光路，使激光光束与导轨平行。

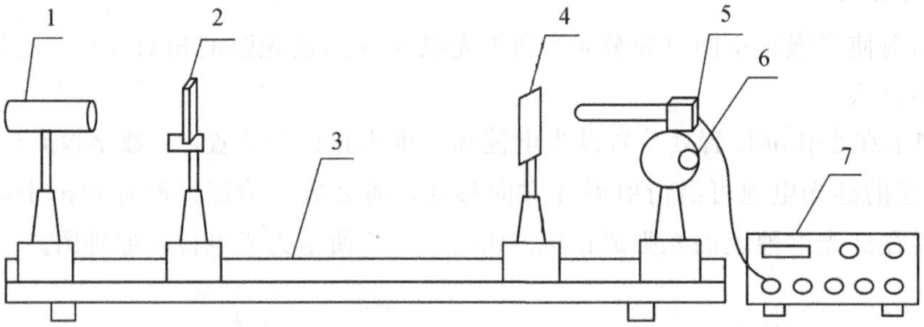

1—激光器；2—组合光栅片；3—光导轨；4—小孔屏；
5—光电探头；6—一维光强测量装置；7—数字检流计

图 5.3.6　单缝夫琅禾费衍射装置图

(2) 开启检流计，预热 5 min；仔细检查激光器、固定在二维移动支架上的单缝和一维光强测量装置(千分尺，主尺为毫米尺，微分鼓轮上分 100 小格，精度为 0.01 mm)的底座是否放稳，要求在测量过程中不能有任何晃动；使用一维光强测量装置时注意鼓轮应单方向旋转的特性(避免回程误差)。

(3) 调节组合光栅片的位置，选择合适的单缝，组合光栅片如图 5.3.7 所示，确保激光器的激光垂直照射单缝。因实验所用激光光束较细，故所得衍射图样是条形衍射光斑(依据条件可配一准直系统，如倒置的望远镜，使物镜作为光入射口，将激光扩束成为宽径平行光束，即可产生衍射条纹)。组合光栅片的参数如表 5.3.1 所示。

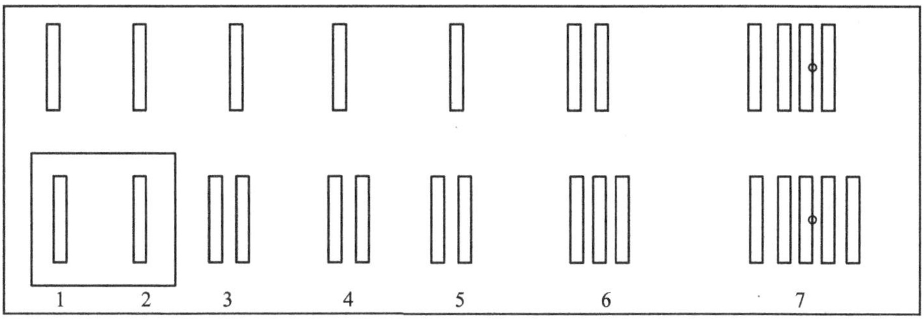

图 5.3.7 组合光栅片

表 5.3.1 组合光栅片的参数

光栅片	上部	下部
第 1 组	单缝(a=0.12 mm)	单丝(a=0.12 mm)
第 2 组	单缝(a=0.10 mm)	单丝(a=0.10 mm)
第 3 组	单缝(a=0.07 mm)	双缝(a=0.02 mm, d=2)
第 4 组	单缝(a=0.07 mm)	双缝(a=0.02 mm, d=3)
第 5 组	单缝(a=0.07 mm)	双缝(a=0.02 mm, d=4)
第 6 组	双缝(a=0.02 mm, d=2)	三缝(a=0.02 mm, d=2)
第 7 组	四缝(a=0.02 mm, d=2)	五缝(a=0.02 mm, d=2)

(4) 在硅光电池处，先用小孔屏进行观察，调节单缝倾斜度及左右位置，使衍射光斑水平、均匀，呈条形状，两边对称、明暗相间。然后改用其他单缝和间距，观察衍射光斑的变化规律。

2. 测量衍射光斑的相对强度分布

(1) 移动小孔屏，在小孔屏处放置硅光电池及一维光强测量装置，使激光束沿垂直方向移动。遮住激光出射口，把检流计调到零点基准。在测量过程中，检流计的挡位开关要根据光强的大小适当换挡。

(2) 检流计挡位放在适当挡，转动一维光强测量装置鼓轮，把硅光电池狭缝位置移到标尺中间位置处，调节硅光电池平行光管的左右、高低位置和倾斜度，使衍射光斑中央最大两边相同级次的光强以同样高度射入硅光电池平行光管的狭缝。

(3) 移动光强测量装置，找到最大光强位置，即中央明条纹中心，从此中心处开始，每经过 0.5 mm，沿展开方向测一点光强，一直测到另一侧的第三个暗点。由于光强分布具有对称性，故可测量一半；由于实验室处于较暗环境，读数时可借用小手电筒照亮读记数据。

应特别注意衍射光强的极大值和极小值的光强测量。

*3. **选做实验(根据时间情况选做)**

(1) 利用激光器，准直系统，起、检偏装置(起偏可转向)，光电池和检流计观察偏振光在一周内的光强变化，验证马吕斯定律：

$$I = I_0 \cdot \cos^2\theta$$

(2) 观察激光入射光束通过多种类型衍射光屏的物理现象。

五、测量记录和数据处理

本实验使用的半导体红光激光器波长为：$\lambda=635.0\ \text{nm}$。

(1) 记录所观察的衍射光斑的变化情况。

(2) 利用光导轨上的标尺测量组合光栅片与硅光电池的距离：$D=$________mm。

(3) 选取中央最大光强处为 x 轴坐标原点，把测得的数据记入表 5.3.2 中，并做归一化处理。即把在不同位置上测得的检流计光强读数 I 除以中央最大的光强读数 I_0，然后在方格(坐标)纸上做出 I/I_0-x 衍射相对光强分布曲线，如图 5.3.8 所示。

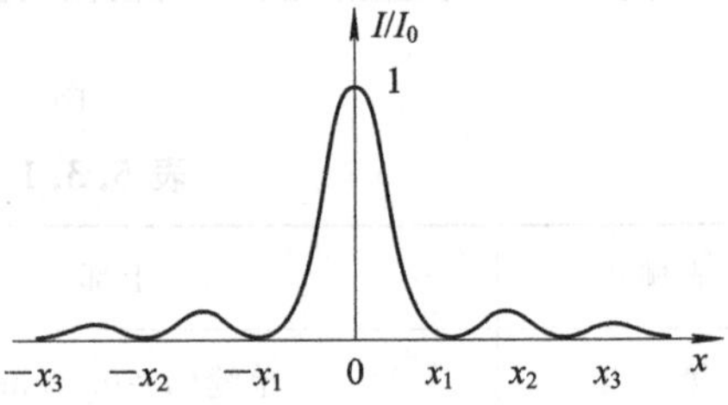

图 5.3.8 相对光强示意图

表 5.3.2 测量数据(a)

x/mm	0.0	0.5	1.0	1.5	……	
I						
I/I_0	1					

(4) 根据曲线上 3 个暗点($k=1, 2, 3$)的位置 x_1，x_2，x_3，将所测的各数据记入表 5.3.3 中，用式(5.3.5)分别计算出单缝的宽度 d_1，d_2，d_3，然后求其平均值。

建议：计算值和平均值统一用毫米(mm)单位表示。

表 5.3.3 测量数据(b)

级序 k	缝宽 d/mm	
	x_k/mm	d_k/mm
1		
2		
3		
平均值	$\overline{d}=$________ mm	

注：$d_k = k\dfrac{D\lambda}{x_k}$。

*(5) 将平均值与所用狭缝的标准宽度进行比较。画图时需注意：

① 在同一坐标系下如有两条以上曲线时，须用不同的线型区分；

② 曲线要光滑，过渡自然，且细、匀；

③ 由于曲线具有对称性，画图时可以画一半；

④ 为了从图中精确地取得数据，且不人为改变实验误差，建议：纵轴 $I/I_0=1$ 的位置至少在图上是 10 cm，横轴至少选 1 cm 为 1 mm。

六、注意事项

（1）实验中应避免硅光电池疲劳，避免强光直接照射它加速老化。

（2）避免环境附加光强，实验应处于暗环境操作，否则应对数据加以修正。

（3）测量时，应根据光强分布范围的不同，选取不同的测量量程。

七、思考题

（1）夫琅禾费衍射应符合什么条件？本实验为何可认为是夫琅禾费衍射？

（2）比较和分析测得的两条衍射相对光强分布曲线，归纳其规律和特点。

（3）实验中如何判断激光束垂直入射在单缝上？

（4）若环境背景光对实验有干扰，你将采取什么方法消除其影响？

5.4　偏振法测定葡萄糖溶液的浓度

光的偏振现象是波动光学的重要现象之一。光的偏振现象的研究不仅在光学发展中有很重要的地位，而且在科学技术领域中有着广泛的应用，特别是近年来各种偏振光元件，在光调制器、光开关、光学计量、应力分析、光信息处理、光通信、激光和光电子学器件等方面都有着广泛的应用。

光是电磁波，是一种振动方向与传播方向互相垂直的横波，即其振动电矢量 $\boldsymbol{E}$ 和磁矢量 $\boldsymbol{H}$ 相互垂直，且又垂直于光的传播方向。由于在光和物质的相互作用中，电矢量 $\boldsymbol{E}$ 起主要作用，通常用电矢量 $\boldsymbol{E}$ 代表光矢量。光矢量和光传播方向所构成的平面称为光振动面。按光矢量的不同振动状态，分为以下五种光偏振状态。

线偏振光或平面偏振光（简称偏振光）：电矢量振动只沿某一固定方向的光。

自然光：在垂直于传播方向的平面内，光矢量方向任意，且各个方向振幅相等的光。

部分偏振光：电矢量的振动方向任意，且不同方向的振幅大小不同的光。

圆偏振光和椭圆偏振光：光矢量的大小和方向随时间作周期性变化，且光矢量的末端在垂直于光传播方向的平面内的轨迹是圆或椭圆的光。

一、实验目的

（1）了解旋光仪的结构和工作原理。

（2）掌握运用旋光仪测定葡萄糖溶液浓度的方法。

二、实验仪器

本实验所用仪器包括 WXG－4 小型旋光仪，如图 5.4.1 所示。

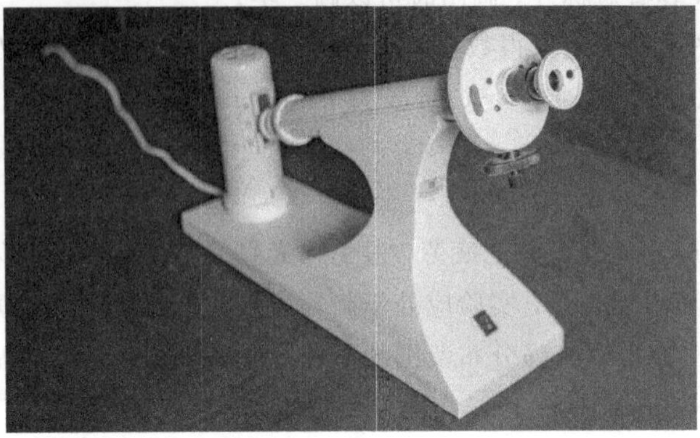

图 5.4.1　WXG－4 小型旋光仪

线偏振光通过旋光性溶液后，线偏振光的振动面旋转的角度 φ 也称为该溶液的旋光度。旋光仪就是专门测定旋光性溶液旋光度的仪器。通过对旋光度的测定，可测定溶液的浓度，也可检验物质的纯度、含量等。因此旋光仪被广泛应用在化学工业、石油工业、制糖工业、制药工业、食品工业以及医学化验方面。

WXG－4 小型旋光仪的构造如图 5.4.2 和图 5.4.3 所示。

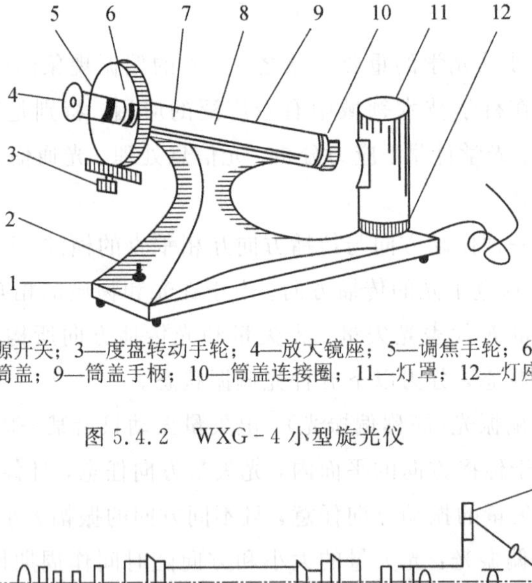

1—底座；2—电源开关；3—度盘转动手轮；4—放大镜座；5—调焦手轮；6—度盘游标；7—试管筒；8—筒盖；9—筒盖手柄；10—筒盖连接圈；11—灯罩；12—灯座

图 5.4.2　WXG－4 小型旋光仪

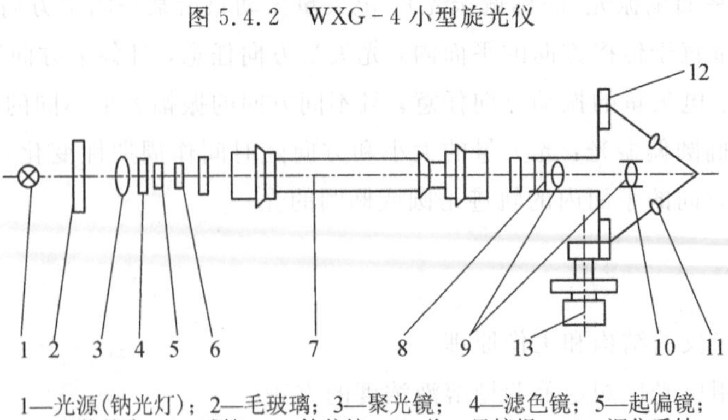

1—光源(钠光灯)；2—毛玻璃；3—聚光镜；4—滤色镜；5—起偏镜；6—石英晶片；7—试管；8—检偏镜；9—物、目镜组；10—调焦手轮；11—读数放大镜；12—度盘游标；13—度盘转动手轮

图 5.4.3　WXG－4 小型旋光仪的光学系统

如图 5.4.3 所示，从光源射出的光线通过聚光镜、滤色镜和起偏镜后成为线偏振光，在石英晶片处形成三分视场。通过检偏镜和物、目镜组可以观察到图 5.4.4 所示的 3 种三分视场。

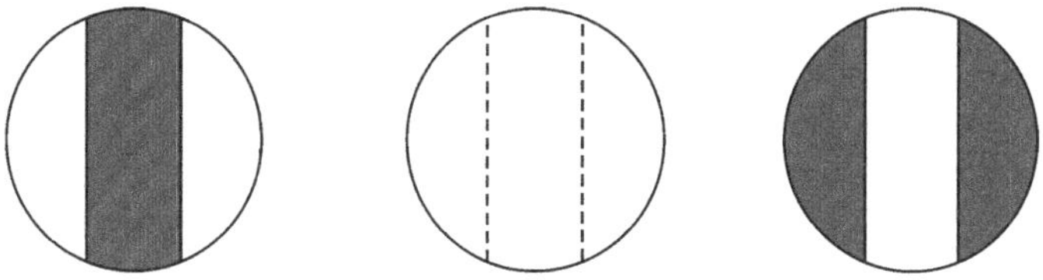

(a) 中间暗两边亮　(b) 零度视物　(c) 中间亮两边暗

图 5.4.4　三分视场

旋光仪是以马吕斯定律为基本原理制成的。

$$I = I_0 \cos^2\theta$$

式中：I_0 为入射线偏振光的强度，I 为透射光的强度，θ 为入射线偏振光的振动方向与检偏镜的偏振化方向之间的夹角。当 $\theta=\pi/2$ 时，透射光的强度 $I=0$，这时视场最暗。

如图 5.4.5 所示，ON_1 表示起偏镜的偏振化方向，OA 表示入射线偏振光的振动方向，ON_2 表示检偏镜的偏振化方向。实验时，先在旋光仪的试管筒未放入试管的情况下，缓慢旋转度盘转动手轮，从而改变检偏镜的偏振化方向，使通过目镜观察到的视场变成最暗，这时表明 $ON_2 \perp OA$，即 $\theta=\pi/2$。然后在试管筒中放入装满待测溶液的试管，由于溶液的旋光性，使线偏振光的振动面旋转了 φ 角，即由 OA 转到 OA'。由于 $\angle A'ON_2 \neq \pi/2$，因而通过目镜观察到的视场不再是最暗。再旋转度盘转动手轮，使视场重新变成最暗，这时表明检偏镜的偏振化方向已由 ON_2 转到 ON_2'，且 $\angle A'ON_2'=\pi/2$，而 ON_2 转过的角度(可由度盘读出)等于旋光性溶液使线偏振光的振动面旋转的角度 φ。

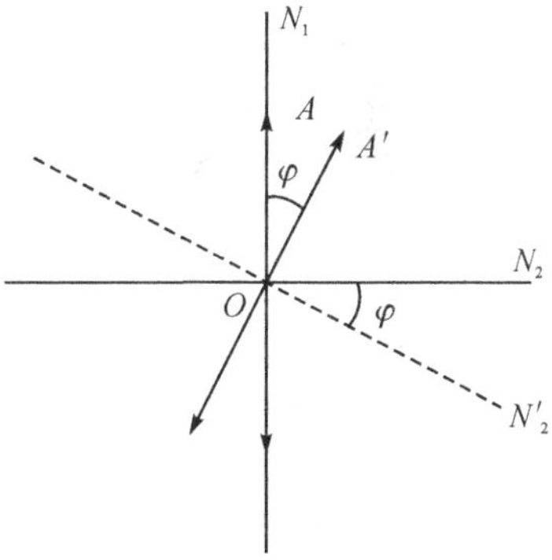

图 5.4.5　溶液的旋光度 φ

显然，判断“视场最暗”是准确测定溶液旋光度的关键。然而单靠人眼观察，很难客观确定“视场最暗”。实验证明，人眼对相邻两物体明暗程度的比较能力远大于单独判断某物体明暗程度的能力。因此旋光仪采用三分视界法来确定光学零位。所谓三分视界法，就是在光路中加入两块月牙形的石晶片，将圆形视场分为三部分，如图 5.4.6 所示。通过检偏镜和物、目镜组可以观察到如图 5.4.4 所示的三种视场。

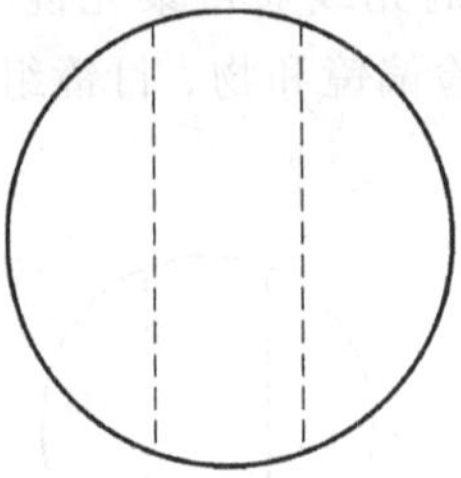

图 5.4.6　三分视界法

三分视界法的工作原理：如图 5.4.7(a)所示，ON_1 表示起偏镜的偏振化方向，OA 表示线偏振光透过玻璃后的振动方向。OB 表示线偏振光透过石英晶片后振动面旋转 φ 角后的振动方向(因为石英晶片也是旋光性物质)。若检偏镜的偏振化方向 $ON_2 \perp OA$，由于 $\angle AON_2=\pi/2$，$\angle BON_2 \neq \pi/2$，因此通过目镜观察，将观察到中间暗两边亮的视场，如图 5.4.7(b)所示。若旋转度盘转动手轮，从而改变检偏镜的偏振化方向，则中间和两边视场的明暗程度都将发生变化。当 $\angle BON_2=\pi/2$ 时，$\angle AON_2>\pi/2$，因而视场变成中间亮两边暗，如图 5.4.7(c)所示。在图 5.4.7(d)中 OC 表示角 φ 的平分线，则当 $ON_2 \perp OC$ 时，由于 $\cos^2\angle AON_2=\cos^2(\pi/2+\varphi/2)$，$\cos^2\angle BON_2=\cos^2(\pi/2-\psi/2)$，二者相等，因而三分视场的亮度相等，我们把这种状态称为“零度视场”，这时度盘的读数确定为 0。在旋光仪的试管筒中放入装满待测溶液的试管后，由于溶液具有旋光性，OA 和 OB 的方向将旋转 φ 角而变成 OA' 和 OB'，如图 5.4.7(e)所示。为了重新观察到三分视场亮度相等的状态，ON_2 也应旋转 φ 角而变成 ON_2'。因此，在旋光仪的试管筒中放入装满待测溶液的试管后，只要旋转度盘转动手轮，使三分视场的亮度重新相等，则检偏镜的偏振化方向 ON_2 转过的角度 φ(可以由度盘读出)就是溶液的旋光度。

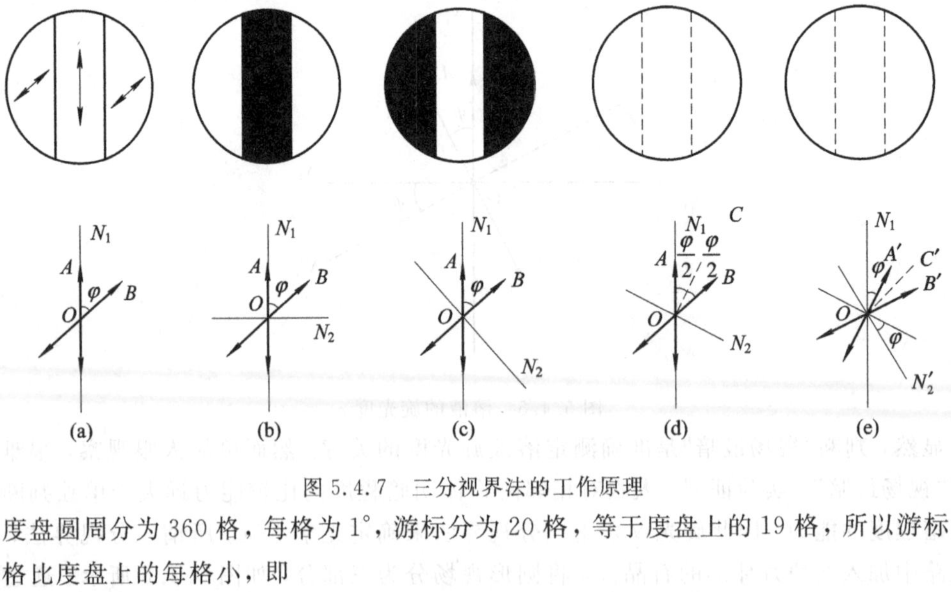

图 5.4.7　三分视界法的工作原理

度盘圆周分为 360 格，每格为 1°，游标分为 20 格，等于度盘上的 19 格，所以游标盘上的每格比度盘上的每格小，即

$$1^\circ-\frac{19^\circ}{20}=0.05^\circ$$

读数时，以游标上的 0 刻线为基准，先在度盘上读出整数度数，然后确定游标上第 n 根刻线与度盘上的某刻线对齐，则小数部分的度数为$0.05^\circ \times n$，二者相加即为溶液的旋光度 φ。为了消除度盘的偏心差，采用双游标读数。在图 5.4.8 中，左边游标的读数 $\varphi_{左}$ 恰好等于右游标的读数 $\varphi_{右}$，表明度盘没有偏心差。游标上所标的数值为小数部分的度数。为了看清读数，在目镜两侧装有放大镜。

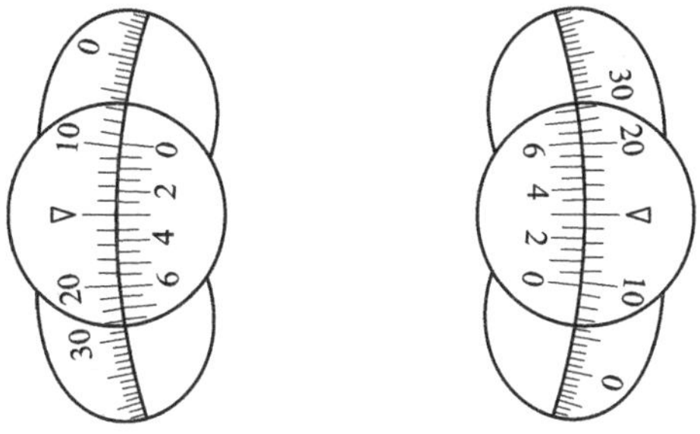

$\varphi_{左} = 9^\circ + 0.05^\circ \times 6 = 9.30^\circ$；$\varphi_{右} = 9^\circ + 0.05^\circ \times 6 = 9.30^\circ$

图 5.4.8　旋光度的读法

三、实验原理

当线偏振光通过某些透明物质时，线偏振光的振动面将旋转一定的角度，这种现象称为振动面的旋转或旋光现象。能产生旋光现象的物质称为旋光性物质，例如石英晶体和糖、酒石酸溶液都是旋光性较强的物质。旋光现象是阿喇果在 1811 年首先发现的。

如图 5.4.9 所示，当线偏振光通过旋光性溶液时，线偏振光的振动面旋转的角度为

$$\varphi = \alpha c d \tag{5.4.1}$$

式中：c 是溶液的浓度，d 是溶液的厚度，α 是溶液的旋光常数。一般 φ 的单位为度(°)，c 的单位为 g/cm^3，d 的单位为 dm，α 的单位是$(^\circ) \cdot cm^3/(g \cdot dm)$。

在入射光的波长和溶液的温度一定时，各种旋光性溶液都有各自确定的旋光常数。例如，当用钠黄光($\lambda = 589.3$ nm)照射，温度为 20.0 ℃时，葡萄糖溶液的旋光常数为

$$\alpha = 52.5(^\circ) \cdot cm^3/(g \cdot dm)$$

因此，只要测得线偏振光的振动面旋转的角度 φ 和溶液的厚度 d，即可根据式(5.4.1)求出溶液的浓度为

$$c = \frac{\varphi}{\alpha d} \tag{5.4.2}$$

对大多数旋光性溶液来说，当用钠黄光照射，温度升高 1 ℃时，旋光常数 α 约减小 0.3%。因此，对于要求较高的测定工作，应在(20.0±2.0) ℃的条件下进行。

不同的旋光性物质可以使线偏振光的振动面向不同的方向旋转。若面对光源观察，则使振动面向右旋转的物质称为右旋物质，如图 5.4.9 所示；使振动面向左旋转的物质称为左旋物质。石英晶片由于结晶形态不同而分为右旋和左旋两种类型。糖也有右旋糖和左旋糖，但它们的营养价值是一样的。

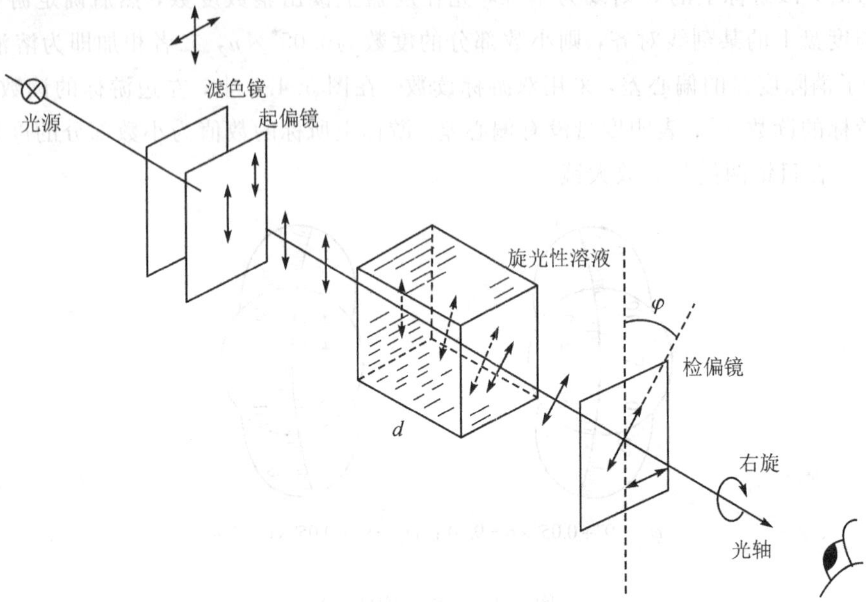

图 5.4.9　旋光现象

四、实验步骤

(1) 打开电源开关，约 5 min 后，钠灯正常发光。

(2) 检查仪器有无零位误差(初读数)。在旋光仪的试管筒中没有放入试管(或放入装满蒸馏水的试管)时，旋转度盘转动手轮，使度盘的读数在 0°附近。然后一边仔细观察视场，一边微微左右旋转度盘转动手轮，使三分视场的亮度相等，视界边缘消失。观察过程中，如果发现视场模糊，可调节调焦手轮。当三分视场的亮度相等时，度盘应指示为 0，否则说明仪器有初读数。读记此初读数 φ_0(注意正负)。

(3) 在两个试管中装满葡萄糖溶液，装上橡皮垫圈，轻轻旋上螺帽，直到不漏水为止。螺帽不宜旋得过紧，否则护片玻璃中将产生应力，使测量结果产生误差。然后将试管外面的溶液擦干，以免影响视场清晰度及测量结果。

(4) 拉动筒盖手柄，打开筒盖，将长度为 100 mm 的试管放入试管筒中，再盖好筒盖。

(5) 一边观察视场，一边旋转度盘转动手轮，当三分视场的亮度相等时，从左边游标读记读数 $\varphi_{左}$，从右边游标读记读数 $\varphi_{右}$。求出 $\varphi_{左}$ 和 $\varphi_{右}$ 的平均值，再减去初读数 φ_0，即为溶液的旋光度 φ。当度盘转到任何位置时，左、右游标的读数相等，则表明度盘不存在偏心差，可以只从左边(或右边)游标读数。

(6) 重复测量 5 次，求出溶液的平均旋光度 $\bar{\varphi}$。

(7) 根据式(5.4.2)，求出葡萄糖溶液的浓度 c。

(8) 将长度为 200 mm 的试管放入试管筒中，重复步骤(5)、(6)、(7)。

五、测量记录和数据处理

当用钠黄光(λ=589.3 nm)照射，温度为 20.0 ℃时，葡萄糖溶液的旋光常数为

$$\alpha = 52.5(°) \cdot cm^3/(g \cdot dm)$$

$$\varphi_0 = \underline{\qquad\qquad}$$

将所测的数据记入表 5.4.1 和表 5.4.2 中。

（1）溶液厚度 d=100 mm=________ dm。

表 5.4.1　测量数据(a)

实验次序	$\varphi_{左}$/(°)	$\varphi_{右}$/(°)	旋光度 $\varphi=\frac{1}{2}(\varphi_{左}+\varphi_{右})-\varphi_0$/(°)
1			
2			
3			
4			
5			

$$\bar{\varphi}=\underline{\qquad\qquad}$$

$$c=\frac{\bar{\varphi}}{\alpha d}=\underline{\qquad}\ g/cm^3$$

（2）溶液厚度 d=200 mm=________ dm。

表 5.4.2　测量数据(b)

实验次序	$\varphi_{左}$/(°)	$\varphi_{右}$/(°)	旋光度 $\varphi=\frac{1}{2}(\varphi_{左}+\varphi_{右})-\varphi_0$/(°)
1			
2			
3			
4			
5			

$$\bar{\varphi}=\underline{\qquad\qquad}$$

$$c=\frac{\bar{\varphi}}{\alpha d}=\underline{\qquad}\ g/cm^3$$

六、思考题

（1）旋光仪的基本原理是什么？

（2）为什么要采用三分视界法来确定光学零位？试说明它的工作原理。

（3）若要知道某种溶液的旋光常数，你能用旋光仪测定吗？还需要什么仪器？

（4）已知用旋光仪测量时，读数是正的，则为右旋物质，读数是负的，则为左旋物质，那么你所测量的葡萄糖是右旋葡萄糖还是左旋葡萄糖？

第 6 章 近代物理实验

6.1 用迈克尔逊干涉仪测定氦-氖激光器的波长

迈克尔逊干涉仪(Michelson interferometer)是光学干涉仪中最常见的一种，其发明者是美国物理学家阿尔伯特·亚伯拉罕·迈克尔逊。迈克尔逊干涉仪的原理是一束入射光经过分光镜分为两束后各自被对应的平面镜反射回来，因为这两束光频率相同，振动方向相同且相位差恒定(满足干涉条件)，所以能够发生干涉。干涉中两束光的不同光程可以通过调节干涉臂长度以及改变介质的折射率来实现，从而形成不同的干涉图样。

迈克尔逊干涉仪最著名的应用是它在迈克尔逊-莫雷实验中对以太风进行观测时所得到的零结果，这朵 19 世纪末经典物理学天空中的乌云为狭义相对论的基本假设提供了实验依据。除此之外，由于激光干涉仪能够非常精确地测量干涉中的光程差，因此在当今的引力波探测中迈克尔逊干涉仪以及其他种类的干涉仪都得到了相当广泛的应用。激光干涉引力波天文台(LIGO)等诸多地面激光干涉引力波探测器的基本原理就是通过迈克尔逊干涉仪来测量由引力波引起的激光的光程变化，而在计划中的激光干涉空间天线(LISA)中，应用迈克尔逊干涉仪原理的基本构想也已经被提出。迈克尔逊干涉仪还被应用于寻找太阳系外行星的探测中，尽管在这种探测中马赫-曾特干涉仪的应用更加广泛。迈克尔逊干涉仪还在延迟干涉仪，即光学差分相移键控解调器的制造中有所应用，这种解调器可以在波分复用网络中将相位调制转换成振幅调制。

一、实验目的

(1) 了解迈克尔逊干涉仪的工作原理。

(2) 掌握用迈克尔逊干涉仪测定氦-氖激光波长的方法。

(3) 掌握用迈克尔逊干涉仪测定钠光 D 双线波长差的方法。

(4) 观察等厚干涉条纹。

二、实验仪器

本实验所用实验仪器包括 KF-WSM100 迈克尔逊干涉仪(见图 6.1.1(a))、KF-JGQ 氦-氖激光器(见图 6.1.1(b))、钠灯、观察屏、水平仪。

干涉仪是根据光的干涉原理制成的。它是一种测量长度、角度和折射率等的精密光学仪器。图 6.1.2 是实验室中常用的迈克尔逊干涉仪的结构图。

迈克尔逊干涉仪的光路图如图 6.1.3 所示。M_1 和 M_2 是两块平面反射镜。其背面各有 3 个调节螺旋，用来调节镜面法线的方位。M_2 是固定在仪器上的，故 M_2 称为固定反射镜。M_1 装在导轨的拖板上，拖板由精密丝杠带动，这样 M_1 可沿导轨前后移动，故 M_1 称为移

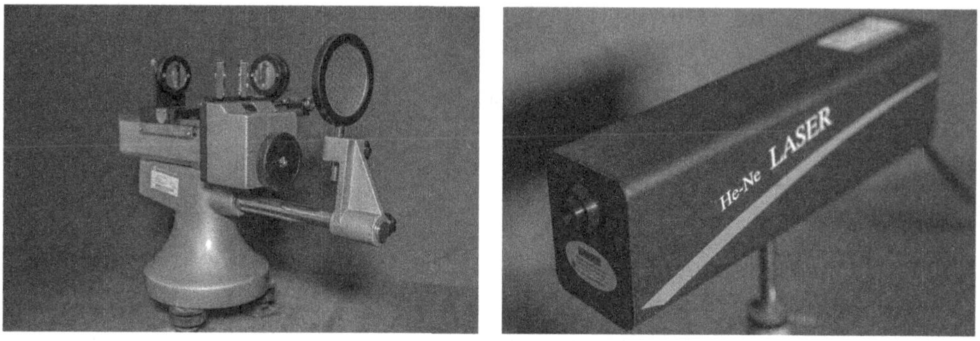

(a)　(b)

图 6.1.1　迈克尔逊干涉仪和氦-氖激光器

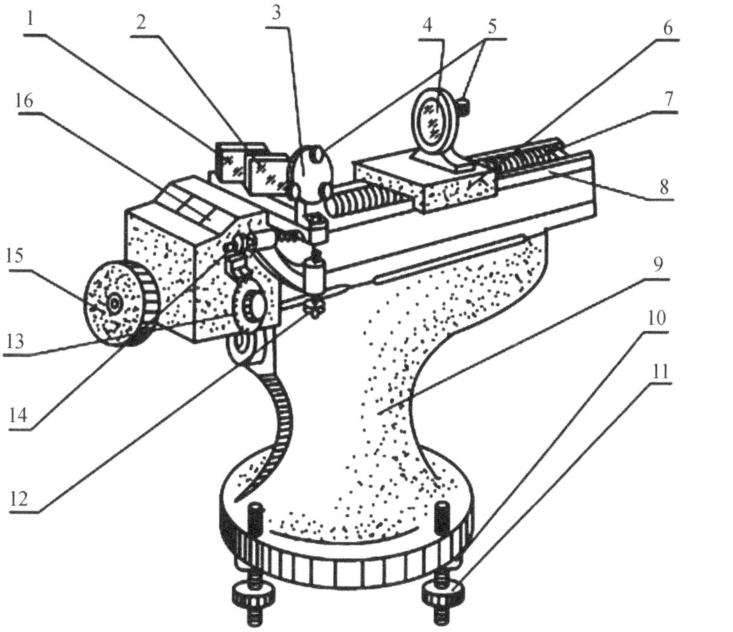

1—分光板；2—补偿板；3—固定反射镜；4—移动反射镜；5—调节螺旋；6—拖板；
7—精密丝杠；8—导轨；9—底座；10—水平调节锁紧螺母；11—水平调节螺母；
12—垂直拉簧螺旋；13—微调手轮；14—水平拉簧螺旋；15—粗调手轮；16—读数窗口

图 6.1.2　迈克尔逊干涉仪的结构图

动反射镜。P_1 和 P_2 是两块材料和厚度都相同的平行平面玻璃板，它们的镜面与导轨线形成 45°角。在 P_1 对着 M_2 的面上涂有半透膜，半透膜能将入射光分成振幅近似相等的反射光(1)和透射光(2)，故 P_1 称为分光板。由于 P_2 补偿了光线(1)和(2)之间附加的光程差[使光线(1)和(2)均三次穿过平面玻璃板]，因此 P_2 称为补偿板。必须注意：分光板 P_1、补偿板 P_2、平面反射镜 M_1 和 M_2 的光学表面绝对不能用手摸，也不能用擦镜纸擦。M_1 的位置由 3 个读数尺确定。主尺装在导轨侧面，最小刻线为 1 mm，由拖板上的标志线指示毫米以上的读数。毫米以下的读数由两套螺旋测微装置指示。粗调手轮转一周，M_1 镜移动 1 mm，而粗调手轮圆周分成 100 小格，故粗调手轮转动一小格，M_1 镜就移动 0.01 mm。粗调手轮转动一小格，微调手轮旋转一周，而微调手轮圆周也分成 100 小格，故微调手轮转动一小格，M_1 镜仅移动 0.0001 mm=10^{-7} m。另外，还可以估读 1/10 小格，因而 M_1 镜的位置可以估读到 10^{-8} m。

为了精确地调节 M_2 的法线方位，把 M_2 装在一根与导轨固定的悬臂杆上，杆端系有两根张紧的弹簧，弹簧的松紧程度可由拉簧螺旋调节。调节仪器底座上的 3 个水平调节螺旋，可以使导轨处于水平状态。

三、实验原理

如图 6.1.3 所示，从面光源 S 射来的光，在到达分光板 P_1 后被分成反射光(1)和透射光(2)。反射光(1)在半透膜上反射后透过 P_1 向着 M_1 前进，透射光(2)透过 P_2 后向着 M_2 前进。反射光(1)经 M_1 反射后，第二次透过 P_1，到达 E 处；透射光(2)经 M_2 反射后，第二次透过 P_2，再经过 P_1 反射，也到达 E 处。因为这两列光波来自光源上同一点 O，所以是相干光。因而在 E 处的观察屏上能看到干涉图样。

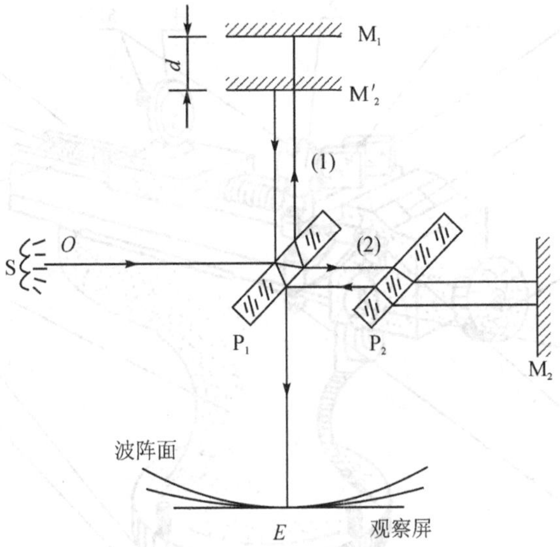

图 6.1.3　迈克尔逊干涉仪的光路图

因为光在分光板 P_1 的半透膜上反射，所以 M_2 在 M_1 附近形成虚像 M'_2。反射光(1)和透射光(2)从 M_1 和 M_2 的反射，相当于从 M_1 和 M'_2的反射。由此可见，在迈克尔逊干涉仪中产生的干涉与 M_1 和 M'_2之间的厚度为 d 的空气膜所产生的干涉是等效的。

1. 利用圆形干涉条纹测定氦-氖激光的波长

当 $M_1M'_2$平行时(即当 M_1 和 M_2 垂直时)，将观察到圆形干涉条纹(等倾干涉条纹)。图 6.1.4 是氦-氖激光在观察屏上形成的圆形干涉条纹。

如图 6.1.5 所示，入射角为 i 的光线 a，经 M_1 和 M'_2反射成为光线 a_1 和 a_2，且 a_1 和 a_2 相互平行。

过 B 点作 BD 垂直于 a_2，则光线 a_1 和 a_2 之间的光程差为

$$\delta = AC + CB - AD = 2AC - AD = 2\frac{d}{\cos i} - 2d\tan i \cdot \sin i$$

$$= 2d\left(\frac{1}{\cos i} - \frac{\sin^2 i}{\cos i}\right) = 2d\cos i \tag{6.1.1}$$

可见，在空气膜厚度 d 一定时，光程差 δ 只取决于入射角 i。若用透镜 L 将光束汇聚，则入射角相同的光线在 L 的焦平面上将发生叠加。对于第 K 级亮条纹[设反射光(1)和透射光(2)在分光板半透膜上反射时无半波损失]，则有

$$\delta = 2d\cos i_k = K\lambda \tag{6.1.2}$$

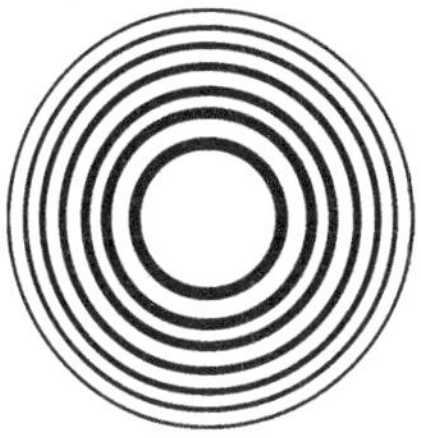

图6.1.4　氦-氖激光的圆形干涉条纹

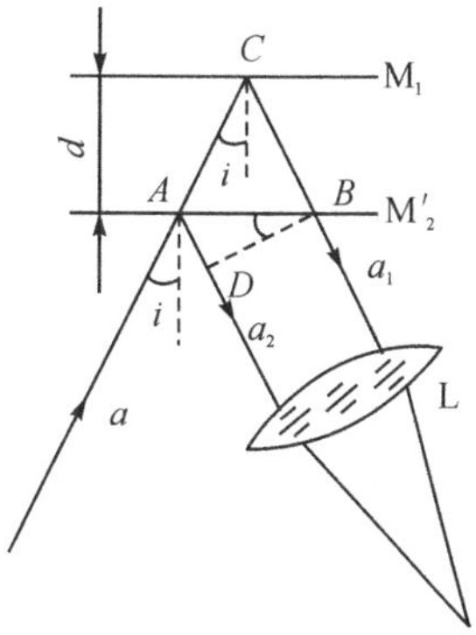

图 6.1.5　相干光的光程差

如图 6.1.6 所示，在面光源 S 上，从以 O 点为圆心的圆周上各点发出的光在 M_1 和 M_2' 上有相同的入射角 i，所以 M_1 和 M_2 反射的相干光在透镜 L 的焦平面上形成的干涉条纹是一些明暗相间的圆形干涉条纹(等倾干涉条纹)。

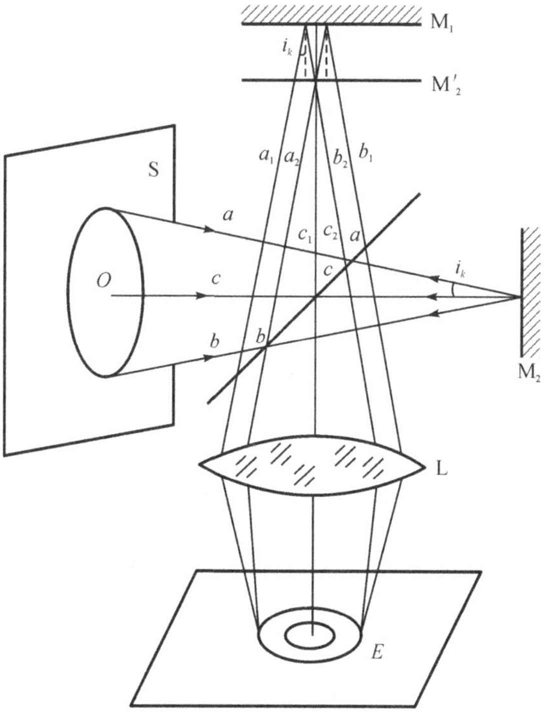

图 6.1.6　圆形干涉条纹的形成

干涉环圆心处是平行于透镜光轴的光束汇聚而成的，对应的入射角 $i_k=0$，由式(6.1.2)可知，此时两相干光的光程差最大($\delta=2d$)，对应的干涉条纹的级次 K 最高，从圆心向外的干涉条纹的级次逐渐降低。当移动 M_1 镜，使 M_1 和 M'_2 之间的距离 d 逐渐增大时，对于 K 级干涉条纹，必定以减小 $\cos i_k$ 的值来满足 $2d\cos i_k=K\lambda$，故该干涉条纹向 i_k 增大($\cos i_k$ 减小)的方向移动，即环纹向外扩展，这时我们将看到条纹好像从中心一个一个地向外涌出来。反之，当 d 逐渐减小时，条纹将一个一个地向中心缩进去。每涌出(或缩进)一个条纹，光程差就变化一个波长，光程差是由于光线 a_1 在 M_1 和 M'_2 之间来回行经两次形成的，因而 M_1 和 M'_2 之间的距离增大(或减小)了半个波长。如果有 Δn 个条纹涌出(或缩进)，则 M_1 相对于 M'_2 移动的距离为

$$\Delta d=\Delta n\,\frac{\lambda}{2} \tag{6.1.3}$$

因此，若测出 M_1 移动的距离 Δd，数出涌出(或缩进)的条纹数 Δn，则待测光波波长为

$$\lambda=\frac{2\Delta d}{\Delta n} \tag{6.1.4}$$

2. 利用圆形干涉条纹测定钠光 D 双线的波长差(选做)

当 M_1 和 M'_2 平行时，在 E 处将眼睛聚焦在 M_1 附近，可以看到明暗相间的圆形干涉条纹。如果光源是单色的，则当 M_1 缓慢移动时，虽然视场中心条纹不断涌出(或缩进)，但条纹的视见度不变。所谓条纹的视见度，是指条纹的清晰程度。通常定义条纹的视见度为

$$V=\frac{I_{\max}-I_{\min}}{I_{\max}+I_{\min}} \tag{6.1.5}$$

式中：$I_{\max}$ 和 $I_{\min}$ 分别为亮条纹的光强和暗条纹的光强。

钠灯发出的黄光是由两种波长相近的单色光($\lambda_1=589.6$ nm，$\lambda_2=589.0$ nm)组成的。这两种光波是钠原子从 3p 态跃迁到 3s 态的过程中辐射出来的，如图 6.1.7 所示。

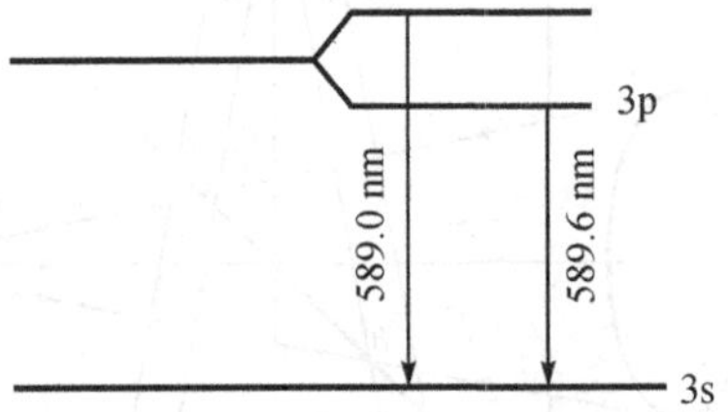

图 6.1.7　钠黄光的能级跃迁

如果用钠灯作为光源，则可以看到的干涉图样是钠黄光中波长为 λ_1 和 λ_2 的这两种单色光分别形成的干涉图样叠加而成的。对干涉环圆心来说，对应的入射角 $i_k=0$，所以当光程差 $\delta=2d=K\lambda$ 时形成亮条纹，当 $\delta=2d=(2K+1)\dfrac{\lambda}{2}$ 时形成暗条纹。当 M_1 和 M'_2 之间的距离 $d=0$ 时，λ_1 和 λ_2 都符合加强条件。如果移动 M_1，逐渐增大 d，则总可以找到某一个数值 d，使得下面的式子同时满足：

$$\begin{cases}2d_1=K\lambda_1\\ 2d_1=(2K+1)\dfrac{\lambda_2}{2}\end{cases} \tag{6.1.6}$$

这时对圆心处来说，λ_1 满足了亮环级的条件，λ_2 满足了暗环级的条件。由于 λ_1 和 λ_2 相差不

大，因此 λ_1 生成亮环(暗环)的地方恰好是 λ_2 生成暗环(亮环)的地方。如果 λ_1 和 λ_2 的光强相等，均为 I_0，则 $I_{max}=I_{min}=I_0$，$V=0$，即在这些地方条纹的视见度为 0，成为一片均匀照明。继续增大 d，我们也总可以找到某一个数值 d_2，使得下面的式子同时满足：

$$\begin{cases} 2d_2 = (K+\Delta K)\lambda_1 \\ 2d_2 = (K+\Delta K+1)\lambda_2 \end{cases} \tag{6.1.7}$$

这时 λ_1 的亮环和 λ_2 的亮环重合，从而 $I_{max}=2I_0$，$I_{min}=0$，$V=1$，即在这些地方条纹最清晰。连续移动 M_1，使得 d 的增加量 $\Delta d(=d_2-d_1)$ 的两倍满足：

$$\begin{cases} 2\Delta d = \Delta K\lambda_1 \\ 2\Delta d = (\Delta K+1)\lambda_2 \end{cases} \tag{6.1.8}$$

这时视场中干涉条纹周期性地经历模糊—清晰—模糊的变化。由式(6.1.8)得

$$\Delta\lambda = \lambda_1 - \lambda_2 = \frac{\lambda_1\lambda_2}{2\Delta d} \tag{6.1.9}$$

因为 λ_1 和 λ_2 相差很小，所以 λ_1 和 λ_2 的乘积可以用它们的平均值 $\bar{\lambda}$ 的平方代替，于是

$$\Delta\lambda = \frac{(\bar{\lambda})^2}{2\Delta d} \tag{6.1.10}$$

式中：Δd 是相邻两次干涉条纹最模糊(或最清晰)时 M_1 所移动的距离，$\bar{\lambda}=589.3$ nm。根据式(6.1.10)即可计算出钠光 D 双线的波长差。

3. 观察等厚条纹(选做)

当 M_1 与 M'_2 相距很近，并把 M_2 调斜一个很小的角度时，M_1 与 M'_2 间形成一空气劈尖，如图 6.1.8 所示。当用氦-氖激光作为光源时，在 E 处的观察屏上可以看到等厚干涉条纹，如图 6.1.9 所示。

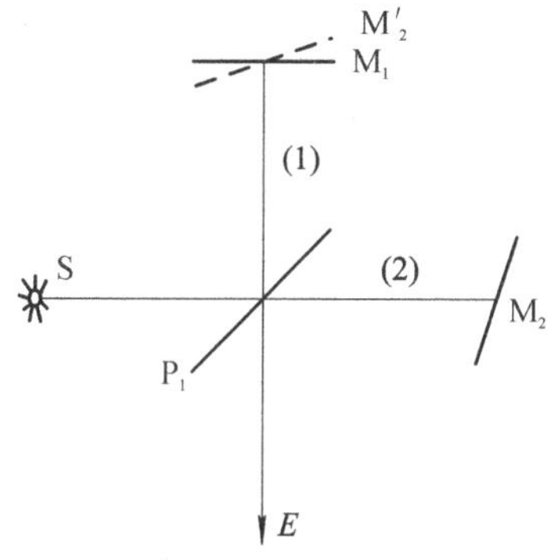

图 6.1.8　M_1 和 M'_2 间形成的空气劈尖

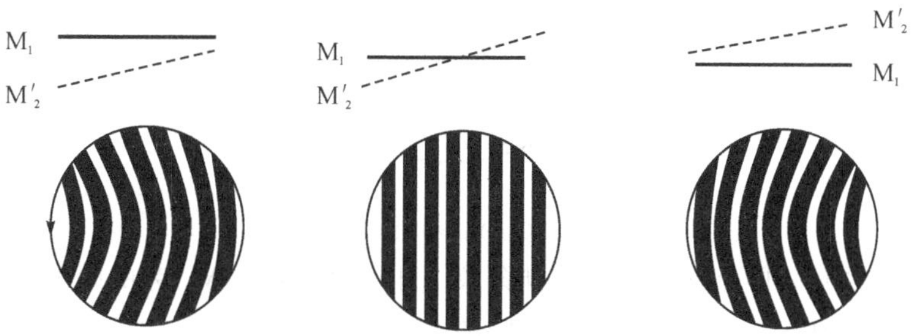

图 6.1.9　等厚干涉条纹

由式(6.1.1)得

$$\delta = 2d\cos i = 2d\left(1 - 2\sin^2\frac{i}{2}\right)$$

$$\approx 2d\left(1 - \frac{1}{2}i^2\right) = 2d - d\cdot i^2$$

当 M_1 与 M'_2 相交时，交线上 $d=0$，所以光程差 $\delta=0$。因为光线(2)在 P_1 上反射时相位突变 π(半波损失)，所以在交线处产生暗的直线条纹，称为中央条纹。在交线两边附近，因为 i 很小，所以 $d\cdot i^2$ 可以忽略，于是

$$\delta = 2d$$

在交线两边附近，凡是 d 相等的地方，光程差 δ 均相等，所以产生近似的直线条纹，且这些条纹与中央条纹平行。离中央条纹较远的地方，由于 $d\cdot i^2$ 的影响增大，因此条纹发生显著弯曲，弯曲的方向凸向中央条纹。离交线越远，d 越大，条纹也越弯曲。

当 M_1 和 M'_2 间的夹角很小时，移动 M_1，使 M_1 与 M'_2 间的距离逐渐减小到 0，再由 0 反向逐渐增大，可以看到如图 6.1.9 所示的等厚干涉条纹。

四、实验步骤

1. 测定氦-氖激光的波长

(1) 把水平仪放在迈克尔逊干涉仪的导轨上，调节底座上的三个水平调节螺旋，使导轨处于水平状态，然后锁紧水平调节螺母。

(2) 转动粗调手轮，使拖板上的标志线指在主尺上 50～60 mm 范围内，以便调出干涉条纹。

(3) 点亮氦-氖激光器，使激光束经分光板 P_1 分束，由 M_1、M_2 反射后，在 P_1 上可以看到两组光斑，一组是由 M_1 反射产生的，另一组是由 M_2 反射产生的，如图 6.1.10 所示。细心地调节 M_1 和 M_2 后面的三个调节螺旋，以改变 M_1 和 M_2 的法线方位，使两组光斑完全重合。

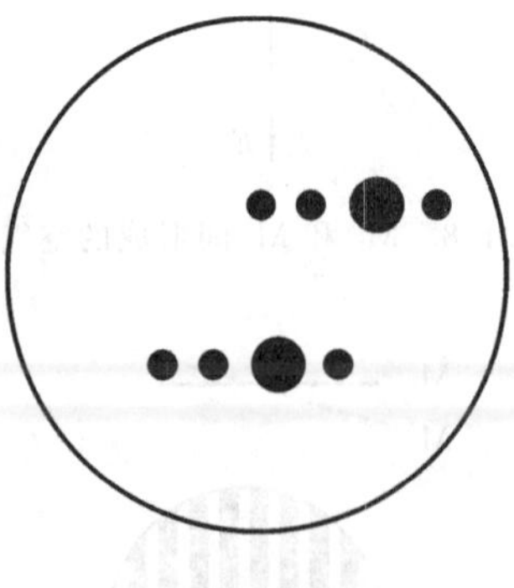

图 6.1.10　光屏上的两组光源

(4) 放置接收屏，屏上即可出现干涉条纹。再仔细地调节 M_2 旁的两个拉簧螺旋，使干涉条纹变粗，曲率变大，直至出现明暗相间的圆形干涉条纹。然后缓慢地旋转微调手轮，观察条纹的涌出和缩进现象。

(5) 调整零点。当转动微调手轮时，粗调手轮随之转动；当转动粗调手轮时，微调手轮并不随之转动。因此在读数前应先调整仪器零点。调整零点的方法如下：沿某一方向(如顺时针方向)旋转微调手轮至零刻线，然后以同方向转动粗调手轮至任意一条刻线，这样仪器零点就调好了。

(6) 缓慢地旋转微调手轮(必须与调零点时的旋转方向相同)，可以观察到条纹的涌出(或缩进)现象。开始计数时，记下 M_1 的位置(只要记下两个转盘上的读数，不必记主尺上的读数)d_1。继续旋转微调手轮，数到条纹涌出(或缩进)50 个时，停止转动微调手轮，记下 M_1 的位置 d_2，即得 $\Delta d=|d_2-d_1|$。根据式(6.1.4)计算出氦-氖激光的波长。

(7) 重复 5 次步骤(6)，计算出 λ_i 的平均值 $\bar{\lambda}$，再与标准值 $\lambda_0=632.8$ nm 进行比较，计算出相对误差 E。

注意：在调整和测量的过程中一定要非常细心和有耐心，并应缓慢、均匀地转动微调手轮。为了消除回程误差，每次测量必须沿同一方向旋转微调手轮，不得中途反向。

2. 测定钠光 D 双线的波长差(选做)

(1) 用氦-氖激光调出圆形干涉条纹。

(2) 将氦-氖激光器换成钠灯，在出射光窗口插上毛玻璃，以形成均匀的面光源。

(3) 转动粗调手轮，使 M_1 距分光板 P_1 的中心与 M_2 距 P_1 的中心大致相等(拖板上的标志线约指在主尺上 32 mm 处)，以便调出干涉条纹。

(4) 去掉观察屏，沿 EP_1M_1 方向观察，眼睛聚焦在 M_1 附近，即可看到干涉条纹。如果看不到干涉条纹，或者条纹很模糊，可以缓慢地转动粗调手轮半圈左右，使 M_1 移动一下位置，就可以看到干涉条纹了。再仔细调节 M_2 旁的两个拉簧螺旋，直到出现圆形干涉条纹。

(5) 转动粗调手轮，找到视见度模糊的地方，然后调好仪器零点。旋转微调手轮，仔细地找到视见度为 0 的地方，记下 M_1 的位置 d_1。继续沿原方向旋转微调手轮，直到视见度又为 0，记下 M_1 的位置 d_2，即得 $\Delta d=|d_2-d_1|$。

(6) 重复步骤(5)两次，计算出 Δd 的平均值 $\overline{\Delta d}$。根据式(6.1.10)计算钠光 D 双线的波长差。

3. 观察等厚干涉条纹(选做)

(1) 用氦-氖激光调出圆形干涉条纹。

(2) 沿逆时针方向缓慢地旋转粗调手轮，使 M_1 和 M_2 间的距离逐渐减小，这时可以看到条纹的缩进现象。当条纹变成等轴双曲线形状时，说明 M_1 与 M_2 已十分靠近(这时拖板上的标志线约指在主尺上 35 mm 处)。然后稍微旋转 M_2 的水平拉簧螺旋，使 M_2 与 M_1 形成一个很小的夹角，再沿同方向旋转微调手轮，使条纹逐渐变直，这表明中央条纹正在逐渐向视场中央移动(当条纹变直时，拖板上的标志线约指在主尺上 32 mm 处)。继续沿同方向旋转微调手轮，可以看到条纹会向反方向弯曲，这时将观察到如图 6.1.9 所示的干涉条纹。

五、测量记录和数据处理

(1) 测定氦-氖激光的波长，将所测得的数据计入表 6.1.1 中。

$\Delta n=50$，$\lambda_0=632.8$ nm。

表 6.1.1　氦-氖激光的波长的测定

实验次序	d_1/mm	d_2/mm	$\Delta d_i=\lvert d_2-d_1\rvert$/mm	$\lambda_i=\frac{2\Delta d_i}{\Delta n}$/nm	$\Delta\lambda_i=\lvert\lambda_i-\lambda_0\rvert$/nm
1					
2					
3					
4					
5					

由表 6.1.1 中的数据计算：

$$\bar{\lambda}=\frac{1}{5}\sum_{i=1}^{5}\lambda_i=\underline{\qquad\qquad}\ \text{nm}$$

$$\overline{\Delta\lambda}=\frac{1}{5}\sum_{i=1}^{5}\Delta\lambda_i=\underline{\qquad\qquad}\ \text{nm}$$

$$E=\frac{\overline{\Delta\lambda}}{\lambda_0}\times 100\%=\underline{\qquad\qquad}\ \%$$

因此，氦-氖激光的波长为

$$\begin{cases}\lambda=\bar{\lambda}\pm\overline{\Delta\lambda}=(\underline{\qquad\qquad}\pm\underline{\qquad\qquad})\ \text{nm}\\ E=\underline{\qquad\qquad}\ \%\end{cases}$$

(2) 测定钠光 D 双线的波长差，将所测得的数据计入表 6.1.2 中。$\bar{\lambda}$=589.3 nm。

表 6.1.2　钠光 D 双线的波程差的测定

实验次序	d_1/mm	d_2/mm	$\Delta d_i=\lvert d_2-d_1\rvert$/mm
1			
2			
3			

由表 6.1.2 中的数据计算：

$$\overline{\Delta d}=\frac{1}{3}\sum_{i=1}^{3}\Delta d_i=\underline{\qquad\qquad}\ \text{mm}$$

$$\Delta\bar{\lambda}=\frac{(\bar{\lambda})^2}{2\,\overline{\Delta d}}=\underline{\qquad\qquad}\ \text{nm}$$

六、思考题

(1) 简述迈克尔逊干涉仪的工作原理及调整和使用方法。

(2) 如何利用圆形干涉条纹的涌出(或缩进)测定光波的波长？

(3) 如何利用圆形干涉条纹视见度的变化测定钠光 D 双线的波长差？

(4) 在观察等厚干涉条纹时，若改变 M'_2 与 M_1 交角的大小，条纹将如何变化？

6.2　弗兰克-赫兹实验

1900 年，德国物理学家普朗克引入了能量子的概念。1911 年，英国物理学家卢瑟福(E. Rutherford)根据 α 粒子散射实验，提出了原子模型理论。1913 年，丹麦物理学家玻尔(N. Bohr)将普朗克量子假说运用到原子有核模型，建立了与经典理论相违背的两个重要概念：原子定态能级和能级跃迁。原子在能级之间跃迁时伴随电磁波的吸收和发射，电磁波的频率大小取决于原子所处的两个定态能级间的能量差。

1914 年，德国物理学家弗兰克(J. Frank)和他的助手赫兹(G. Hertz)采用慢电子与稀薄气体中原子碰撞的方法，观察、测量到汞原子的激发电位和电离电位。此实验简单而巧妙地直接证实了原子内部量子化能级的存在，证明了原子发生跃迁时吸收和发射的能量是完全确定的、不连续的，并且实现了对原子的可控激发，给玻尔的原子理论提供了直接的且独立于光谱研究方法的实验证据。由于此项卓越成就，这两位物理学家获得了 1925 年的诺贝尔物理学奖。

弗兰克-赫兹实验至今仍是探索原子结构的重要手段之一，所以在近代物理实验中仍把它作为传统的经典实验。

一、实验目的

(1) 了解原子能级的概念。

(2) 了解弗兰克-赫兹实验仪的工作原理。

(3) 掌握用弗兰克-赫兹实验仪测定氩原子的第一激发电位的方法。

二、实验仪器

本实验所用实验仪器包括 LB－FH 型弗兰克-赫兹实验仪(见图 6.2.1)和示波器。

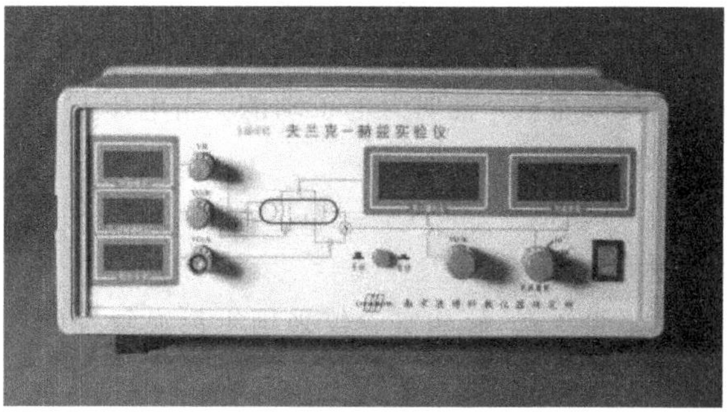

图 6.2.1　弗兰克-赫兹实验仪的实物图

三、实验原理

玻尔提出的原子理论指出：原子只能较长久地处于一系列不连续的稳定的能量状态，称为定态。在这些状态中，原子既不辐射，也不吸收能量，各定态的能量是彼此分立的、确定的、不连续的，每一种状态相应于一定的能量值 E_i(其中 $i=1, 2, 3, \cdots$)，这些能量值称为能级。最低能级所对应的状态称为基态，其他高能级所对应的状态称为激发态，如图 6.2.2 所示。

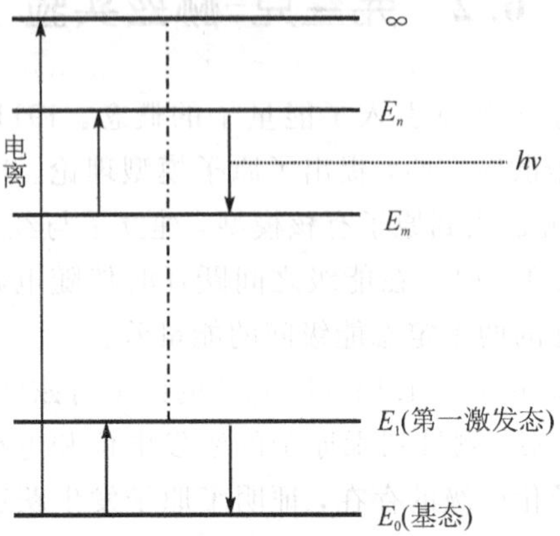

图 6.2.2　原子能级跃迁原理图

原子的能量不论通过什么方式发生改变，只能使原子从一个能级跃迁到另一个能级。原子从一个能级 E_m 跃迁到另一个能级 E_n 会发射或吸收一定频率的电磁波。辐射的频率由两个定态之间的能量差来决定，并满足关系：

$$h\nu = E_n - E_m \tag{6.2.1}$$

式中：普朗克常数 $h=6.626\times10^{-34}$ J·s。

通常原子状态的改变可通过两种方法实现：一是原子本身吸收或发射一定能量的电磁辐射；二是原子与其他具有一定能量的粒子发生碰撞而交换能量。弗兰克-赫兹实验就是通过具有一定能量的电子与氩原子碰撞，从而使氩原子获得一定的能量而发生能级状态改变的，通过直接测出碰撞时电子传递给氩原子的能量值，证明了原子能级的存在。

处于基态的原子发生状态改变时，其所需能量不能小于该原子从基态跃迁到能量最低激发态(第一激发态)时所需的能量，这个能量叫临界能量。电子与原子碰撞，若电子能量小于临界能量，则发生弹性碰撞；若电子能量大于临界能量，则发生非弹性碰撞，这时电子为原子提供跃迁到第一激发态时所需的能量，实现原子能级之间的跃迁。初速度为零的电子在加速电压 U 的作用下获得能量，表现为电子动能。当电压 U 达到或超过 U_0 时，原子从基态跃迁到第一激发态，即

$$eU_0 = h\nu \tag{6.2.2}$$

式中：电势差 U_0 为原子的第一激发电位。

本实验中的 LB－FH 型弗兰克-赫兹实验仪采用 1 只充氩气的四极管，其工作原理如图 6.2.3 所示。

当灯丝点燃后，阴极 K 被加热，阴极上的氧化层即有电子逸出(发射电子)，为消除空间电荷对阴极散射电子的影响，要在第一栅极 G_1 和阴极 K 之间加上一电压 U_{G1K}。如果此时在第二栅极 G_2 和阴极 K 之间也加上一电压 U_{G2K}，则发射的电子在电场的作用下将被加速，从而获得能量，同时与其间的氩气原子发生碰撞。碰撞时，电子的动能若达到氩原子的第一激发能量，则电子的能量被吸收掉 eU_0，否则电子只与氩原子发生弹性碰撞。电子经 KG_2 间的加速与碰撞后到达栅极 G_2，以剩余的动能从栅极 G_2 飞向板极 A(阳极)，从而在

外电路中形成板极电流 I_A，其大小反映了从阴极 K 到达板极 A 的电子数。若在 AG_2 间加上反向电压 U_{G2A}，则只有碰撞后剩余动能大于 eU_{G2A} 的电子能到达极板 A，因此此时板极电流 I_A 也反映了栅极 G_2 处电子动能的大小，即 KG_2 间电子与氩原子的碰撞情况。

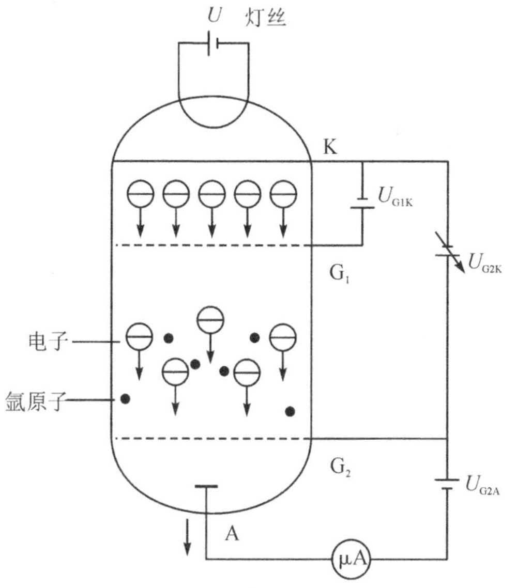

图 6.2.3　弗兰克-赫兹实验仪的原理图

当加速电压 U_{G2K} 在 0～U_0 间增大时，电子能量不足以使氩原子产生跃迁，因此电子在栅极 G_2 处的动能会随 U_{G2K} 增大，I_A 也随之增大，如图 6.2.4 中的 Oa 段所示。当加速电压 U_{G2K} 达到氩原子的第一激发电位 U_0 时，在栅极 G_2 附近的电子与氩原子发生非弹性碰撞，把绝大部分能量传递给氩原子，使处于基态的氩原子跃迁到第一激发态。这些因为损失了能量的电子不能穿越减速电场到达板极 A，即到达板极的电子数目减少，所以 I_A 开始下降，如图 6.2.4 中的 ab 段所示。因此，I_A 随着 U_{G2K} 的增大出现第一个峰值。

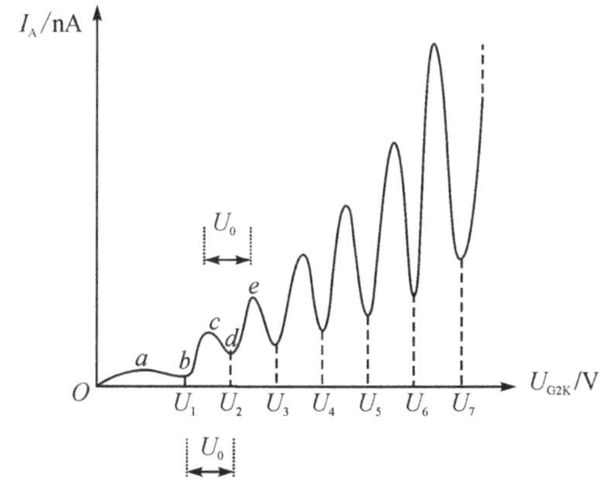

图 6.2.4　弗兰克-赫兹管的 I_A-U_{G2K} 曲线图

加速电压 U_{G2K} 继续增大，电子在距栅极 G_2 较远处的能量已达 eU_0，即在到达栅极 G_2 之前就会与氩原子发生非弹性碰撞而失去能量。还处在阴极 K 和栅极之间的区域仍有加速电场的作用，致使电子到达第二栅极 G_2 时又具有了一定的动能，可以克服第二栅极 G_2 与板极

A 之间的拒斥电压U_{G2A}而到达板极 A，从而使I_A又会随U_{G2K}的增加而增大，如图 6.2.4 中的 bc 段所示。当U_{G2K}增加到 $2U_0$ 时，与氩原子发生过一次非弹性碰撞后的电子到达第二栅极 G_2 附近，能量第二次达到 eU_0，会与氩原子发生第二次非弹性碰撞，所以 I_A 又会下降，形成第二个波峰，如图 6.2.4 中的 cd 段所示。同理，随着加速电压U_{G2K}的继续增大，当$U_{G2K}=nU_0$(其中 $n=1$，2，3，…)，即加速电压等于氩原子第一激发电位 U_0 的整数倍时，电子会在栅极 G_2 附近发生第三次、第四次……非弹性碰撞，板极电流 I_A 都会相应下跌并出现一次波峰，形成规则起伏变化的 I_A-U_{G2K}曲线。显然，相邻两个峰(谷)间的加速电位差就是氩原子的第一激发态电位，由此证实了原子确实有不连续的能级存在。

四、实验步骤

本实验中有两种观测方法可供选择，即手动测量、示波器观测，下面分别进行叙述。

图 6.2.5 所示为弗兰克-赫兹实验仪面板图。

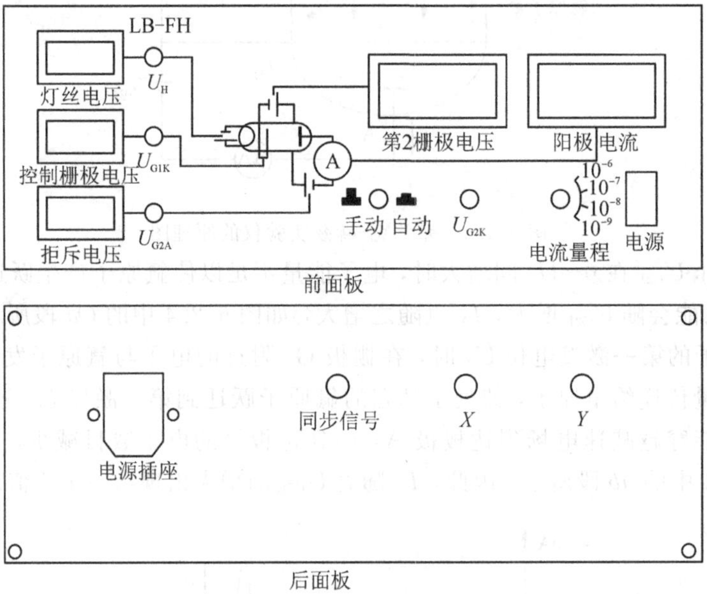

图 6.2.5　弗兰克-赫兹实验仪的面板图

1. 手动测量

(1) 插上电源，拨动电源开关。

(2) 将手动-自动挡切换开关拨到“手动”，将电流量程开关置于10^{-9}挡。

(3) 灯丝电压、控制栅极电压U_{G1K}(阴极到第 1 栅极的电压)、拒斥电压U_{G2A}(阳极到第 2 栅极的电压)各表头的调节请按照仪器机箱上所贴的“出厂检验参考参数”±10％调节。

(4) 仪器预热 10 min，此过程中可能各参数会有小的波动，请微调各旋钮到初设值。

(5) 旋转U_{G2K}调节旋钮，测定 I_A-U_{G2K}曲线，使栅极电压逐渐增加，步长为 1 V 或者 0.5 V，逐点测试对应不同电压的电流，记录相应的电压、电流值，并随着U_{G2K}(加速电压)的增加，阳极电流表的值出现周期性峰值和谷值。这时要特别注意电流峰值(和谷值)所对应的电压，在峰值和谷值前后应多测量几点。以输出阳极电流为纵坐标、第 2 栅极电压为横坐标做出谱峰曲线图。

(6) 实验完毕后，请勿长时间将 U_{G2K} 置于最大值，应将其逆时钟方向旋转至某一小值。

(7) 根据所取数据点，列表作图，并读取相邻电流峰值对应的电压，计算出氩原子第一激发电位的平均值，将实验值与氩原子的第一激发电位 $U_0=11.61$ V 进行比较。

2. 示波器观测

(1) 插上电源，拨动电源开关。

(2) 将手动-自动挡切换开关置于"自动"。

(3) 将灯丝电压、控制栅极电压 U_{G1K}、拒斥电压 U_{G2A} 缓慢地调节到仪器机箱上所贴的"出厂检验参考参数"。预热 10 min，此过程中可能各参数会有小的波动，请微调各旋钮到初设值。

(4) 将仪器上的"同步信号"与示波器的"同步信号"相连，"Y"与示波器的"Y"通道相连。"Y 增益"一般置于 0.1 V 挡，"时基"一般置于 1 ms 挡，此时示波器上显示出弗兰克-赫兹曲线。

(5) 调节"时基微调"旋钮，使一个扫描周期正好布满示波器的 10 格。本仪器扫描电压最大为 120 V，量出两相邻峰或两相邻谷的距离(读出格数)，多测几组并算出平均值后乘以 12 V 每格，即为氩气原子的第一激发电位的值。

(6) 将示波器切换到 $X-Y$ 显示方式，并将仪器的"X"与示波器的"X"通道相连，仪器的"Y"与示波器的"Y"通道相连，调节"X"通道的增益，使整个波形在 X 方向上满 10 格，即每格代表 12 V，量出两相邻峰或两相邻谷的距离(读出格数)，多测几组并算出平均值后乘以 12 V 每格，即为氩气原子第一激发电位的值。

(7) 本仪器上所贴"出厂检验参考数据"仅作参考，如波形不好看，请微调各电压旋钮。如需改变灯丝电压，改变后请等波形稳定后再测量。

五、测量记录和数据处理

1. 手动测量的数据处理

将所测得数据记录于表 6.2.1 中。

表 6.2.1　手动测量的数据

次序	1	2	3	4	5	…	60
U_{G2K}/V							
I_A/nA							

根据表 6.2.1 作出 I_A-U_{G2K} 曲线图，找出峰值和谷值并填入表 6.2.2 中。

表 6.2.2　峰值和谷值

序号	1		2		3		4		5		6	
被测量	峰值	谷值	峰值	谷值	峰值	谷值	峰值	谷值	峰值	谷值	峰值	谷值
I_A/nA												
U_{G2K}/V												

利用逐差法计算气体原子的第一激发电势：

$$\overline{U_0}=\frac{1}{9}(U_4-U_1+U_5-U_2+U_6-U_3)=\_\_\_\_\_\_\_\ \text{V}$$

$$\sigma\overline{U_0}=\sqrt{\frac{\sum_{i=1}^{n}(x_i-\bar{x})^2}{n(n-1)}}=\_\_\_\_\_\_\_\ \text{V}$$

式中：$x_i=U_{i+1}-U_i$，$\bar{x}=\overline{U_0}$，因此

$$U_0=\overline{U_0}\pm\sigma\overline{U_0}=\_\_\_\_\_\_\pm\_\_\_\_\_\_\ \text{V}$$

2. 示波器观测的数据处理

将气体原子第一激发电位的测量结果填入表 6.2.3 中。

表 6.2.3　气体原子第一激发电位的测量

序号	1		2		3		4		5		6	
被测量	峰值	谷值	峰值	谷值	峰值	谷值	峰值	谷值	峰值	谷值	峰值	谷值
格 数												
U_{G2K}/V												

峰值电压的平均间距：

$$U_{0峰}=\frac{1}{9}(U_{4峰}-U_{1峰}+U_{5峰}-U_{2峰}+U_{6峰}-U_{3峰})=\_\_\_\_\_\_\_\ \text{V}$$

谷值电压的平均间距：

$$U_{0谷}=\frac{1}{9}(U_{4谷}-U_{1谷}+U_{5谷}-U_{2谷}+U_{6谷}-U_{3谷})=\_\_\_\_\_\_\_\ \text{V}$$

因此，气体原子的第一激发电位为

$$U_0=\frac{1}{2}(U_{0峰}+U_{0谷})=\_\_\_\_\_\_\_\ \text{V}$$

六、思考题

(1) 本实验中采用什么方法使得原子从低能级向高能级跃迁？

(2) 如何用弗兰克-赫兹实验仪测定氩原子的第一激发电位？

(3) 能否用氢气代替氩气，为什么？

(4) 为什么要在板极和栅极之间加一个反向拒斥电压？

6.3　利用光电效应测普朗克常数

1900 年，德国物理学家普朗克(Max Karl Ernst Ludwig Planck，1858—1947 年)为了克服经典物理学解释黑体辐射现象的困难，创立了物质辐射(或吸取)的能量只能是某一最小能量单位(能量量子)的整数倍的假说，即量子假说。普朗克引进了一个普适常数，即普朗克常数，用于表征微观现象的量子特性。量子假说的提出对现代物理学，特别是量子论的发展起了重大的推动作用。普朗克因此于 1918 年获得了诺贝尔物理学奖。

在普朗克能量量子假说的基础上，1905 年，年仅 26 岁的爱因斯坦(Albert Einstein)提出了光量子假说，发表了在物理学发展史上具有里程碑意义的光电效应理论。1906 年，美国物理学家密立根精心设计了一套实验装置，用真空管排除干扰，精确验证了爱因斯坦的光电效应方程，并首次通过实验测定了普朗克常数。他们因在光电效应等方面的杰出贡献分别于 1921 年和 1923 年获得了诺贝尔物理学奖。

光电效应实验及其光量子理论的解释在量子理论的确立与发展、光的波粒二象性的揭示等方面都具有划时代的深远意义。利用光电效应制成的光电器件在科学技术中得到了广泛的应用，并且至今还在不断开辟新的应用领域，具有广阔的应用前景。通过本实验，我们可了解光电效应的基本规律，并用光电效应测定光电管的伏安特性曲线，从而测量普朗克常数。

一、实验目的

(1) 通过光电效应实验了解光的量子性。

(2) 理解光电管的伏安特性曲线。

(3) 验证光电效应方程，测定普朗克常数。

二、实验仪器

本实验所用实验仪器主要是 LB-PH3A 型光电效应(普朗克常数)实验仪。

LB-PH3A 型光电效应(普朗克常数)实验仪见图 6.3.1。

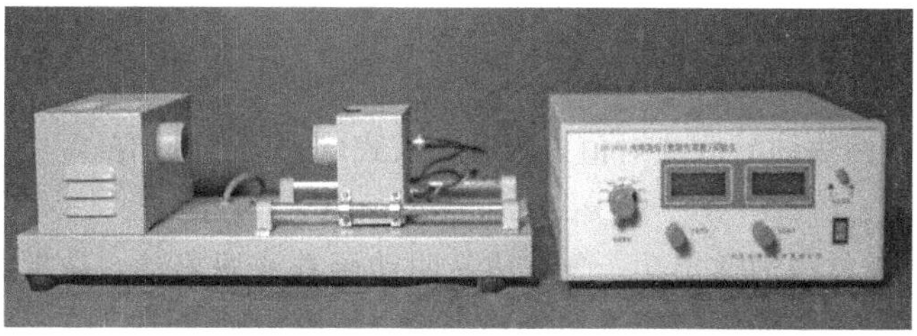

图 6.3.1　LB-PH3A 型光电效应(普朗克常数)实验仪

它包括如下部分：

(1) GD-27 型光电管。该光电管的阳极为镍圈，阴极为银-氧-钾(Ag-O-K)，光谱响应范围为 340～700 nm，光窗为无铅多硼硅玻璃，最高灵敏波长是(410.0±10.0) nm，阴极的光灵敏度约为 1 μA/lm，暗电流约为 10^{-12} A。为了避免杂散光和外界电磁场对微弱光电流的干扰，光电管安装在金属暗盒中，暗盒窗口安放有直径为 8 mm 和 10 mm 等多种孔径的光阑孔并装配带 NG 型滤色片的转轮。NG 型滤色片是一组宽带通型有色玻璃组合滤色片，具有滤选 365.0 nm、404.7 nm、435.8 nm、546.1 nm、577.0 nm 等 5 种谱线的能力。转轮上同时还带有光通量为 75%、50%、25%的滤光片。

(2) NJ-50WHg 汞灯电源及灯具，为高压汞灯光源。在 303.2～872.0 nm 的谱线范围内有 365.0 nm、404.7 nm、435.8 nm、546.1 nm 和 577.0 nm 等谱线可供实验使用。

(3) XD-P4 型微电流测量放大器。其电流测量范围为 $10^{-13} \sim 10^{-8}$ A，分为六挡，机内设有稳定性好、精密连续可调的光电管工作电源，电压量程分为 $-2 \sim +2$ V、$-2 \sim 30$ V 两挡。该测量放大器可以连续工作 8 小时以上。

三、实验原理

爱因斯坦认为，从一点发出的光不是按麦克斯韦电磁学指出的那样以连续分布的形式把能量传播到空间的，而是频率为 ν 的光以 $h\nu$ 为能量单位(光子)的形式一份一份地向外辐射；至于光电效应，是具有能量 $h\nu$ 的一个光子作用于金属中的一个自由电子，并把它的全部能量交给这个电子而析出光电子的过程。如果电子脱离金属表面耗费的能量为 W，则由光电效应打出来的光电子的动能为

$$\frac{1}{2}mv^2 = h\nu - W \tag{6.3.1}$$

式(6.3.1)称为光电效应方程。式中：h 为普朗克常数，公认值为 $6.626\,075\,5 \times 10^{-34}$ J·s；ν 为入射光的频率；m 为电子的质量；v 为光电子逸出金属表面时的初速度；W 为受光线照射的金属材料的逸出功；$mv^2/2$ 是没有受到空间电荷阻止，从金属中逸出的电子的最大初动能。

由式(6.3.1)可见，入射到金属表面的光频率越高，逸出来的光电子的最大初动能必然也越大。正因为光电子具有最大初动能，所以即使阳极不加电压也会有光电子落入阳极而形成光电流，甚至当阳极相对于阴极的电势低时也会有光电子从阴极到达阳极，直到阳极电势低于某一数值时，所有光电子都不能达到阳极，光电流才为零。这个相对于阴极为负值的阳极电势 U_s 被称为光电效应的反向截止电压。

显然，此时有

$$eU_s = 0 - \frac{1}{2}mv^2 \tag{6.3.2}$$

将式(6.3.2)中等号两边同时取绝对值，然后代入式(6.3.1)中，有

$$e\,|\,U_s\,| = h\nu - W \tag{6.3.3}$$

式中：W 为阴极金属材料的逸出功。逸出功又叫功函数或脱出功，是指电子从金属表面逸出时必须克服原子核对它的吸引所做功的最小值，其单位是电子伏特(eV)。由于金属材料的逸出功 W 是金属的固有属性，因此对给定的金属材料，W 是一个定值，它与入射光的频率无关。由光电效应方程(6.3.1)可知，当光电效应恰好能发生时，入射光的能量即为该光电管阴极材料的逸出功，故有

$$W = h\nu_0 \tag{6.3.4}$$

式中：ν_0 为截止频率(或红限频率)。式(6.3.4)表明，具有频率 ν_0 的光子的能量恰好等于逸出功 W。

将式(6.3.4)代入式(6.3.3)得

$$|\,U_s\,| = \frac{h}{e}\nu - \frac{W}{e} = \frac{h}{e}\nu - \frac{h\nu_0}{e} \tag{6.3.5}$$

式(6.3.5)表明，截止电压 $|U_s|$ 是入射光频率 ν 的线性函数。当入射光频率 $\nu = \nu_0$ 时，截止电压 $U_s = 0$。式(6.3.5)的斜率 $k = h/e$ 是一个正常数，若已知 k，即可得普朗克常数为

$$h = ek \tag{6.3.6}$$

可见，只要用实验方法作出不同频率下的$|U_s|-\nu$曲线，并求出此曲线的斜率k，就可以通过式(6.3.6)求出普朗克常数h的数值。其中，$e=1.602\times10^{-19}$ C，是电子的电量。

用光电效应测普朗克常数的实验原理见图 6.3.2。

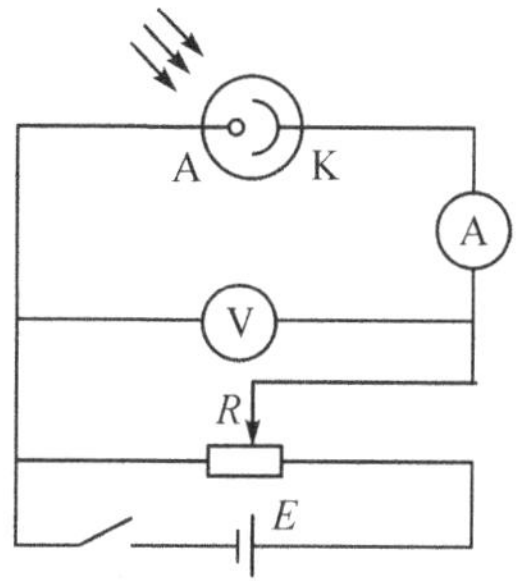

图 6.3.2　光电效应原理图

讨论：

1. 光电管的伏安特性曲线

用频率为ν、强度为P的光照射到光电管阴极上，只要入射光频率大于阴极材料的红限频率ν_0，就有光电子从阴极逸出。如果在阴极 K 和阳级 A 之间加正向电压U_{KA}，则它使电极 K、A 之间建立起的电场对光电阴极逸出的光电子起加速作用，故也称此时的U_{KA}为加速电压。随着电压U_{KA}的增加，到达阳极的光电子(光电流I_{KA})将逐渐增加，直到饱和。反之，如果在阴极 K 和阳极 A 之间加反向电压U_{KA}，则它使电极 K、A 之间建立起的电场对光电阴极逸出的光电子起减速作用，故也称此时的U_{KA}为减速电压。随着反向电压U_{KA}的增加，到达阳极的光电子(光电流I_{KA})将逐渐减小。当$U_{KA}=U_s$时，光电流降为零。

可以在坐标纸上作出与之相应的$U_{KA}-I_{KA}$特性曲线，即光电效应管的伏安特性曲线。理想的伏安特性曲线见图 6.3.3 中的虚线，光电流为零的点即为理想的反向截止电压U_s。

必须指出，在实际测量时，因为光电流很小，所以需考虑由其他因素引起的以下三种干扰电流：

(1) 暗电流。光电管在没有受到光照时，也会产生电流，称为暗电流。暗电流与外加电压是线性变化的，它由热电流(在一定温度下，阴极发射的热电子形成的电流)、漏电流(由于阳极和阴极之间的绝缘材料不是理想的绝缘材料而形成的电流)组成。

(2) 本底电流。本底电流是因周围杂散光进入光电管而形成的电流。

(3) 反向电流。在制作光电管时，阳极 A 上往往溅有阴极材料，所以当光照射到 A 上时，阳极 A 上也会逸出光电子。另外，有一些由阴极 K 飞向阳极 A 的光电子会被 A 表面反射回来。当在 A、K 之间加反向电压U_{KA}时，对 K 逸出的光电子来说起了减速作用，而对 A 逸出和反射的光电子来说起加速作用，于是形成了反向电流。

由于上述干扰电流的存在，当分别用不同频率ν的入射光照射光电管时，实际测得光电效应的伏安特性曲线如图 6.3.3 中的实线所示。实测光电效应伏安特性曲线上每一个点的电流为正向光电流、反向光电流、本底电流和暗电流的代数和，致使光电效应管的截止电压点也从U_s下移到U'_s点。它不是光电流为零的点，而是实测曲线中直线部分和曲线部分相接处的点，称为抬头点。抬头点所对应的电压U'_s即为实测反向截止电压U_s。

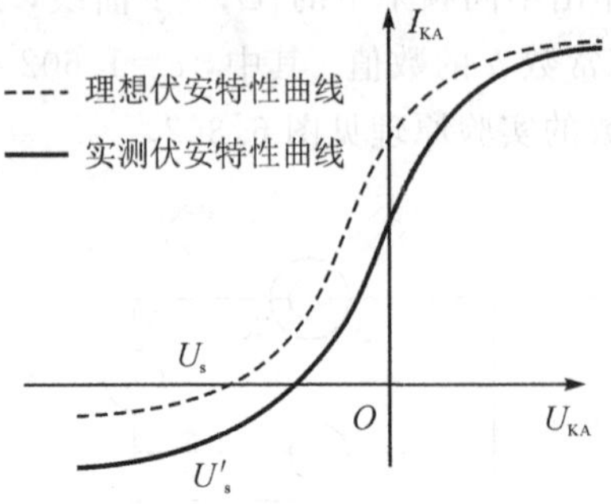

图 6.3.3　光电管的伏安特性曲线

2. 光电管的$|U_s|-\nu$曲线

分别用几种不同频率ν($\nu\geqslant\nu_0$)的光入射到光电效应管的阴极材料上，测定各ν入射光的伏安特性曲线(见图 6.3.3 中的实线)，得到不同频率ν光对应的反向截止电压U_s。在直角坐标系中，作出$|U_s|-\nu$关系曲线，如图 6.3.4 所示。

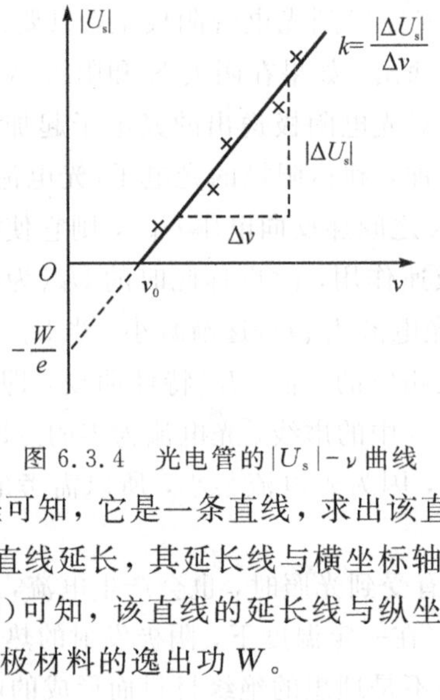

图 6.3.4　光电管的$|U_s|-\nu$曲线

由爱因斯坦光电效应方程可知，它是一条直线，求出该直线的斜率k，代入式(6.3.6)，即可求出普朗克常数h。将该直线延长，其延长线与横坐标轴的交点，即为该光电管阴极材料的截止频率ν_0。由式(6.3.5)可知，该直线的延长线与纵坐标轴的交点的值为$-W/e$，估读出此值，即可求得光电管阴极材料的逸出功W。

四、实验步骤

(1) 测试前的准备。

① 用专用连接线将光电管暗箱电压输入端与测试仪电压输出端(后面板上)连接起来(红一红，黑一黑)，用高频匹配电缆将光电管暗箱电流输出端 K 与测试仪微电流输入端(后面板上)连接起来。

② 将汞灯、光电管暗盒遮光盖盖上，调整暗盒距离汞灯$L=30$ cm 处并保持不变。

③ 将电压选择按键置于$-2\sim+2$ V 挡。

④ 打开汞灯开关，让汞灯预热 20 min。

⑤ 仪器充分预热后，进行测试前调零. 先将测试仪与光电管断开，在无光电流输入的情况下，将“电流量程”选择开关旋转到10^{-13}挡，进行测量挡调零，旋转“电流调零”旋钮，

使电流指示为 0.0。

（2）测量光电管的伏安特性曲线。

① 取下汞灯上的遮光罩，让光源出射孔对准暗盒窗口，将滤色片转轮旋至 365.0 nm，调整光阑孔径至 10 mm 挡。

② 粗测。“电压调节”从 −2 V 调起，缓慢增加，先观察一遍电流变化情况，记下电流明显变化的电压值以便精测。

③ 精测。调节减速电压 U_{KA} 从 −2.00 V 逐渐增大，到电流表有读数时，在表 6.3.1 中，记录对应的光电流读数 I_{KA}；然后，每次将 U_{KA} 增加 0.10 V，记录对应光电流读数 I_{KA}，直到光电流趋于饱和，方才停止读数。要求每组测量数据不少于 20 个。在光电流开始明显变化的地方（抬头点附近），为了便于准确地测出抬头点，最好减小 U_{KA} 递增值，多测几组数据。

④ 旋转滤色片，依次选择 404.7 nm、435.8 nm、546.1 nm、577.0 nm 滤色片，重复步骤①、②和③。

（3）改变光源与暗盒的距离 L，观察光电流及截止电压随光的强弱的变化（可选做）。

（4）实验结束后，关闭仪器电源，盖上汞灯的遮光罩，并旋转光电管暗盒上的滤色片转轮，将挡光片正对暗盒光窗。

五、测量记录和数据处理

1. 测量光电管的伏安特性曲线

汞灯与光电管间的距离 L=________ cm　　　光阑孔径 φ=________ mm

表 6.3.1　光电管伏安特性曲线测试数据（电流表挡位根据实际情况选择）

测量次数		1	2	3	…	20
365.0 nm	U_{KA}/V					
	I_{KA}/　　A					
404.7 nm	U_{KA}/V					
	I_{KA}/　　A					
435.8 nm	U_{KA}/V					
	I_{KA}/　　A					
546.1 nm	U_{KA}/V					
	I_{KA}/　　A					
577.0 nm	U_{KA}/V					
	I_{KA}/　　A					

2. 数据处理提示

（1）作光电管伏安特性曲线 I_{KA}-U_{KA}。

在精度合适的直角坐标纸上，以 I_{KA} 为纵轴，U_{KA} 为横轴，仔细作出不同波长（频率）入射光入射光电管时的实测伏安特性曲线(类似于图 6.3.2 中的实线)。

(2) 测反向截止电压。

从光电管伏安特性曲线中认真找出不同频率的伏安特性曲线电流开始变化的抬头点，读出抬头点对应的电压 U_{KA}，即反向截止电压 U_s，并记入表 6.3.2 中。

表 6.3.2　光电效应的频率 ν 与截止电压 U_s 的关系

波长 λ/nm	365.0	404.7	435.8	546.1	577.0
频率 $\nu/\times10^{14}$ Hz	8.22	7.41	6.88	5.49	5.20
截止电压 U_s/V					

(3) 作光电管的 $|U_s|-\nu$ 曲线，求其斜率 k。

根据表 6.3.2 中的数据，把不同频率 ν 下的截止电压 $|U_s|$ 绘制在直角坐标纸上(如图 6.3.3 所示)，平滑连线，得到一条直线，求出直线的斜率。

(4) 测普朗克常数。

由式(6.3.6)求出普朗克常数 h，并算出所测值与公认值之间的误差。

普朗克常数公认值：　$h_{公认值}=6.626\times10^{-34}$ J·s

电子电量公认值：　$e_{公认值}=1.602\times10^{-19}$ C

$$k=\frac{\Delta|U_s|}{\Delta\nu}=\underline{\qquad\qquad}$$

$$h_{测量值}=ek=\underline{\qquad\qquad}\ \text{J}\cdot\text{s}$$

$$\Delta h=|h_{测量值}-h_{公认值}|=\underline{\qquad\qquad}\ \text{J}\cdot\text{s}$$

$$E=\frac{\Delta h}{h_{公认值}}\times100\%=\underline{\qquad\qquad}\ \%$$

$$h=h_{测量值}\pm\Delta h=(\underline{\qquad\qquad}\pm\underline{\qquad\qquad})\ \text{J}\cdot\text{s}$$

六、注意事项

(1) 本机配套滤色片是精加工的组合滤色片，注意避免污染，保持良好的透光率。

(2) 仪器不宜在强磁场、强电场、高湿度和温度变化大的场合下工作。

(3) 在进行正式测量前，普朗克常数测定仪必须充分预热 20～30 min，以免测量时仪器工作不正常。

(4) 本实验使用的汞灯及光电管暗盒与底座采用轨道式连接方式，方便了仪器的调整，但使用时(尤其是旋转滤色片转轮时)必须小心，以免汞灯及光电管暗盒从轨道中脱出。

(5) 实验过程中应尽量避免背景光强的剧烈变化，建议在暗室环境下实验，且注意仪器空闲时盖上汞灯的遮光盖，严禁让汞灯不经过滤光片直接入射光电管窗口。

七、思考题

(1) 写出爱因斯坦光电效应方程，并说明它的物理意义。

(2) 实测光电管的伏安特性曲线与理想曲线有何不同?“抬头点”的确切含义是什么?

(3) 当加在光电管两极间的电压为零时，光电流却不为零，这是为什么?

(4) 实验结果的精度和误差主要取决于哪几个方面?

6.4　密立根油滴实验

美国物理学家密立根历时 7 年之久，通过测量微小油滴所带的电荷，不仅证明了电荷的不连续性，即所有电荷都是基本电荷 e 的整数倍，而且测量并得到了基本电荷(电子电荷)的值。现在公认电子电荷 e 是基本电荷，其测定还为从实验上测定电子质量、普朗克常数等其他物理量提供了可能性，密立根也因此于 1923 年获得了诺贝尔物理学奖。

密立根油滴实验用经典力学的方法，揭示了微观粒子的量子本性。因为它构思巧妙、设备简单、结果准确，而成为一个著名且很有启发性的物理实验。二十世纪六十年代，美国科学家根据密立根油滴实验的设计思想，利用磁漂浮的方法测量分数电荷，使得密立根油滴实验引起了广泛关注。本实验我们将本着学习物理学前辈精湛的实验技术、严谨的科学态度以及坚韧不拔的探索精神，重做密立根油滴实验。

一、实验目的

(1) 通过实验理解电荷的量子性。

(2) 掌握密立根油滴仪的基本结构和使用方法。

(3) 利用密立根油滴仪测量电子电荷。

二、实验仪器

本实验所用实验仪器主要是 OM99 型微机密立根油滴仪、专用喷油器、油。

OM99 型微机密立根油滴仪实验装置如图 6.4.1 所示，主要由油滴盒、CCD 电视显微镜、电路箱、监视器四部分组成。

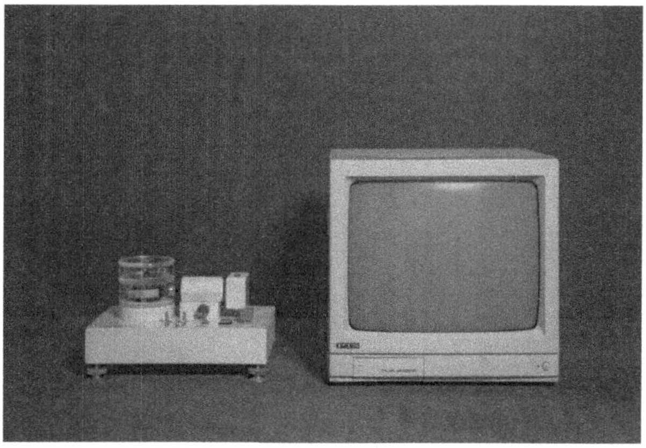

图 6.4.1　OM99 型微机密立根油滴仪实验装置

OM99 型微机密立根油滴仪监视器有两种分划板，标准分划板是 8×3 结构，垂直线视场为 2 mm，分 8 格，每格值为 0.25 mm。为观察油滴的布朗运动，设计了另一种 X、Y 方向各为 15 小格的分划板，按住“计时/停”按钮大于 5 s 即可切换分划板。CCD 电视显微镜的光学系统是专门设计的，体积小巧，成像质量好。由于 CCD 摄像头与显微镜是整体设计的，因此无需另加连接圈就可方便地装上拆下，使用可靠、稳定，不易损坏 CCD 器件。

油滴盒是一个重要部件，内部结构见图 6.4.2。油滴盒上下电极的形状与一般油滴仪不同，直接采用精密加工的平板垫垫在胶本圆环上，这样，极板间的不平行度、间距误差都可以控制在 0.01 mm 以下。在上电极板中心有一个 0.4 mm 的油雾落入孔，在胶木圆环上开有显微镜观察孔和照明孔。在油滴盒外套有防风罩，罩上放置一个可取下的油雾杯，杯底中心有一个落油孔及一个挡片，用来开关落油孔。在上电极板上方有一个可以左右拨动的压簧，可保证压簧与电极始终接触良好。上下极板间有高压存在，操作时应注意安全。照明灯安装在照明座中间位置，油滴仪的照明光路与显微光路间的夹角为 150°～160°。OM99 型油滴仪采用了带聚光的半导体发光器件，使用寿命极长，为半永久性。

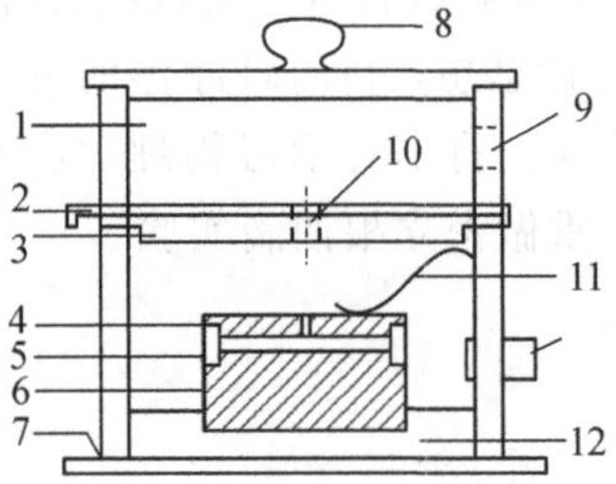

1—油雾杯；2—油雾孔开关；3—防风罩；4—电极；
5—油滴盒；6—下电极；7—座架；8—上盖板；
9—喷雾口；10—油雾孔；11—上电极压簧；12—油滴盒基座

图 6.4.2　油滴盒结构

另一个重要部件是电路箱，其基本结构见图 6.4.3。电路箱体内装有高压产生、测量显示等电路。底部装有 5 只调平手轮。由测量显示电路产生的电子分划板刻度，与 CCD 摄像头的行扫描严格同步，相当于刻度线是做在 CCD 器件上的，所以，尽管监视器有大小，或监视器本身有非线性失真，但刻度值是不会变的。

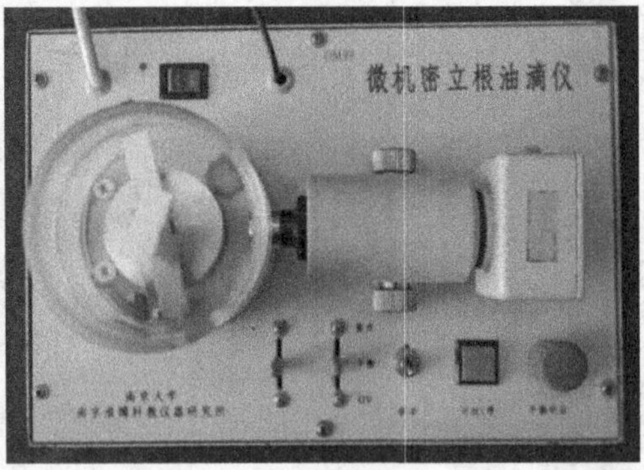

图 6.4.3　电路箱结构

在面板上有两只控制平行极板电压的三挡开关，S_1 控制上下极板电压的极性，S_2 控制极板上电压的大小。当 S_2 处于中间位置即“平衡”挡时，可用电位器调节平衡电压。打向“提升”挡时，自动在平衡电压的基础上加提升电压，打向“0 V”挡时，极板上的电压为 0 V。

为了提高测量精度，OM99 型油滴仪将 S_2 的“平衡”“0 V”挡与计时器的“计时/停”联动，在 S_2 由“平衡”挡打向“0 V”挡，油滴开始匀速下落的同时开始计时，油滴下落到预定距离时，迅速将 S_2 由“0 V”挡打向“平衡”挡，油滴停止下落的同时停止计时。这样，在屏幕上显示的是油滴实际的运动距离及对应的时间。根据不同的教学要求，也可以不联动。

由于空气阻力的存在，油滴是先经过一段变速运动后再进入匀速运动的，但是变速运动的时间非常短，小于 0.01 s，与计时器的精度相当，因此可以看作当油滴自静止开始运动时，油滴是立即做匀速运动的。运动的油滴突然加上原平衡电压时，将立即静止下来。

OM99 型油滴仪的计时器采用"计时/停"的方式，即按一下开关，清零的同时立即开始计数，再按一下，停止计数，并保存数据。计时器的最小显示为 0.01 s，但内部计时精度为 1 μs，也就是说，清零时刻仅占用 1 μs。

三、实验原理

喷油器喷出的微小油滴与空气摩擦，雾化后带电，设油滴质量为 m，带电量为 q。当雾化的带电油滴进入如图 6.4.4(a)所示油滴仪的两块水平放置的平行极板间时，设极板间的距离为 d，极板上加有电压 U，则极板间的电场强度为

$$E = \frac{U}{d} \tag{6.4.1}$$

油滴在极板中受到的电场力大小为

$$F = qE \tag{6.4.2}$$

改变极板间的电压 U，就可以改变油滴受到的电场力的大小和方向，从而控制带电油滴的运动。

提升极板间的电压 U，使油滴加速向上运动，将油滴移到图 6.4.4(b)所示的起跑线上，再仔细调节极板间的电压 U，使油滴在起跑线上静止不动(此时极板间的电压称为平衡电压)，对油滴进行受力分析可知，此时油滴所受的场力与重力平衡，有

$$qE = mg \tag{6.4.3}$$

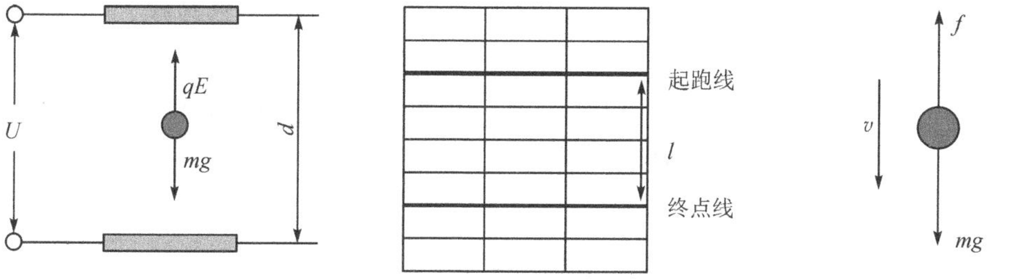

(a) U=$U_{平衡}$(油滴静止)　(b) 油滴匀速下落路径　(c) U=0(油滴匀速下落)

图 6.4.4　油滴在极板间的运动

去掉平衡电压后，平行极板间的电压 $U=0$，油滴受重力的作用加速下落，设速度为 v。根据斯托克斯定律，油滴所受黏滞阻力为

$$f = 6\pi r\eta v \tag{6.4.4}$$

式中：η 是空气的黏滞系数，r 是下落油滴的半径。下落很小一段距离后，油滴重力与空气黏滞阻力 f 达到平衡(空气浮力忽略不计)，此后油滴将做如图 6.4.4(c)所示的匀速运动，此时，有

$$6\pi r\eta v = mg \tag{6.4.5}$$

设油滴匀速下落的距离为 l(见图 6.4.4(b))，时间为 t，则

$$v=\frac{l}{t} \tag{6.4.6}$$

由于表面张力的原因，油滴总是呈小球状，设油滴的密度为 ρ，其质量 m 为

$$m=\rho\frac{4}{3}\pi r^3 \tag{6.4.7}$$

考虑到油滴非常小，空气已不能看成连续介质，空气的黏滞系数 η 应修正为

$$\eta'=\frac{\eta}{1+\frac{b}{pr}} \tag{6.4.8}$$

式中：b 为修正常数，p 为空气压强，r 为未经修正过的油滴半径。

联立求解式(6.4.1)、式(6.4.3)、式(6.4.5)、式(6.4.6)、式(6.4.7)和式(6.4.8)，可得

$$q=\frac{18\pi}{\sqrt{2\rho g}}\left[\frac{\eta l}{t\left(1+\frac{b}{pr}\right)}\right]^{\frac{3}{2}}\frac{d}{U} \tag{6.4.9}$$

式(6.4.9)即为平衡法测油滴电荷的计算公式。

实验所需的参数如下：

20 ℃时油的密度：　$\rho=981\ \mathrm{kg/m^3}$

重力加速度：　$g=9.80\ \mathrm{m/s^2}$

空气黏度：　$\eta=1.83\times10^{-5}\ \mathrm{kg/(m\cdot s)}$

修正常数：　$b=8.22\times10^{-3}\ \mathrm{Pa}$

大气压强：　$p=1.01\times10^{5}\ \mathrm{Pa}$

平行极板间距离：　$d=5.00\times10^{-3}\ \mathrm{m}$

将上述常数代入式(6.4.9)，测出所加平衡电压 U、油滴匀速下落高度 l、所需时间 t，即可求得油滴所带电量 q。

对实验测得的油滴电量 q，可先利用标准电子电量来确定油滴所带基本电荷的个数 n，然后用 q 除以 n 来计算该次测量的电子电荷的实验值。

四、实验步骤

(1) 实验准备。

① 仪器连接。将 OM99 型油滴仪面板上最左边带有 Q9 插头的电缆线接至监视器后部的视频输入接口，保证接触良好，否则图像紊乱或只有一些长条纹。

② 调节仪器底座的 5 只调平手轮，使水平仪的气泡居中，此时平行极板水平。由于底座空间较小，调手轮时可将手心向上，用中指和无名指夹住手轮调节较为方便。

③ 打开监视器和油滴仪电源，5 s 后仪器自动进入测量状态，显示器右上角自动显示出标准分划板刻度线及板间电压 U 值、下落时间 t 值。将电压选择开关拨向“平衡”挡，调节“平衡电压”旋钮，给极板加上 200 V 左右的电压，正负换向开关 S_1 打在“+”。

(2) 在喷油器中滴入一小滴油，将油壶直立，让油滴流入壶底。油壶底部握于手心，喷油器喷口略伸入油滴盒喷油孔内，用掌力用力挤压油壶底，使油滴雾化后喷到油雾室，通过上极板落油孔进入两极板间。微调显微镜调焦手轮，使显微镜聚焦，从屏幕上可看见大

量的、清晰的油滴。

(3) 测量练习。

大而亮的油滴质量大，所带电荷可能也多，而匀速下降的时间则很短，增大了测量误差，也给数据处理带来了困难。过小的油滴观察困难，且布朗运动明显，会引入较大的测量误差。因此，必须选择一颗合适的油滴进行测量。

① 喷油后，注意几颗运动缓慢、较为清晰、明亮的油滴，调节 S_1，改变上下极板极性，确定所选油滴带电。

② 试将 S_1 打在“+”，S_2 置于“平衡”挡，观察各带电油滴下落的大概速度，同时微调“平衡电压”旋钮，观察带电油滴的运动，记住各油滴趋于静止时的平衡电压。注意，随时用 S_2 的“提升”“0 V”挡控制油滴，不让其落到屏幕之外。

③ 通常选择平衡电压为 200～300 V、匀速下落 6 格共 1.5 mm 的时间为 8～20 s 油滴。同时，目视屏幕上油滴的直径，选择 0.5～1.0 mm 的油滴作为测量对象。

④ 将所选合适的油滴反复进行几次如下操作：提升到起跑线上，调节平衡电压使之不动，去除平衡电压让其下落到终点线上，直到能熟练控制油滴运动为止。

(4) 正式测量。

本次实验选用平衡法测量。

① 设定油滴下落的“起跑线”和“终点线”，从而确定油滴下落的格数(每格 0.25 mm)和高度 l。

② 将所选油滴用 S_2 提升到“起跑线”上，将 S_2 置于“平衡”挡，仔细调节平衡电压，让油滴在起跑线上静止不动，用 S_3 将仪器设为“联动”状态，按下“计时/停”按钮，让计时器停止计时。

③ 然后将 S_2 置于“0 V”挡，油滴在匀速下降的同时，计时器开始计时，到“终点线”时迅速将 S_2 置于“平衡”挡，油滴静止，计时也随之立即停止。

④ 从显示器屏幕右上角读取平衡电压 U、油滴下落时间 t，记入表 6.4.1 中。

⑤ 对所选择的同一颗油滴，重复步骤①到④，共测量 5 次。

(5) 实验完毕后，断电，整理好仪器再离开实验室。

五、测量记录和数据处理

表 6.4.1　电子基本电荷测量数据

实验次数 i	U/V	t/s	$q/\times10^{-19}$C	n	$e_{测量值}/\times10^{-19}$C
1					
2					
3					
4					
5					

数据处理提示：

$$e_{公认值}=1.602\times10^{-19}\text{C}$$

如取油滴下落 6 格，即 $l=1.5$ mm，将本实验所给已知常数代入式(6.4.9)，有

$$q=\frac{9.278\times10^{-15}}{\left[t(1+0.0226\sqrt{t})\right]^{\frac{3}{2}}}\cdot\frac{1}{U}$$

$$n=\mathrm{INT}\left(\frac{q}{e_{公认值}}\right)=\underline{\qquad\qquad}个$$

$$e_{测量值}=\frac{q}{n}$$

$$\overline{e_{测量值}}=\frac{1}{5}\sum_{i=1}^{5}e_{测量值}=\underline{\qquad\qquad}\ \mathrm{C}$$

$$\Delta e=\left|\overline{e_{测量值}}-e_{公认值}\right|=\underline{\qquad\qquad}\ \mathrm{C}$$

$$E=\frac{\Delta e}{e_{公认值}}\times100\%=\underline{\qquad\qquad}\%$$

$$e=\overline{e_{测量值}}\pm\Delta e=(\underline{\qquad\qquad}\pm\underline{\qquad\qquad})\mathrm{C}$$

六、注意事项

(1) 两极板间有高压，如需打开仪器检查，或进行油雾孔清理等维修操作，务必断开电源再进行。

(2) 为保证压簧与极板始终接触良好，只有将压簧拨向最靠边的位置方可取出上极板。

(3) 喷油时，喷油器的喷头不要深入喷油孔内，防止大颗粒油滴堵塞落油孔或产生的油滴普遍过大，不利于实验进行。

(4) 每次测量只需喷油 2～3 下即可，喷油过多会造成落油孔堵塞，无法进行实验。

(5) 喷油器的气囊不耐油，实验后，将气囊与金属件分离保管较好，可延长使用寿命。

(6) 对 CCD 镜头调焦时，调焦范围不宜过大。

(7) 每次实验完毕应及时擦干极板及油雾室内的积油，由实验管理人员操作，学生不得私自打开油滴盒。

(8) 如开机后屏幕上的字很乱或字重叠，先关掉油滴仪的电源，过一会再开机即可。

(9) 监视器下部有一小盒，压一下小盒盒盖就可打开，内有 4 个调节旋钮。对比度一般置于“较大”，亮度不要太亮。如发现刻度线上下抖动(这是“帧抖”)，微调左边起第二个旋钮即可。

(10) 判断油滴是否平衡要有足够的耐性。用 S_2 将油滴移至某条刻度线上，仔细调节平衡电压，这样反复操作几次，经一段时间观察油滴确实不再移动才认为是平衡了。

(11) 测准油滴上升或下降某段距离所需的时间，一是要统一油滴到达刻度线什么位置才认为油滴已踏线，二是眼睛要平视刻度线，不要有夹角。

(12) 在每次测量时都要检查和调整平衡电压，以减小偶然误差，也避免了因油滴挥发而使平衡电压发生变化。

七、思考题

（1）对本实验结果造成影响的主要因素有哪些？

（2）油滴发生漂移的原因是什么？

（3）如何判断喷入油滴盒的油滴是否带电？

第7章 设计性实验

7.1 红汞水的散射现象

当光通过不均匀介质时部分光偏离原方向传播的现象就是光的散射。光的散射十分常见，但其原理却很复杂。简单地说，就是光波在遇到大气分子或气溶胶粒子等时，便会与它们发生相互作用，重新向四面八方发射出频率与入射光相同、但强度较弱的光(称子波)的现象。世界上一切物体都能散射光。

一、实验目的

本实验要求学生在了解光散射原理的基础上，对红汞水的散射现象进行分析与研究，从而加深对光的分子散射与波长关系的了解，提高在实践中发现问题、分析问题和研究问题的能力。

二、实验前的知识准备

(1) 什么是光的散射现象？什么是表面散射？什么是体内散射？散射与光的反射、折射、衍射有什么区别？你能举出日常生活中所见的各类散射现象吗？

(2) 什么是弹性散射？什么是非弹性散射？它们的主要区别是什么？

(3) 什么是瑞利散射？什么是廷德尔散射？它们同属于哪一类散射？它们的主要区别是什么？

(4) 你能用光的散射原理解释蓝天、白云和红太阳的颜色吗？

(5) 光的散射有什么应用？请举例说明。

(6) 什么是红汞水溶液？它有什么光学特点？

三、实验器材

本实验所用实验器材包括红汞水1瓶，大烧杯1只，滴管1支，实验室常用光源，黑纸1卷，剪刀1把，普通投影仪1台，其他实验室常用元器件。

四、实验内容

(1) 把少许几滴红汞水慢慢滴入装有水的大烧杯中，仔细观察红汞水液滴溶于水时颜色是如何变化的。分析并解释这种变化的原因。

(2) 将上述滴有红汞水的溶液搅拌均匀后，把盛有该溶液的烧杯放在眼前，对着灯光或阳光观察，看到的溶液是什么颜色？把烧杯周围用黑纸包裹起来，只露出一条3～5 mm

的缝(或小孔)，从缝(或孔)向内看，该溶液是什么颜色？两次看到的颜色相同吗？为什么？试验不同浓度的红汞水溶液，找出颜色变化最为明显的红汞水浓度。

(3) 根据上述观察到的现象，设计一个“小魔术”，令观众感到烧杯中的水因为你的“魔法”而突然改变颜色。

(4) 设计一个演示实验，让一个大教室的学生清楚并能同时看到红色和绿色的红汞水。

(5) 寻找你可能用来做实验的各种常见液体，通过实验看看它们有没有与红汞水类似的光学性质，得出你的结论。

(6) 当硫酸(H_2SO_4)慢慢加进硫代硫酸钠($Na_2S_2O_3$)时，会逐步形成硫的沉淀，这种颗粒开始形成时很小，以后逐渐变大。设计一个实验，观察和研究白光在这种溶液中的散射光和透射光颜色的变化情况，解释你所看到的现象，得出你的结论。

注意： 硫酸有很强的腐蚀性，遇水可能引起爆炸，本实验应在教师同意并直接指导下进行，以免发生意外。

五、实验报告要求

(1) 说明实验的目的和意义。

(2) 详细记录实验过程。

(3) 记下实验中发现的问题及其解决方法。

(4) 对实验结果作简要描述。

(5) 记录你所设计的演示实验及在同学中演示的实际效果。

(6) 谈谈做本实验的收获、体会和改进意见。

六、本节参考文献

[1] 章志鸣，沈元华，陈惠芬. 光学[M]. 2 版. 北京：高等教育出版社，2000.

[2] FRANCON M. 物理光学实验[M]. 清华大学光学仪器教研组，译. 北京：机械工业出版社，1979.

7.2 用激光显示李萨如图形

钟摆摆动、电动机开动时引起的颤动、说话时声带振动、地震时大地的震动等，这些在自然界中普遍存在的现象都是机械振动。在直线周期性振动中，最基本的是简谐振动。当两个方向相互垂直、频率成整数比的简谐振动叠加时，就会形成李萨如图形，但一般振动的幅度都很小，合成的李萨如图形很难被观察到。那么，我们能否将这种小幅度振动现象呈现在人们眼前呢？

一、实验目的

利用实验仪器，根据光杠杆的原理设计出能将激光光源发出的微小的光振动放大的实验，并在远处观察屏上进行观察。

二、实验前的知识准备

1. 关于振动

(1) 什么是机械振动？什么是简谐振动？

(2) 什么是振动物体的频率、周期、振幅和相位？

(3) 什么是物体的固有振动频率？如何测量固有振动频率？

(4) 什么是阻尼振动？什么是受迫振动？什么是共振？

(5) 两个振动如何用振幅矢量法进行合成？同方向同频率的两个简谐振动的合成结果是什么？同方向不同频率的两个简谐振动的合成结果是什么？方向相互垂直、频率成整数比的两个简谐振动的合成结果是什么？

2. 关于光杠杆与激光器

(1) 什么是光杠杆？光杠杆如何使微小振动放大？

(2) 激光有什么特点？本实验为什么要用激光做光杠杆的光源？

3. 关于电磁打点计时器

(1) 电磁打点计时器的结构是什么？

(2) 在电磁打点计时器中，电压信号是如何使振动片振动的？

(3) 振动片的振动频率是否与加在电磁打点计时器上的电压信号频率相同？

(4) 电磁打点计时器的振动片的振动是简谐振动吗？

4. 关于实验装置的设计

(1) 如何设计实验装置？请画出实验草图。

(2) 振动片的长短对实验有何影响？

(3) 电压信号的频率为什么要等于电磁打点计时器振动片的固有振动频率？

(4) 激光照射在反射镜上对入射角有什么要求？

(5) 实验装置对反射镜大小有什么要求？

(6) 如何保证两个振动方向垂直？

三、实验器材

本实验所用实验器材包括氦-氖或半导体激光器一台，电磁打点计时器两个，固定架两个，低频信号发生器两台，观察屏(或平整白墙)，小反射镜两片。

四、实验内容

(1) 提出设计思路：激光先后照射到相互垂直的以一定频率振动的两个反射镜后，射到观察屏上的波样相当于方向垂直的两个简谐振动的合成。

① 当两个方向相互垂直、频率成整数比的简谐振动叠加时，在屏幕上就会显示李萨如图形。

② 利用光杠杆原理可以使微小的振动放大。

③ 利用共振原理，使得电磁打点计时器振动片的固有振动频率和低频信号发生器的频率相等，从而引发共振。

（2）设计出实验原理图（如图 7.2.1 所示）。

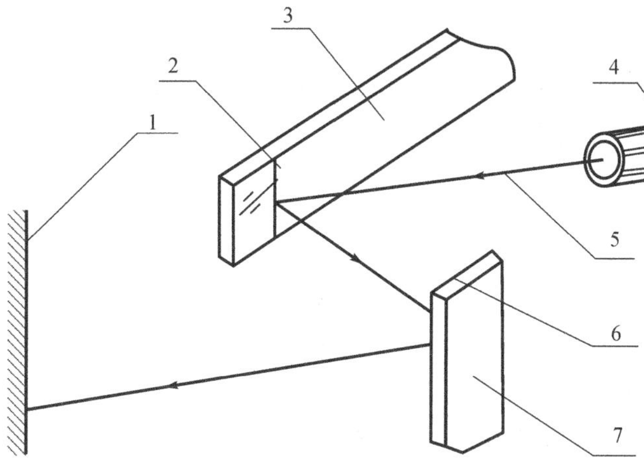

1—远处屏幕或墙；2—粘于X方向振动条的反射镜；3—X方向振动条；
4—半导体激光器（或氦-氖激光器）；5—激光光路；
6—粘于Y方向振动条的反射镜；7—Y方向振动条

图 7.2.1　激光显示李萨如图形设计原理图

（3）利用已有仪器在观察屏上显示出李萨如图形。

（4）基本操作内容如下：

① 取两个电磁打点计时器，去掉打点针与塑料罩，在振动片的振动端贴上反射镜。

② 测定两个打点计时器振动片的固有振动频率(基频)。将打点计时器与低频信号发生器相连接，逐渐改变信号发生器的频率，当振动片的振幅出现最大值时，信号发生器的频率就是振动片的固有振动频率。若两个打点计时器的固有振动频率不等，则可改变振动片的长度或加上配重，使其振动频率相等。

③ 将两个打点计时器相互垂直放置，使激光照射在第一个打点计时器振动片的反射镜上后，经反射照射在第二个打点计时器振动片的反射镜上，反射后再投射在远处屏上。

④ 把两台低频信号发生器的输出端分别与两个打点计时器相连接。开启发生器使振动条振动，发生器的输出频率分别与振动片的固有振动频率相同。

⑤ 演示二维同频(频率比为 1∶1)振动的合成：李萨如图形激光演示装置调制好以后，平放在桌上，激光照射在远处屏上。首先，打开 X 方向振动开关，演示 X 方向振动；然后，关闭 X 方向振动开关，打开 Y 方向振动开关，演示 Y 方向振动；最后，打开 X、Y 方向振动开关，演示两个相互垂直方向的简谐振动的合成。

⑥ 演示二维不同频率，但两者的频率成整数比的振动的合成，将与 X、Y 振动片相连接的信号发生器的频率分别选择在“1∶2”“2∶3”“3∶4”上，在屏幕上观察李萨如图形。

⑦ 在第⑥步操作中，虽然改变了信号发生器的频率，但振动片的固有振动频率并没有发生相应的改变。根据受迫振动原理，振动片振幅的改变将引起光程差的变化。通过两个信号发生器的频率比的实验值与理论值的比较，分析受迫振动和共振原理对本次实验的影响。

五、实验报告要求

（1）阐明本实验的目的和意义。

(2) 简要介绍本实验涉及的基本原理。

(3) 写清楚本实验的设计思路、设计过程和实验结果。

(4) 简要介绍电磁打点计时器，包括它的原理、功能、特性。

(5) 记录制作过程中遇到的问题及解决的办法，特别是实验者有创新和有体会的内容。

(6) 写出仪器制作的效果与自评。

(7) 谈谈做本实验的收获、体会和改进意见。

六、本节参考文献

[1] 赵凯华，罗蔚茵. 新概念力学[M]. 北京：高等教育出版社，1995.

[2] 郑永令，贾起民. 力学(下册)[M]. 上海：复旦大学出版社，1990.

[3] JL0203 型电磁打点计时器使用说明书，2001.

[4] 童培雄，赵在忠. 受迫振动演示实验[J]. 物理实验，2002，22(增刊)：48.

[5] 上海大学核力电子设备厂. 激光李萨如图形演示仪产品说明书，2003.

[6] 童培雄，赵在忠，刘贵兴. 用激光显示李萨如图形[M]. 物理实验，2003，23(8)：38 - 39.

7.3 电磁感应与磁悬浮力

磁悬浮是一系列技术的通称，它包括借助磁力实现悬浮、导引、驱动和控制等。磁悬浮的主要方式分为电磁吸引悬浮(EMS)、永磁斥力悬浮(PRS)、感应斥力悬浮(EDS)，其基本原理源于电磁感应。而电磁学之所以迅速发展为物理学中的一个重要学科，是因为它为当代高新技术和物质文明提供了理论和技术支持。电磁感应原理在传统的电机工程、变压器效应、无线通信等领域中独领风骚，在现代医学、现代交通、信息产业等领域中也有许多应用。

一、实验目的

研究电磁感应现象和磁力对各种材料的影响，探讨其在现实生活中的应用和发展。

二、实验前的知识准备

(1) 什么是电磁感应？电磁感应产生的电流、电动势和电磁场如何定义？

(2) 楞次定律说明了什么？此实验中电能可能转化为何种能量？

(3) 什么叫磁力？它和安培定律有什么关系？

(4) 磁场强度与电流的关系是什么？

(5) 变压器和电磁感应有什么联系？其原理是什么？

(6) 什么叫电阻率？它在电磁感应中起了什么作用？

(7) 什么叫电磁铁？什么叫磁化？它们都有什么作用？

(8) 什么叫涡流？什么叫感应电场？

三、实验器材

本实验所用实验器材如下：

(1) 电磁感应实验仪 1 台，主要器件有线圈和软铁棒(上海大学电子设备厂生产的电磁感应实验仪如图 7.3.1 所示)。

(2) MSU－1 电磁感应实验仪电源 1 台(如图 7.3.2 所示)。

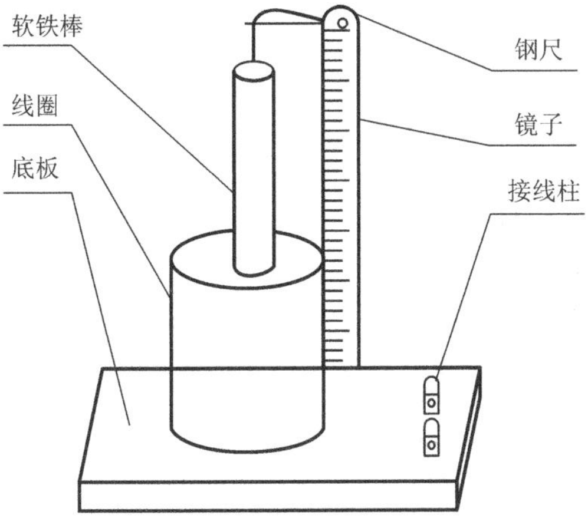

图 7.3.1　电磁感应实验仪

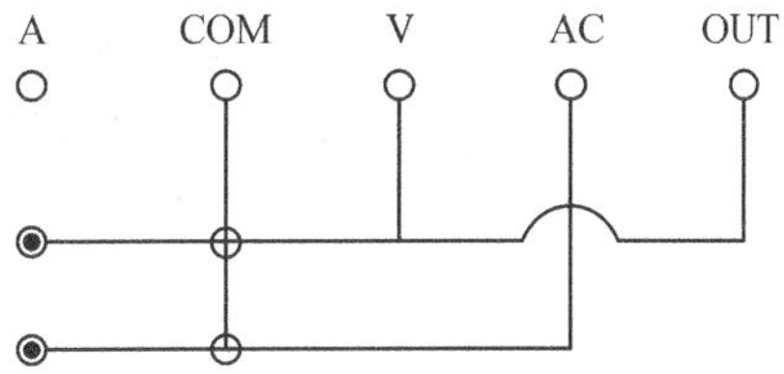

图 7.3.2　MSU－1 电磁感应实验仪电源面板连线

(3) 小铝环共 3 只，其中有缝隙小铝环 1 只(有切制的缝隙)，等厚但外径不同的小铝环 2 只。

(4) 小铜环 2 只(其中 1 只为黄铜环，另 1 只为纯铜环)，小软铁环 1 只，小钢环 1 只。

(5) 塑料环 1 只，游标卡尺 1 把，电子天平 1 台。

(6) 由铜线绕制的线圈环 1 只，并在线圈环上接有小电珠。

四、实验内容

(1) 将闭合小铝环套在 MSU－1 电磁感应实验仪的软铁棒上，接好导线。将 MSU－1 电磁感应实验仪的电源调到零电压的输出位置，将交流挡开关合上，逐渐增大调压变压器的输出电压，小铝环将逐渐上升并悬浮在软铁棒上。用同体积的黄铜环和纯铜环做上述实验，会发现在外界条件(如电压)相同的情况下，这 3 个环在软铁棒上所处的高度却不一样。

(2) 用电子天平称出上述 3 个小环的重量，用游标卡尺测量它们的体积，找出它们上升高度不同的原因。

(3) 将小软铁环套在 MSU－1 电磁感应实验仪的软铁棒上，重复实验内容(1)的操作，会发现小软铁环几乎是粘在软铁棒上的，将其套在软铁棒的任意高度处，都会被铁棒吸住，这是为什么?

(4) 用塑料环和有缝隙的小铝环做上述实验，会发现什么现象? 有缝隙的小铝环焊上 1 根铜线会有什么变化?

(5) 用等厚但外径较小的小铝环做上述实验，和实验内容(1)中的小铝环相比，会发现什么现象? 如何解释?

(6) 在实验内容(1)的实验过程中，MSU－1 电磁感应实验仪的软铁棒和套入的金属小环为什么会发热?

(7) 实验时用铜线绕成的线圈环套入软铁棒，线圈环中的小电珠为什么会发亮? 其亮度为什么会随线圈环离软铁棒的距离呈递减趋势？

（8）取小钢环套入软铁棒，其圆心和软铁棒的中心处于偏心状态，打开 MSU－1 电磁感应实验仪的开关，会发现小钢环发生振动，偏心量逐渐扩大，直到钢环的环壁碰到软铁棒为止。解释这种现象。

五、实验报告要求

（1）阐明本实验的目的和意义。

（2）阐述实验的基本原理、设计思路和研究过程。

（3）记下所用的仪器、材料的规格或型号数量等。

（4）记录实验的全过程，包括实验步骤、各种实验现象和数据。

（5）分析实验结果，讨论实验中出现的各种问题以及在现实生活中的应用。

（6）得出实验结果并提出改进意见。

六、本节参考文献

[1] 贾起民，郑永令，陈耀．电磁学[M]．北京：北京教育出版社，2001.

[2] 沈元华，陆申龙．基础物理实验[M]．北京：高等教育出版社，2003.

[3] 上海大学电子设备厂．电磁感应实验仪说明书，2001.

7.4 霍尔传感器测量杨氏模量

杨氏模量是描述固体材料抵抗形变能力的重要物理量，杨氏模量的测定也是材料力学的一个重要课题。杨氏模量在工程上作为选择材料的依据之一，是工程技术中常用的参数。霍尔元件及集成霍尔传感器具有尺寸小、外围电路简单、频响宽、使用寿命长，特别是抗干扰能力强等特点，近年来被广泛应用于物理量的测量、自动控制及信息处理等领域。利用霍尔传感器的优点对材料进行杨氏模量的弯曲法测量，使传统的实验又增添了新的技术内容。

一、实验目的

在了解霍尔传感器结构原理的基础上，掌握其使用方法，进而研究弯曲法测量金属黄铜的杨氏模量。

二、实验前的知识准备

1. 关于杨氏模量

（1）什么是杨氏模量？什么是胡克定律？在横梁弯曲的情况下，杨氏模量与材料的哪些因素有关？

（2）什么是应力和应变？请举例说明。

（3）什么叫弹性和弹性限度？

（4）什么叫逐差法？杨氏模量计算中为什么要用此法？

2. 关于霍尔传感器

(1) 什么是霍尔效应？什么材料的霍尔效应最显著？霍尔效应有什么应用？

(2) 霍尔元件的主要参数有哪些？使用时要注意哪些事项？

(3) 霍尔传感器有哪些种类？本实验使用的霍尔传感器有哪些优点？

三、实验器材

(1) FD-HY-Ⅰ霍尔位置传感器测杨氏模量测量仪（复旦天欣科教仪器有限公司）1台，其结构如图 7.4.1 所示（包括读数显微镜、95A 型集成霍尔传感器等）。

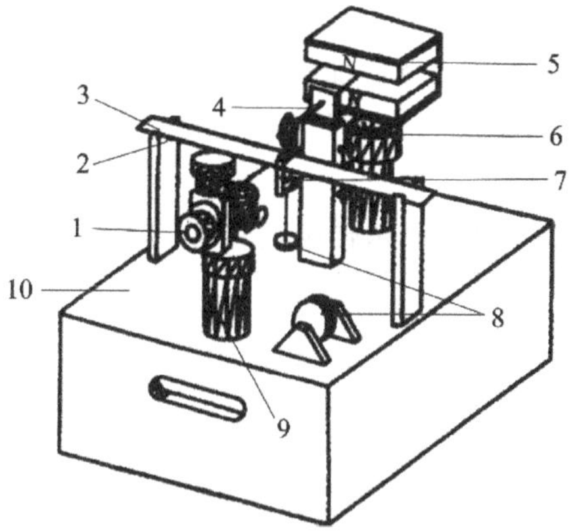

1—读数显微镜；2—刀口；3—横梁；4—铜杠杆；5—磁铁；6—三维调节台；
7—铜刀口上的基线；8—砝码；9—读数显微镜支架；10—铁箱平台

图 7.4.1 杨氏模量测量仪

(2) 霍尔传感器输出电压测量仪 1 台（包括直流数字电压表、直流电源等）。

杨氏模量测量仪和电压测量仪的连接如图 7.4.2 所示。

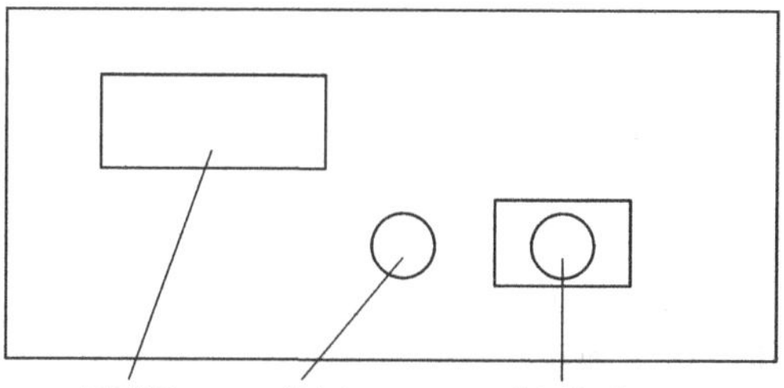

图 7.4.2 杨氏模量测量仪和电压测量仪连接

四、实验内容

(1) 根据图 7.4.1 所示，定义 d 为两刀口之间的距离；a 为梁的厚度，b 为梁的宽度；m 为加挂砝码的质量；ΔZ 为梁中位置由于外力作用而下降的距离；g 为重力加速度。请自行推导杨氏模量表达式：

$$E=\frac{d^3mg}{4a^3b\Delta Z}$$

（2）霍尔传感器正常工作状态的调节。

① 用探头接通电源使其远离磁铁即远离磁场，此时电压测量仪显示为 $U=0.000$ V。

② 调节三维调节架左右前后位置的调节螺丝，使两磁铁水平，此时将电压测量仪调至 $U=2.500$ V(目的量程取中间值)，使其作为调节负载零点。

③ 将探头插入磁铁，可通过调节三维调节架使探头位于磁场中心，此时电压测量仪再次出现 $U=2.500$ V。

（3）霍尔传感器的特性测量。

① 调节读数显微镜，使其聚焦在铜刀口朝上的"刻度线"上。

② 从读数显微镜上确定起始点，然后加砝码 m，从读数显微镜读出相应的梁弯曲位移(下垂线) ΔZ，同时读出电压测量仪的数值 U，即对霍尔传感器进行定标，完成表 7.4.1 所示的数据表。

表 7.4.1 霍尔传感器特性测量记录表

m/g	0.00	20.00	40.00	60.00	80.00	100.00	120.00
ΔZ/mm							
U/V							

③ 对表 7.4.1 进行直线拟合，做出 U - ΔZ 的定标图。

（4）杨氏模量的测定及计算。

① 用米尺测量 d，用游标卡尺测量 b，用千分尺测量 a。

② 完成表 7.4.2 所示的数据表，即样品(横梁)在重物作用下位置变化的测量。

表 7.4.2 样品(横梁)在重物作用下位置变化的测量记录表

m/g	0.00	20.00	40.00	60.00	80.00	100.00	120.00
ΔZ/mm							

③ 用逐差法计算 ΔZ。

④ 计算样品(横梁)的杨氏模量 E。

⑤ 对照样品材料特性的标准数据，计算误差。

⑥ 找出误差的来源，并估算各影响量的不确定度。

（5）实验内容(4)中，当增加砝码或减少砝码时，测得同样重物下的位移 ΔZ 是否一样？请说明原因。

（6）改变参数 a 和 b，再按上述实验内容测量同一样品的杨氏模量 E，并进行比较，对上面的实验数据进行分析。以此类推，对其他样品(材料)如铸铁、钢等也可做类似实验测量杨氏模量。但必须明确只有在材料的弹性范围内此实验才有意义。

五、实验报告要求

（1）阐明本实验的目的和意义。

（2）阐明实验的基本原理、设计思路和实验过程。

（3）记录所用的一切仪器、材料的规格和型号、数量等。

（4）记录实验的全过程，包括实验的步骤、实验图示、各种实验现象和数据等。

（5）分析实验结果，讨论实验中出现的各种问题。

（6）得出实验结论，并提出改进意见。

六、本节参考文献

[1]　林抒，龚镇雄．普通物理实验[M]．北京：人民教育出版社，1982．

[2]　游海洋，赵在忠，陆申龙．霍尔位置传感器测量固体材料的杨氏模量[J]．物理实验，2000，20(8)：47－48．

附　　录

附录 A　物理常数表

表 A.1　基本物理常量[*]

量	符号、公式	数　值	不确定度（×0.000 000 1）
光速	c	299 792 458 m/s	—
普朗克常数	h	6.626 075 5(40)×10^{-34} J·s	0.60
约化普朗克常量	$\hbar=h/(2\pi)$	1.054 572 66(63)×10^{-34} J·s =6.582 122 0(20)×10^{-22} MeV·s	0.60 0.30
电子电荷	e	1.602 177 33(49)×10^{-19} C	0.30
电子质量	m_e	0.510 999 06(15) MeV/c^2 9.109 389 7(54)×10^{-31} kg	0.30 0.59
质子质量	m_p	938.272 31(28) MeV/c^2 =1.672 623 1(10)×10^{-27} kg =1 836.152 701(37)m_e	0.30 0.59 0.020
氘质量	m_d	1 875.613 39(57) MeV/c^2	0.30
真空电容率	ε_0	8.854 187 817…×10^{-12} F/m	—
真空磁导率	μ_0	4π×10^{-7} N/A^{-2}= 12.566 370 614…×10^{-7} N/A^{-2}	—
精细结构常量	$\alpha=e^2/(4\pi\varepsilon_0\hbar c)$	1/137.035 989 5(61)	0.045
里德伯能量	R_y	13.605 698 1(40) eV	0.30
引力常量	G	6.672 59(85)×10^{-11} N·m^2/kg^2	128
重力加速度（纬度 45°海平面）	g	9.806 65 m/s^2	—
阿伏加德罗常数	N_A	6.022 136 7(36)×10^{23}/mol	0.59
玻耳兹曼常数	k	1.380 658(12)×10^{-23} J/K= 8.617 385(73)×10^{-5} eV/K	8.5 8.4
斯忒潘-玻耳兹曼常数	$\sigma=\pi^2k^4/(60\hbar^3c^2)$	5.670 51(19)×10^{-8} W/(m^2·K^4)	34
玻尔磁子	$\mu_B=e\hbar/(2m_e)$	5.788 382 63(52)×10^{-11} MeV/T	0.089
核磁子	$\mu_N=e\hbar/(2m_p)$	3.152 451 66(28)×10^{-14} MeV/T	0.089
玻尔半径（无穷大质量）	$a_\infty=4\pi\varepsilon_0\hbar^2/(m_ee^2)$	0.529 177 249(24)×10^{-10} m	0.045

[*] 数据取自 The European Physical Journal C，1998(3)：69

表 A.2　固体和液体的密度(20 ℃)

物质	密度/(kg · m^{-3})	物质	密度/(kg · m^{-3})
铝	2698.9	汞	13 546.2
铜	8960	石英	2600～2800
铁	7874	冰(0 ℃)	880～920
银	10 500	乙醇	789.4
金	19 320	乙醚	714
铅	11 350	甘油	1280
锡	7298	水	998.2

表 A.3　标准大气压下不同温度时水的密度*

温度 t/℃	密度/(kg · m^{-3})	温度 t/℃	密度/(kg · m^{-3})	温度 t/℃	密度/(kg · m^{-3})
0	999.841	17	998.774	34	994.371
1	999.900	18	998.595	35	994.031
2	999.941	19	998.405	36	993.68
3	999.965	20	998.203	37	993.33
4	999.973	21	997.992	38	992.96
5	999.965	22	997.770	39	992.59
6	999.941	23	997.538	40	992.21
7	999.902	24	997.296	41	991.83
8	999.849	25	997.044	42	991.44
9	999.781	26	996.783	50	988.04
10	999.700	27	996.512	60	983.21
11	999.605	28	996.232	70	977.78
12	999.498	29	995.944	80	971.80
13	999.377	30	995.646	90	945.31
14	999.244	31	995.340	100	958.35
15	999.099	32	995.025	3.98	1000.00
16	998.943	33	994.702		

* 纯水在 3.98 ℃时的密度最大。

表 A.4 海平面上不同纬度的重力加速度

纬度 φ	$g/(m \cdot s^{-2})$	纬度 φ	$g/(m \cdot s^{-2})$
0°	9.780 49	50°	9.810 79
5°	9.780 88	55°	9.815 15
10°	9.782 04	60°	9.819 24
15°	9.783 94	65°	9.822 94
20°	9.786 52	70°	9.826 14
25°	9.789 69	75°	9.828 73
30°	9.783 38	80°	9.830 65
35°	9.797 46	85°	9.831 82
40°	9.801 82	90°	9.832 21
45°	9.806 29		

注：表中所列数值是根据公式 $g=9.780\,49(1+0.005\,288\sin^2\varphi-0.000\,006\sin^2 2\varphi)$ 算出的，其中 φ 为纬度。

表 A.5 一些材料的杨氏模量

材料名称	$E/(N \cdot m^{-2})$
低碳钢、16Mn 钢	$(2.0\sim2.2)\times10^{11}$
普通低合金钢	$(2.0\sim2.2)\times10^{11}$
合金钢	$(1.9\sim2.2)\times10^{11}$
灰铸铁	$(0.6\sim1.7)\times10^{11}$
球墨铸铁	$(1.5\sim1.8)\times10^{11}$
可锻铸铁	$(1.5\sim1.8)\times10^{11}$
铸钢	1.72×10^{11}
硬铝合金	0.71×10^{11}

表 A.6 声 速 表

物质	声速/$(m \cdot s^{-1})$	物质	声速/$(m \cdot s^{-1})$
铝	500	空气	331.45
铜	3750	二氧化碳	258.0
电解铁	5120	氯	205.3
水	1482.9	氢	1269.5
汞	1451.0	水蒸气(100 ℃)	404.8
甘油	1923	氧	317.2
乙醇	1168	氨	415
四氯化碳	935	甲烷	432

表 A.7　液体的黏滞系数 η 与温度的关系

液体	温度/℃	η/($\times 10^{-3}$ Pa·s)	液体	温度/℃	η/($\times 10^{-3}$ Pa·s)
酒精	0	1.773	甘油	6	6.26×10^3
	10	1.466		15	2.33×10^3
	20	1.200		20	1.49×10^3
	30	1.003		25	954
	40	0.834		30	629
	50	0.702	蓖麻油	10	2420
	60	0.592		20	986
甘油	−4.2	1.49×10^4		30	451
	0	1.21×10^4		40	231

表 A.8　水和酒精与空气接触面的表面张力系数

水		酒　精	
温度/℃	表面张力系数/(mN·m^{-1})	温度/℃	表面张力系数/(mN·m^{-1})
0	75.62	0	24.1
10	74.20	20	22.0
20	72.75	60	18.4
30	71.15		
40	69.55		

表 A.9　物质的比热

物质	比热/(kcal/(kg·℃))	物质	比热/(kcal/(kg·℃))
铝	0.216	镍	0.1049
银	0.0565	铅	0.0305
金	0.0306	锌	0.0929
铜	0.091 97	水	0.9970
铁	0.107	乙醇	0.5779

表 A.10　物质的折射率(λ_D=589.3 nm)

物质	折射率	物质	折射率
空气	1.000 292 6	苯(20 ℃)	1.5011
氢气	1.000 132	乙醚(20 ℃)	1.3510
氮气	1.000 296	丙酮(20 ℃)	1.3591
氧气	1.000 271	甘油(20 ℃)	1.474
二氧化碳	1.000 488	冕牌玻璃 k_8	1.515 90
水(20 ℃)	1.3330	火石玻璃 F_8	1.605 51
乙醇(20 ℃)	1.3614	氯化钠	1.544 27

表 A.11　汞灯光谱线波长

	颜色	波长/nm	相对强度	颜色	波长/nm	相对强度
低压汞灯	紫	404.66	弱	绿	546.07	很强
	紫	407.08	弱	黄	576.96	强
	蓝	435.83	很强	黄	579.07	强
	青	491.61	弱			
高压汞灯	紫外部分	237.83	弱	紫外部分	292.54	弱
		239.95	弱		296.73	强
		248.20	弱		302.25	强
		253.65	很强		312.57	强
		265.30	强		313.16	强
		269.90	弱		334.15	强
		275.28	强		365.01	很强
		275.97	弱		366.29	强
		280.40	弱		370.42	弱
		289.36	弱		390.44	弱
高压汞灯	紫	404.66	强	黄绿	567.59	弱
	紫	407.78	强	黄	576.96	强
	紫	410.81	弱	黄	579.07	强
	蓝	433.92	弱	黄	585.93	弱
	蓝	434.75	弱	黄	588.89	弱
	蓝	435.83	很强	橙	607.27	弱
	青	491.61	弱	橙	612.34	弱
	青	496.03	弱	橙	623.45	强
	绿	535.41	弱	红	671.64	弱
	绿	536.51	弱	红	690.75	弱
	绿	546.07	很强	红	708.19	弱
高压汞灯	红外部分	773	弱	红外部分	1530	强
		925	弱		1692	强
		1014	强		1707	强
		1129	强		1813	弱
		1357	强		1970	弱
		1367	强		2250	弱
		1396	弱		2325	弱

附录B　中华人民共和国法定计量单位(摘录)

我国的法定计量单位(以下简称法定单位)(GB3101—1993)包括：

(1) 国际单位制的基本单位(见表B.1)；

(2) 国际单位制的辅助单位(见表B.2)；

(3) 国际单位制中具有专门名称的导出单位(见表B.3)；

(4) 国家选定的非国际单位制单位(见表B.4)；

(5) 由以上单位构成的组合形式的单位；

(6) 由词头和以上单位所构成的十进倍数和分数单位(词头见表B.5)。

法定单位的定义、使用方法等，由国家计量局另行规定。

表B.1　国际单位制的基本单位

量的名称	单位名称	单位符号
长度	米	m
质量	千克(公斤)	kg
时间	秒	s
电流	安[培]	A
热力学温度	开[尔文]	K
物质的量	摩[尔]	mol
发光强度	坎[德拉]	cd

表B.2　国际单位制的辅助单位

量的名称	单位名称	单位符号
平面角	弧度	rad
立体角	球面度	sr

表B.3　国际单位制中具有专门名称的导出单位

量的名称	单位名称	单位符号	其他表示示例
频率	赫[兹]	Hz	
力，重力	牛[顿]	N	
压力，压强，应力	帕[斯卡]	Pa	N/m^2
能[量]，功，热	焦[耳]	J	N·m
功率，辐[射能]通量	瓦[特]	W	J/s
电荷[量]	库[仑]	C	
电位，电压，电动势	伏[特]	V	W/A

续表

量的名称	单位名称	单位符号	其他表示示例
电容	法[拉]	F	C/V
电阻	欧[姆]	Ω	V/A
电导	西[门子]	S	A/V
磁通[量]	韦[伯]	Wb	V·s
磁通[量]密度，电磁感应强度	特[斯拉]	T	Wb/m^2
电感	亨[利]	H	Wb/A
摄氏温度	摄氏度	℃	
光通量	流[明]	lm	
[光]照度	勒[克斯]	lx	lm/m^2
[放射性]活度	贝克[勒尔]	Bq	
吸收剂量	戈[瑞]	Gy	J/kg
剂量当量	希[沃特]	Sv	J/kg

表 B.4　国家选定的非国际单位制单位

量的名称	单位名称	单位符号	换算关系和说明
时间	分	min	1 min=60 s
	[小]时	h	1 h=60 min=3600 s
	天，(日)	d	1 d=24 h=86 400 s
[平面]角	[角]秒	″	1″=(π/648 000)rad(π 为圆周率)
	[角]分	′	1′=60″=(π/10 800)rad
	度	°	1°=60′=(π/180)rad
旋转速度	转每分	r/min	1 r/min=(1/60) s^{-1}
长度	海里	n mile	1 n mile=1852 m(只用于航程)
速度	节	kn	1 kn=1 n mile/h=(1852/3600) m/s (只用于航程)
质量	吨	t	1 t=10^3 kg
	原子质量单位	u	1 u≈ 1.660 565 5×10^{-27}kg
体积	升	L，(l)	1 L=1 dm^3=10^{-3} m^3
能	电子伏	eV	1 eV≈1.602 189 2×10^{-19}J
级差	分贝	dB	
线密度	特[克斯]	tex	1 tex=10^{-6} kg/m

表 B.5　用于构成 10 进倍数和分数单位的词头

所表示的因数	词头名称	词头符号
10^{24}	尧[它]	Y
10^{21}	泽[它]	Z
10^{18}	艾[可萨]	E
10^{15}	拍[它]	P
10^{12}	太[拉]	T
10^{9}	吉[咖]	G
10^{6}	兆	M
10^{3}	千	k
10^{2}	百	h
10^{1}	十	da
10^{-1}	分	d
10^{-2}	厘	c
10^{-3}	毫	m
10^{-6}	微	μ
10^{-9}	纳[诺]	n
10^{-12}	皮[可]	p
10^{-15}	飞[母托]	f
10^{-18}	阿[托]	a
10^{-21}	仄[普托]	z
10^{-24}	幺[科托]	y

注：1. 周、月、年(年的符号为 a)为一般常用时间单位。

2. [ ]内的字，在不混淆的情况下，是可以省略的字。

3. ( )内的字为位于其前的符号同义语。

4. 角度单位度、分、秒的符号不处于数字后时，须用括弧。

5. 升的符号中，小写字母 l 为备用符号。

6. r 为“转”的符号。

7. 人民生活和贸易中，质量习惯称为重量。

8. 公里为千米的俗称，符号为 km。

9. 10^4 称为万，10^8 称为亿，10^{12} 称为万亿，这类数词的使用不受词头名称的影响，但不应与词头混淆。

参考文献

[1] 班丽瑛，张爱君. 大学物理[M]. 上海：上海交通大学出版社，2018.

[2] 黄国良，王树林. 物理实验[M]. 西安：陕西科学技术出版社，1997.

[3] 廖少俊. 大学物理实验[M]. 西安：陕西科学技术出版社，2000.

[4] 王瑞平，杨华平. 大学物理实验[M]. 西安：陕西科学技术出版社，2008.

[5] 郭长立. 大学物理实验[M]. 西安：陕西科学技术出版社，2006.

[6] 吴泳华，霍剑青，浦其荣. 大学物理实验[M]. 北京：高等教育出版社，2005.

[7] 国家质量技术监督局计量司. 通用计量术语及定义解释[M]. 北京：中国计量出版社，2001.

[8] 张兆奎，缪连元，张立. 大学物理实验[M]. 北京：高等教育出版社，2005.

[9] 朱鹤年. 物理实验研究[M]. 北京：清华大学出版社，1994.

[10] 朱鹤年. 基础物理实验教程[M]. 北京：高等教育出版社，2003.

[11] 原所佳. 大学物理实验[M]. 北京：国防工业出版社，2005.

[12] 李平. 物理实验[M]. 北京：高等教育出版社，2004.

[13] 王红理，俞晓红，肖国宏. 大学物理实验[M]. 西安：西安交通大学出版社，2014.

[14] 李恩普，邢凯，曹昌年，等. 大学物理实验[M]. 北京：国防工业出版社，2004.

[15] 丁慎训，张连芳. 物理实验教程[M]. 2 版. 北京：清华大学出版社，2002.

[16] 李明. 大学物理实验[M]. 西安：西北工业大学出版社，2005.

[17] 陈守川，杜金潮 ，沈剑峰. 新编大学物理实验教程[M]. 杭州：浙江大学出版社，2009.

[18] 唐远林，朱肖平. 新编大学物理实验(上册)[M]. 重庆：重庆大学出版社，2009.

[19] 唐远林，朱肖平. 新编大学物理实验(下册)[M]. 重庆：重庆大学出版社，2009.

[20] 戴允芬，贾贵儒. 大学物理实验教程[M]. 北京：机械工业出版社，2008.

[21] 倪育才. 实用测量不确定度评定[M]. 北京：中国计量出版社，2004.

[22] 辽宁省质量计量检测研究院. 计量技术基础知识[M]. 北京：中国计量出版社，2001.

[23] 张旭峰，王志斌，王秉仁. 大学物理实验[M]. 北京：机械工业出版社，2003.

[24] 张天喆，董有尔. 近代物理实验[M]. 北京：科学出版社，2019.

[25] 张进治. 工科物理实验[M]. 济南：山东大学出版社，2009.

[26] 李耀清. 实验的数据处理[M]. 合肥：中国科学技术大学出版社，2003.

[27] 李慎安. 测量不确定的简化评定[M]. 北京：中国计量出版社，2004.

[28] 李慎安. 不确定度表达百问[M]. 北京：中国计量出版社，2001.

[29] 钱绍圣. 测量不确定度实验数据的处理与表示[M]. 北京：清华大学出版社，2002.

[30] 林景星，陈丹英. 计量基础知识[M]. 北京：中国计量出版社，2001.

[31] 国家质量技术监督局. JJF10509—1999. 测量不确定度评定与表示[M]. 北京：中国计量出版社，1999.

[32] 马文蔚. 物理学教程[M]. 北京：高等教育出版社，2002.
[33] 潘人培，董宝昌. 物理实验教学参考书[M]. 北京：高等教育出版社，1990.
[34] 潘元胜. 大学物理实验：第二册[M]. 南京：南京大学出版社，1997.
[35] 沙定国. 误差分析与测量不确定度评定[M]. 北京：中国计量出版社，2003.
[36] 沙振舜，黄润生. 新编近代物理实验[M]. 南京：南京大学出版社，2002.
[37] 沈元华. 设计性研究性物理实验教程[M]. 上海：复旦大学出版社，2004.
[38] 史澎. 物理实验[M]. 北京：高等教育出版社，2005.
[39] 王云才，李秀燕. 大学物理实验教程[M]. 北京：科学出版社，2003.
[40] 吴锋，王若田. 大学物理实验教程[M]. 北京：化学工业出版社，2003.
[41] 肖苏. 大学物理实验[M]. 合肥：中国科学技术大学出版社，2004.
[42] 谢行恕. 大学物理实验：第二册[M]. 北京：高等教育出版社，2001.
[43] 炎正馨. 大学物理实验教程[M]. 西安：西北工业大学出版社，2011.
[44] 杨俊才，何焰蓝. 大学物理实验[M]. 北京：机械工业出版社，2004.
[45] 姚合宝，胡晓云，冯忠耀，等. 大学物理实验：基础[M]. 西安：陕西人民教育出版社，2001.
[46] 姚合宝，胡晓云，冯忠耀，等. 大学物理实验：提高与综合[M]. 西安：陕西人民教育出版社，2001.
[47] 郁道银. 工程光学[M]. 北京：机械工业出版社，1998.
[48] 袁长坤. 物理量测量[M]. 北京：科学出版社，2004.